最近の化学工学 68

塗布・乾燥技術の基礎とものづくり

新素材の利用と次世代デバイスへの展開

化学工学会 関東支部編
化学工学会 材料・界面部会

化学工学会

出版にあたって

　塗布技術は化学産業における共通基盤技術の一つであり、リチウムイオン/燃料電池、フラットパネルディスプレイ、エレクトロニクス部材、粘着フィルム、医療用フィルム、機能紙など、様々な薄膜製品の連続製造に広く用いられています。また学術的に見た塗布技術は、ソフトマター物理学、流体力学、レオロジー、トライボロジー、移動現象論、反応工学、乾燥工学、非平衡熱力学など、多くの学問分野の境界領域として位置づけられます。プロセス上の問題を解決する上で必要な基礎が多岐に渡ることは、塗布技術の多様性を意味する一方で、それを系統的に学ぶ上での妨げにもなっています。このため、先端塗布技術を網羅的にまとめた成書の出版が強く望まれています。

　本書は、化学工学会関東支部主催、化学工学会材料・界面部会塗布技術分科会共催の「最近の化学工学講習会 68　塗布・乾燥技術の基礎とものづくり―新素材の利用と次世代デバイスへの展開―」のテキストとして編集されました。2009 年に「最近の化学工学 60 先端産業における最新塗布技術の応用事例」が刊行されていますが、今回は、その後 10 年間におけるこの分野の進展を整理すると共に、今後の発展の方向性を見据え、新たにテキストを作成しました。関連する産学官の技術者および研究者を著者として、塗布技術の基本的な考え方から、プロセス理解のポイント、塗布乾燥欠陥や微細構造の制御法まで、最先端のプロセスサイエンスに基づいて解説しています。また、塗布乾燥装置について、実務に役立つ設計・運転技術と、最近の開発動向も紹介しています。さらに、プリンタブルエレクトロニクスや新材料への展開・数値解析技術の進展について、それぞれ最新動向をまとめることで、塗布技術の基礎から応用までを包括的に含む内容としました。本書が講習会のテキストとして使用されるだけでなく、化学工学分野、特に塗布技術に関わる技術者、研究者に広く役立てていただければ幸いです。

　最後に、本書の刊行に際して、ご多忙にもかかわらず快くご協力いただいた執筆者の方々に心から御礼申し上げます。

2019 年 12 月

公益社団法人化学工学会 関東支部　　　　　　　　　支部長　　清水 紀弘
公益社団法人化学工学会 材料・界面部会　　　　　　部会長　　庄野　　厚

塗布・乾燥技術の基礎とものづくり
－新素材の利用と次世代デバイスへの展開－
目次

執筆者一覧

第1章　　　宮本　公明（元　富士フイルム株式会社）

第2章　　　津田　武明（ダウ・東レ株式会社）

第3章　　　菰田　悦之（神戸大学）

第4章　　　森　　隆昌（法政大学）

第5章　　　飯島　志行（横浜国立大学）

第6章　　　本間　俊司（埼玉大学）

第7章　　　笹野　祐史（株式会社ヒラノテクシード）

第8章　　　三浦　秀宣（富士機械工業株式会社）

第9章　　　武井　太郎（岩崎電気株式会社）

第10章　　　近藤　良夫（日本ガイシ株式会社）

第11章　　　山村　方人（九州工業大学）

第12章　　　時任　静士（山形大学）

第13章　　　沼倉　研史（DKNリサーチ）

第14章　　　日下　靖之（産業技術総合研究所）

第15章　　　中村　浩　（株式会社豊田中央研究所）

　　　　　　　石井　昌彦（株式会社豊田中央研究所）

　　　　　　　熊野　尚美（株式会社豊田中央研究所）

第16章　　　蛯名　武雄（産業技術総合研究所）

第17章　　　磯貝　明　（東京大学）

第18章　　　今駒　博信（神戸大学）

第19章　　　湊　　明彦（元アドバンスソフト株式会社）

　　　　　　　富塚　孝之（アドバンスソフト株式会社）

第20章　　　稲澤　晋　（東京農工大学）

第1章　種々の塗布方式の歴史と変遷

宮本　公明

（元　富士フイルム株式会社）

1．はじめに

　物に塗料を塗ること自体は太古の昔から行われてきたが、工業的に塗布物を商品にするようになるには手工業型からの脱皮が必要であった。今から一世紀以上前に産業革命の波によって回転動力源などを得ると、とくに需要の大きかった製紙産業などでは塗布することによって品質の高い製品が生産できるようになった。また、その後の写真感光材料の生産がより高精度・多層の塗布製品を要求したことも種々の方式が現れるきっかけとなった。

　本章では特許に現れたさまざまな塗布方式の歴史を、塗布装置が持つべき四つの機能がどのように変遷したかという視点で解説していく。その機能とは、(1) 概略塗布幅の液溜まりを用意する (2) 薄層の液膜を作る (3) 液膜を支持体に転写する (4) 液流量を計量する　であるが、これらがどの順序で行われるかや、どう組み合わされるかが方式を特徴付けている。

　ここで取り上げた特許は上記の説明に適したものを選んでいるが、発明の目的が塗布の特性改良ではないものや必ずしも最も古いものではないことをお断りしておきたい。

2．ディップ塗布

　この塗布方式の原理は極めて単純で、液中に浸漬したものはその液で表面が濡れるというだけのものである。ただ、US358848(1887)の米国特許ではロール状のフイルムを液面ギリギリに通して（キスコーターとも呼ばれる）片面だけを塗布している。(図1参照)　請求項は支持体の送出し、塗布、冷却固化、乾燥までのシステムが主であるが、ロールの浸漬によって塗布ロールが汚れないように常時掻取りを行ったり、保温液槽にするといった工夫が含まれている。ここでは、液槽の液面を一定のレベルに保つ方法については述べられていない。本特許の発明者がイーストマン・コダックの創業者ジョージ・イーストマンで、特許許諾が1887年と古いことは興味深い。

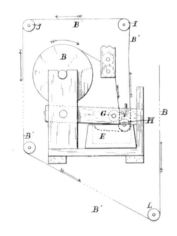

図　1　ディップ塗布
US358848(1887) G.Eastman, W.Walker

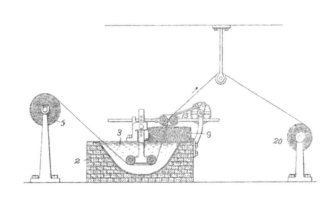

図　2　ディップ塗布
US1050897(1913) G.M.Wright

20 世紀に入ると、ロール塗布などの塗布厚調整手段を持った方法が使われるようになり、裏面を汚してしまう可能性のあるディップ塗布の用途は限られていく。しかしながら、金網の溶融亜鉛メッキのように裏表とも塗布したいものでは上記の問題は発生しないので用いられていた。米国特許 US1050897(1913) では溶融亜鉛の液槽内に 2 個のパスロールを浸漬し、ロール状に巻いた帯状の金網を通過させて塗布している。(図 2 参照)　図で液槽の出口に置かれている箱は木炭粉が入っていて余剰な亜鉛を取り除くために使われているが、塗布量調整には寄与していない。このような塗布方式では、塗布量は引き上げられる固体面の速度と引き上げ液面のメニスカスの作る圧力に支配されるので、主に引き上げ速度で調整されると考えられる。

３．ホッパー塗布

　19 世紀末には、写真乾板が生産されるようになり、塗布精度の要求も厳しくなってきたと思われる。このようなニーズに対応するために、ホッパー塗布で定量塗布の工夫がされた。DE102242(1899)のドイツ特許によると、乾板のような剛体への塗布では、幅の広い液溜めは被塗布物の上に設置するのが自然であるので、ホッパーを用いる方法が採用されたと考えられる。(図 3 参照) ここでは、液膜の作成と計量をホッパー下部のくぼみ付きロールで行っている。ロールの上部で多数のくぼみを満たした塗布液はロールの回転で下部チャンバーまで定量的に移送され、そこで重力により排出される。その後、液はスロットを通って搬送されている板に塗布される。特許では、ホッパー幅とロール幅を同じにすることで塗布幅と板の幅を同じにすることができると述べている。

　図 4 にはホッパーをロール状のフイルムの感光材料塗布に用いたドイツ特許 DE134963(1901) を示した。本特許では、フイルムをツレシワや凹凸なく搬送するのが困難なため、水平なガラス板で塗布後のフイルムを支える方法が提案されている。そこでは、フイルムが摩擦によって問題を起こさないように、水で濡らしたエンドレスベルトをその間に通して搬送と冷却固化をさせている。これにより、安定した搬送、均一な塗布、迅速なゲル化が達成できる。

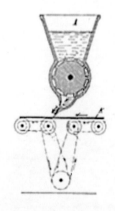

図　3　ホッパー塗布
DE102242 (1899) Photochemische
　Fabrik Lantin

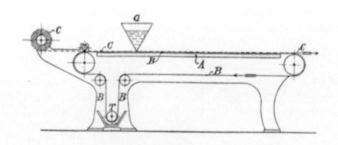

図　4　ホッパー塗布
DE134963 (1901) Actien-Gesellschaft
fur Anilin-Fabrikation

4．ロール塗布

　ロール塗布では、塗布装置にそれぞれの役割を担当するロールを具備する必要がある。それらは、塗布幅の液を液溜めから取出すピックアップロール、液膜の厚みをコントロールするメタリングロール、最終的に走行する支持体に転写するアプリケーターロールであるが、これらのロールが最初から採用されていたわけではない。

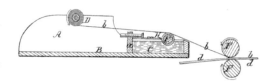

図　5　ロール塗布
US87407（1869）W.E.Hale

　米国特許 US87407(1869) はボール紙に白い薄紙を糊付けして化粧箱の材料を作る塗布/ラミネーターである。（図5参照）糊の入った液槽には半分浸漬されたローラーがあり、これが、塗布幅の液を用意し、走行する支持体の下側に転写している。塗布厚の制御は特別な手段は用意されていないので、糊の粘度と走行速度に応じて好ましい条件を見出す必要があった。

　初期の写真用印画紙では、ケント紙に卵白、塩化ナトリウム、硝酸銀、チオ硫酸ナトリウムの混合液（塩化銀の懸濁液）を塗布したアルブミン紙が

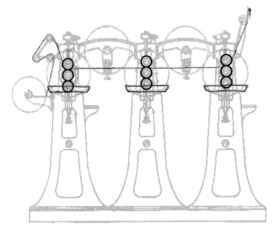

図　6　ロール塗布
DE83977（1895）T.Munch & Co.

用いられていた。ドイツ特許 DE83977(1895) はこの液を連続的に塗布する方法で、3つの塗布ステーションのそれぞれで、液溜め皿、ピックアップロール、転写ロール、バックアップロールが設置されている。(図6参照) すなわち、塗布側では2ロールシステムになっていて、前出の装置からの進歩が見られる。ここで、3ステーションの理由は明確ではないが、処方の違いを示唆する記述がある。

　第三の例は多少特殊な例であるが、アスベスト瓦にクッション材のコルク粉を接着した建材を製造するための接着剤塗布方法である。（米国特許 US2250918（1941））瓦に接着剤を塗布してからすぐにコルク粉を散布するため塗布面が被塗布物の上面である必要があること、全面に塗布する必要がないこと、瓦以外のものに接着剤を付着させたくない等の理由で多数のロールを用いた方法が提案された。(図7参照) 最初のステーションで説明すると、液溜めから所定の幅で液をローラーがピックアップする。その液は2本のロールで調整され転写ロールに渡され、瓦がきた時だけ転写される。このようにしたあと、ホッパーからコルク粉を散布、圧着することで、瓦を葺いたとき重なる部分のみにコルクを塗布したものができる。

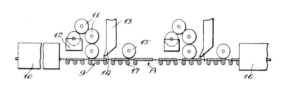

図　7　ロール塗布
US2250918（1941）C.K.Roos

５．グラビア塗布

グラビア塗布はもともとグラビア印刷として発展してきた方法を全面に塗布材料を転写するベタ塗布に転用したものである。ここでは、印刷手法の歴史としての特許を紹介する。

グラビア印刷は凹版印刷とも言われ、版の凹部に溜まったインクを支持体に押し付けて転写する方式で、基本的に凹部体積の何割かが転写されるので塗布量は凹部体積に強く依存する。このため、任意の塗布量を得ることが難しい反面、多少の処方条件の差異は塗布量に影響しにくいというメリットもある。版は印刷の場合、銅板に機械的に彫刻することによって作られてきた。これをドラムのちょうど1

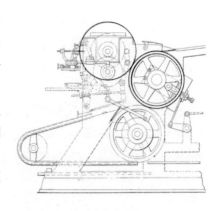

図 8 グラビア印刷
US1078219 (1913) D. J. Scott,
W. C. Scott

周に巻き付けたものにインクをローラーなどで付け、ワイパーで凸部のインクを完全に掻き取ったあと被印刷物に押し付ける。塗布の場合にはあらかじめ円筒全面に彫刻する必要がある。

米国特許 US1078219(1913)では印刷機として完成形になったものを示している。印刷紙を送るロール、凹版を取付けたロール、インクを受け皿から供給し版に過剰に塗布するメカニズム、版上の余分なインクを除去するワイパー、版の切れ目で被印刷物を汚さないメカニズム、版の押付け圧調整メカニズムなどが記載されている。(図8参照)

版の作成で転機となったのは、凹部の作成をエッチングで行うようになったことである。米国特許 US1276599 (1918)では電気化学的エッチングで凹部を作成する方法が述べられている。ここでは、①金属板に感光性塗料を塗布 ②パターンを露光 ③未露光部の膜を除去 ④乾燥/焼付け ⑤裏面保護 ⑥電解液中でエッチング という過程を経る。 ハーフトーンの作成などは、スクリーンを通した露光で対応できるとしている。電解エッチングは塩酸を主にした電解液を用いプレートに正極をつなぐことで行われ、図 9B に示すような深い溝が彫り込まれる。ただ、近年は円筒に直接レーザー彫刻を施すなど、単純化した工法が開発されている。

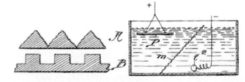

図 9 グラビア印刷
US1276599 (1918) J. H. Weeks

６．メイヤーバー塗布

メイヤーバーとは米国特許 US1043021(1912)の発明者であるメイヤーの名前を取ったものである。この特許ではカーボン複写紙の製造などに使える例が開示されている。塗布機は、原反送出し、塗布液皿と塗布ロール、掻取りロッド、冷却乾燥部、巻取りから成り立っており、メイヤーバーは塗布後の掻取りに用いられている。(図10参照) このバーは小径の金属ロッドに金属の細線をきっちり巻き付けた構造になっていて、支持体と接触したときにできる隙間にある液の 60

〜70%程度が転写される。初期の使用方法では過剰にロールなどで転写された液を直後にメイヤーバーで掻取る方式が用いられていた。この場合、塗布幅の液供給や液膜の形成は先行して行われ、計量だけがロッドの機能となっている。

　このような方式が長らく続けられたが、ロールで液膜を支持体に転写して、その後掻き取る方法は、液を扱う部分が2箇所に分かれていて必ずしも簡便とは言えない上、ロール塗布でできた幅方向の不均一は掻き落としに影響して、塗布ムラが残るという問題を発生させていた。

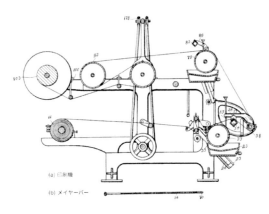

図　10　メイヤーバー塗布
US1043021　(1912)　C.W.Mayer

　そこで、日本特許 JPA1999-28402 (1999) に見られるような、ロッドが液を掻き取る直前に液溜まりを形成し、その場で計量する方法が用いられるようになった。(図 11 参照) この場合、ロッドはV字型などの支持部材に支えられ撓みが発生しないようにする必要があるうえ、支持体と支持部材の両方の摩擦を受けるので、例えばハードクロムメッキなどの対策も必要となる。また、液は塗布幅全体に支持部材の側面のスリットから均一でかつ不足を生じないように供給する必要が生じる。その結果、均一性を向上させながらメイヤーバー塗布の簡便さを享受できるよう

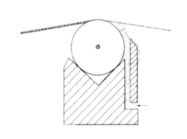

図　11　メイヤーバー塗布
JPA1999-28402　(1999)　成瀬

になった。特許では直径6〜15mm のロッドに 0.07〜0.4mm のワイヤーを巻いたもの、あるいは、そのような形状の機械加工ロッドを用いフッ素樹脂やポリアセタール樹脂などで作った支持部材を用いた例が示されている。さらに、後年には、機械加工ロッドに磨耗対策でセラミックコーティングなどを施す考案も開示されている。

7．ドクターブレード塗布

　塗布後に液を掻き取って所望の厚みの塗膜を得る方法は古くから知られていた。ただ、塗布装置として独立した形での特許はそれほど多くは見られない。この方法も、厚い液膜を作った後に厚みを調整する点でメイヤーバー方式と類似と言える。このような中で米国特許 US1993055(1935)はドクターブレードを押し付ける調節可能な装置を提案している。ここでは、支持体はウェブではなく回転ドラムであり、塗布（成膜）されるのは塗料ではなく溶融油脂やチョコレートなど、ドラム上で冷却固化したあと剥取って商品となるようなものである。(図 12 参照) このケースでの本

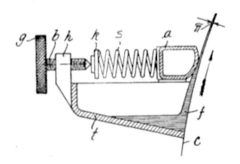

図　12　ドクターブレード塗布
US1993055　(1935)　A.Gerstenberg

方式のメリットは、ドラムの偏心があって
も一定の押圧を得ることができる点である。
　製紙業界では上質のコート紙の需要が高
まってきたので、それに対する考案が特許
に見られる。製紙の過程では、原料を叩解
してパルプと言われるスラリーにし、それ
を金網ベルトの上に流して抄紙する。この
過程で、印刷用紙の品質を向上する目的で、
クレイや炭酸カルシウムなどをバインダー
と混ぜたものが塗布される。米国特許
US2229621(1941) ではこれを抄紙後の乾燥
前に行っている。塗布液は浸漬ロール塗布
で過剰に塗布されたのちロッドもしくはブ

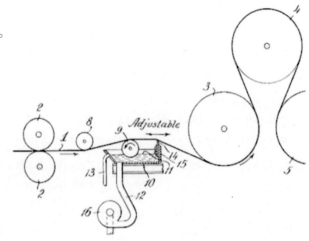

図　13　ドクターブレード塗布
US2229621 (1941) D. B. Bradner

レードで掻き取られ、紙に吸水されなかった分が除かれる。(図13参照) すなわち、実質塗布量
は抄紙後の紙の吸水量で決まる。ブレードは磨耗しやすいのでクロム板が使われている。

８．エアナイフ塗布

　青写真の感光紙やモノクロ写真紙のような塗布物では表面
をドクターブレードで擦ると品質の劣化を起こすことがある。
このため、ドクターブレード塗布ではガラス製のスクレーパ
ーなど摩擦の少ない材料が使われてきた。米国特許
US1590417(1926) は、塗布後一切塗布面に触れずに塗布量を
調整する方法を提案している。　図14にあるように、ローラ
ーと支持体の間に塗布液を注ぐという方法で過剰に液を支持
体に付着させ、そのあとスリットを持つ円管から吹き出る空
気によって塗膜を薄くする。膜厚の均一化のために、スリッ
トクリアランスはネジで調整できるようになっている。

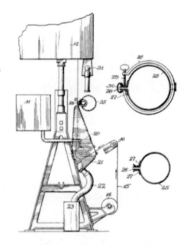

図　14　エアナイフ塗布
US1590417 (1926) H. J. Brunk

　上記のような塗布後膜面に触れたくない、もしくは触れられ
ないケースとして、鋼板の溶融亜鉛メッキがある。日本特許
JP1993-73823(1993) では溶融亜鉛槽で浸漬塗布された鋼板に、
ノズルから不純物を含まない溶融亜鉛をポンプで吹き付けた
直後にエアナイフで掻き落としている。浸漬塗布のあと吹付
け塗布を行うのは、液面に浮遊している不純物が液面から引
上げられた鋼板に付着するのを除去するためである。このた
め、浸漬のみの塗布量の 2〜10 倍の量を吹き付け、最終的に
浸漬塗布量よりもはるかに少ない塗布量まで低減させている。
(図15参照)

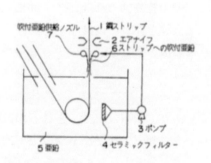

図　15　エアナイフ塗布
JP1993-73823(1993)　堤、小島、上岡、津田

9．スロット塗布

　スロット塗布は最終的には (1) ダイ内のマニホールド
で塗布幅の液溜まりを準備する (2) 塗布幅の液膜をス
ロットにより形成する (3) スロット出口を走行する支
持体に転写する (4) 予め定量ポンプで計量された液を
ダイに送液する　という特徴を持つ。このような特徴は、
スロット塗布、スライド塗布、カーテン塗布のダイ塗布
に共通しているが、今まで述べて来た、いわゆる「後計
量塗布」と順序が異なる。すなわち 4 番目の計量が事前
に行われ、計量された液は全量塗布される点が新規な特
徴である。

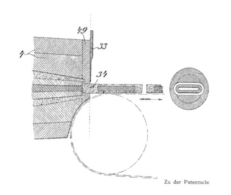

図　16　スロット塗布
DE145517 (1903) L. Heilmann-Tayor

　しかしながら、スロットの液を塗布するにはダイと定量送液が必要で、この技術の萌芽をドイ
ツ特許 DE145517(1903) に見ることができる。図 16 は塗布装置ではなく、中心が棒状のキャン
ディーで外皮がパイ生地の菓子の製造機である。芯材料と外皮がシリンダーとピストンの定量送
液装置によって 2 層のダイから押し出されている。また、このダイの出口にはエンドレスベルト
とシャッターがあり、菓子の 1 個 1 個が切り分けられてコンベアで運ばれていくが、ダイ出口が
支持体に転写できる仕組みになれば塗布装置であることが想像できる。

　液を支持体に転写するためにはスロット出口に近接して支持体が走行している必要がある。ま
た、定量送液を達成するためには、プランジャーポンプ、ギアポンプやスクリューポンプなどの
送液装置が必要である。米国特許 US2474691(1949) では粘稠な液をスリットを通して、バック
アップロールを周回する紙に塗布する装置が開示されている。(図 17 参照)ここで、液槽内のロ
ールは一定速度で回転していて、定量送液を実現している。槽内の掻取りブレードはロールに同
伴した液を槽の右側のリップから排出する役割を持っている。塗布厚みはリップのクリアランス
で調整できるようになっている。米国特許 US2471330(1949) ではスロットとダイを持った塗布
装置が開示されている。(図18参照)ダイは内部に幅方向にマニホールドと呼ばれる空洞があり、

円管で送液された塗布液を塗布幅に広げている。
ダイリップはバックアップロールを周回する紙
に近接していて、さらに、多孔質に塗布した場
合に発生する気泡を防止するために減圧チャン
バーが塗布直前に設置されている。この特許に
おいても送液方法はまだポンプではなく重力送
液であり、塗布量の調節はダイブロック間に挟
むスペーサーの厚みを変えて行っている。

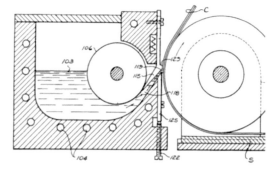

図　17　スロット塗布
US2474691 (1949) W. A. Roehm

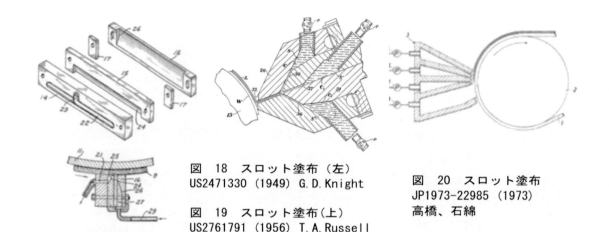

図　18　スロット塗布（左）
US2471330（1949）G.D.Knight

図　19　スロット塗布（上）
US2761791（1956）T.A.Russell

図　20　スロット塗布
JP1973-22985（1973）
高橋、石綿

　20世紀後半に入ると写真のカラー化が進み塗布しなければならない層数が増加した。このため、多層化を図ったダイが考案された。米国特許 US2761791(1956) は逐次多層塗布の非効率性を解決する手段として4層までの多層同時塗布装置を開示している。本特許では、スロット塗布だけではなく、多層スライド塗布についても開示しているが、後者は次節で解説する。同時塗布のメリットは効率の向上が大きいが、それ以外に、1ミクロン程度の薄層1層塗布は難しいので多層にして総塗布量を上げることができるとか、厚い層を塗布する場合に2層を同じ処方にして重層することができるなどを述べている。この特許では重層にして、各層の関係を維持し、層間混合が起こらない状態で支持体の同一点（塗布点）に塗布することを特徴としているので、スロット塗布の場合ではダイ内部で層が重ねられている。(図19参照) また、この重層の様子は透明プラスチックのダイの側面から流動を観察して、層間混合が起こらないことを確認している。

　上記の「多層の液を支持体の同一点に塗布する」という制約は必ずしも必要な条件ではなく、日本特許　JP1973-22985(1973) においては最初に塗布される最下層のスリット出口クリアランスが他層より大きく、各層のスリット開口部が順次並んで設置されているダイが開示されている。(図20参照) これによって圧力勾配を接液部（ビード）に生じさせ高速塗布性を向上させたと述べている。実施例では、50cPの4層を30m/minで塗布した例をあげている。

　スロット塗布では支持体とダイリップの間のクリアランスが塗布厚や限界塗布量を左右するので、ダイのみならずバックアップロールの真円度や軸受け精度などにも注意する必要があった。このようなバックアップ関連の問題がないのが、図21に示したテンションドウェブ塗布である。日本特許 JP1989-34663(1989) には、下流側ダイリップの中ほどに角度165度以上の山型部を作り、支持体をここで概略この角度で屈曲させる塗布方法が開示されている。支持体は定量送液された塗布液がダイリップとの間に存在することで、張力などの条件で決まるクリアランスを保って走行できる。また、塗布厚はポンプ送液量に比例するので、ビードを形成できる条件内では任意に可変である上、高速で塗布できる。実施例では、塗布厚 $2\mu m$ と $10\mu m$、塗布速度 50m/min と 100m/min の例が述べられている。

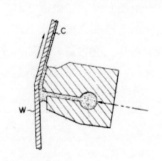

図　21　スロット塗布
JP1989-34663(1989) 田中、野田、近政

8

スロット塗布は、液の大気解放部が塗布点のみであり、揮発性の高い溶剤溶液/分散液を乾燥異物の発生を懸念せずに塗布できるため、広く用いられており、ダイを提供できるメーカーも多い。ただ、この方法では楔型のブロックを組み合わせたダイになるので、層数に制約があり、通常は3層までのものが多い。

１０．スライド塗布

スライド塗布は近代に至って、カラー写真感光材料のような十数層を同時に塗布できる方法として発展したが、当初は 1 層の塗布であった。米国特許US2214772((1940) において、紙のサイズ剤塗布のためにエンドレスメッシュベルトの右端でパルプ懸濁液を流し、メッシュの上で水分を除去しながら、非メッシュ面（上面）に平滑化剤を塗布している。(図22 参照) この部分で浸漬ロールを回転して掻き取り、

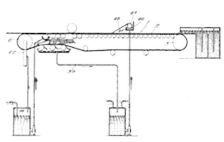

図　22　スライド塗布
US2214772 (1940) G.D.Muggleton

一定量を斜面を流下する液膜にして塗布した後、メッシュを通して裏面から同じ塗布液をロール塗布している。この部分の塗布は液溜めを支持体の下側に置かざるを得ないので単純にロール塗布となっている。メッシュを通しての塗布のため、メッシュに大量に付着した塗布液は、ベルトの折り返しパスの途中の洗浄ゾーンで限られた水量で洗浄され、洗液は上面の塗布

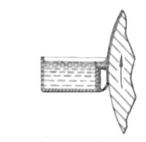

図　23　スライド塗布
US2439802 (1948) C.S.Francis Jr.

のために使われる。このようにすると、紙の両面が同じようにサイズ剤塗布されるので、見た目の表裏が同一となり商品価値が向上する。

米国特許 US2439802(1948) では短いスライドを持つ液皿からの塗布が開示されている。ただし、主な目的はドラムへの有機溶剤で溶解したポリマーの成膜であった。ブレード塗布では、ドラムの芯ブレなどによってクリアランスが変動するため膜厚が変化する上、液溜まりでの蒸発により異物が発生しやすい。そこで、オーバーフロー配管（図示されていない）により液面の高さを一定に保った上で、液面と塗布点の高さの差によって定流量の塗布あるいは成膜が行えるようにした。(図23 参照) また、液面を覆い蒸発を防ぐ設計も示されている。

上述のように液溜めの中の液が塗布される方式で、ダイを用いないと液溜めの塗布液は比較的大きな大気解放部を持ちやすい。米国特許 US2253060(1941) はこれを避けるために、斜面を流下する液膜のすぐ上を塗布後の支持体がバックアップロールに支えられて通過する構造にすることで、スライド面からの蒸発と雰囲気からの異物の落下を防ぐことができると述べている。(図24 参照) この特許において、液は定量ポンプで送られると書かれており、よう

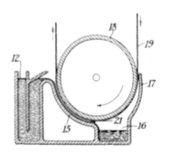

図　24　スライド塗布
US2253060 (1941) E.R.Clearman

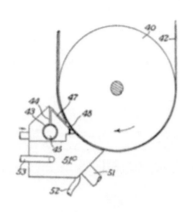

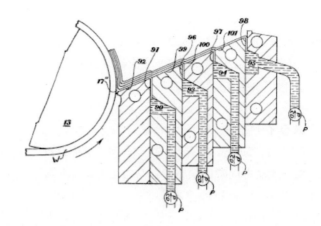

図　25　スライド塗布
US2681294 (1954) A. E. Beguin

図　26　スライド塗布
US2761791 (1956) T. A. Russell

やく、計量が任意に調節可能となった。また、この特許の配置では斜面傾斜は下方ほど緩くなっており、液膜の流下速度が低下して膜厚が厚くなりクリアランス以上になって支持体と接触するので、実際の塗布点はかなり下方になる。また、塗布機の下部に液受けがあるのは、生産開始直前に塗布できなかった液を溜めるものである。

　ダイを用いたスライド塗布は米国特許 US2681294(1954) に見られる。ここでは、1 層の円筒型マニホールドとスロットがダイブロックによって作られ、スロット上方に流れ出た液はブロックに作られたスライド面を流下し、終端で近接して走行する支持体にピックアップされる。また、この特許の新規なところは、ダイ下部（上流側）にチャンバーを有し、2.5mm～125mm 水柱の弱い減圧を与え塗布速度を上げても安定した塗布が続けられるようにしたことである。実施例では 30m/min の塗布を実現している。(図 25 参照)

　スライド塗布においても多層同時塗布は可能であり、米国特許 US2761791(1956) に 4 層同時塗布できる例が示されている。(図 26 参照)この特許は前節のスロット塗布と同じ特許であり、同様に生産効率を向上させることを目的としている。ここでは、各ブロックに断面が角形の空洞を設け、これによって液を幅方向に広げた後スロットを上方に流し、各ブロックのスライド面を流下させて、隣接するスロットで新たな層の流れをオーバーラップさせながら流下を続けさせる。このような流れは概ね安定で層間混合も回避できている。また、それぞれの層の流量はそれぞれの送液ポンプの流量設定で調整される。図で各ブロックのマニホールド上方、下方に示された白い丸は保温用の開口で温水で保温できるとしていて、ゼラチンが主バインダーの写真乳剤塗布の用途に特化している。実施例では 30m/min の塗布速度を例示している。

１１．カーテン塗布
　塗料の液膜をカーテンのように自由落下する液膜としてそれを被塗布物に衝突させて塗布する方法をカーテン塗布と呼ぶ。現在では高速塗布適性が注目されているが、20 世紀前半では塗布されなかった液を容易に回収して再利用できる点が注目されていた。その理由は、(1) 自由落下膜なので液溜めは必ず被塗布物面より上方にあり液受け皿を十分下方に設置できること　(2)

ダイと被塗布物のクリアランスが厳密でなくてよいので、必ずしもバックアップロールは必要な

いため塗布幅より大きい液膜幅で操業できることに
よる。もちろん、多層の場合には再利用はできない
ので、高速塗布適性のみが注目されている。

　ドイツ特許 DE128905(1902) はエンドレスメッシュ
ベルトに乗せられた菓子がチョコレート液膜を通過
することで、チョコレートコーティングされる装置
を開示している。この装置では下方の液溜めにある
溶融チョコレートはエンドレスベルトに付着して上
方のホッパーまで運ばれ、掻き取られて溜まる。ホ
ッパーの底にある開口部から液深さに応じた一定量
のカーテンが自由落下して菓子のない部分の液は下
の液溜めに回収される。(図 27 参照)

　もしも、被塗布物が剛体で、ある程度の大きさがあ
ると、エンドレスベルトをメッシュにせず、2 台のベ
ルトコンベアのつなぎ目にカーテンを設置して装置
の洗浄作業を省略できる。ドイツ特許
DE1138345(1962) は平板状の塗布物、例えばドア、
に塗装するために 2 台のベルトコンベアのつなぎ目
にペイントのカーテン膜を設置した装置を開示して
いる。(図 28 参照) この特許では上部ホッパーの支持
アームがホッパーの片方の端より外側の直立した柱

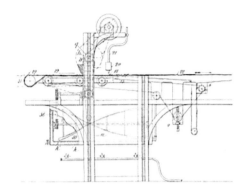

図　27　カーテン塗布
DE128905 (1902) E. P. F. Magniez

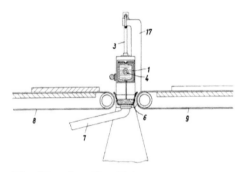

図　28　カーテン塗布
DE1138345 (1962) R. Burkle & Co.

によって支えられていて、洗浄時はその柱を中心に 180 度旋回させて広い場所で作業できること
を特徴としている。また、カーテン塗布では落下速度が速いので、ドアのように被塗布物に凹凸
があっても塗布できる点ですぐれている。

　多層のカーテン塗布は米国特許 US3508947(1970) に写真感光材料の塗布装置として開示され
ている。それ以前のスロット塗布やスライド塗布では ①　ダイの先端が極めて重要　②　接合を
通過させると塗膜が大きく乱れる　③　ビードに泡がトラップされる ④　塗布速度の上限が低く、
希釈して液粘度を下げ速度の向上を図ると乾燥負荷が増える　といった問題があった。このよう
な問題を解決できる手段として、多層カーテン塗布が提案された。図 29 はスロット塗布で用い
られたタイプのダイを用いて多層の液膜を落下させる方法で、平面に近い液膜を形成できるがス
ロット塗布同様層数に限度がある。図 30 はスライド塗布で用いられたダイの先端を長くして多
層の液膜を落下させる方法である。この方法では後に述べるように多くの実施例が示されている。
図でダイの高さは 5cm〜20cm で可変の機構が付いている。

また、ダイの下の先端が曲がった3枚の板は遮風板で、液膜が支持体に同伴された風で揺らぐことがないように付いている。さらに、ダイの先端に接している垂直な棒は塗布幅を規定して液膜が表面張力で内側に縮流（ネックイン現象）を起こさないように保持するためのものであり、右側下部の斜めの板は塗布の開始を効率良くおこなうための液受けである。

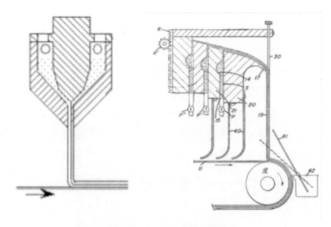

図　29　カーテン塗布（左）
US3508947(1970) D. J. Hughes
図　30　カーテン塗布（右）
US3508947(1970) D. J. Hughes

　本特許では17件の実施例が示されている。それらの条件の組み合わせ詳細は明細書を参照していただきたいが、層数は2〜6層、ダイリップの支持体からの高さは7.62cm〜15.2cm、粘度は4cP〜約80cP、塗布量は1.9g/m2〜233g/m2、塗布速度は45m/min〜600m/minと広い範囲にわたっている。このことからも、本塗布方法が極めて多能な方法であることがわかる。

　そのような方法であるが、カーテン高さを低くするときには制約が生じる。なぜならダイブロックにはスロットとマニホールドとブロックの締結面が必要な為、ダイリップは支持体面からかなりの高さになってしまうからである。日本特許　JP1976-39264(1976)は多層であってもダイ高さを任意に低くとれることを特徴としている。その特徴は、スロット塗布型のダイであるがスライド面をオーバーハング斜面にしてブロック構造を上から順に締結面、マニホールド、スロット、スライド面とすることにある。この方法では、低いカーテン高さだけではなく、膜がダイから離れる点でダイ-液体-大気の3相界面(静的接触線)が存在せず、乳剤の蒸発乾固による異物の付着がないことである。(図31参照)本特許では高さが0.2mm〜50mmが好ましいとされ、1cmの高さ、50m/minの速度での実施例が記されている。

図　31　カーテン塗布
JP1976-39264(1976)　三宅

　この節で最後に述べた3種のダイを用いたカーテン塗布は塗布液の流動の観点では異なった分類がなされる。図29ではダイリップ先端に表裏2箇所の静的接触線があるのに対し、図30では裏面側の静的接触線はダイリップにあるが表面側のものはスライド面の最上部にある。また、図31では表裏どちらの静的接触線もダイリップから離れている。この差違は重要ではないもののリップ付近の流線の形状に違いをもたらしている。

１２．おわりに

　以上述べたように、ダイを用いた 3 種類の塗布方式（スロット、スライド、カーテン）では、冒頭に挙げた塗布の 4 要素、塗布幅の液溜、液膜の生成、液膜の支持体への転写、液流量(液膜厚)の計量　のうち最後の計量が事前にポンプのような機械によって最初になされること、液溜りはダイ内部のマニホールドが役割を果たすこと、液膜の生成がスロットで行われることなど、機能分担が明瞭になっている。これらの機能が層毎のポンプや各ダイブロックで行われることで、容易に多層化ができるようになったことも大きな進歩であった。また、支持体への転写流動がダイ塗布の方式の違いによって、ダイリップ近傍の潤滑流であったり、自由表面を持つ浸漬引上げ流であったり、自由落下の衝突流であったりと異なることが、それぞれの塗布方式の特性の差異を生じている。このように分類すると種々の塗布方式がどのようにして進歩したのかが理解できると考える。

第2章　塗布流動の基礎

津田　武明

（ダウ・東レ株式会社）

1．はじめに

　塗布流動は興味深い挙動を技術者に提供する。この現象の理解・制御はダイレクトに製品の品質向上に寄与するものであるため、やりがいのある研究分野である。機械・化学的な条件、環境の雰囲気・外乱等様々な要因が塗布品質、つまり塗布流動に影響を及ぼす。この章では、現象の理解のために原理原則に立ち返り、塗布流動はどの様に形成し発達・安定化するのか皆さんと一緒に考えて、今後の更なる発展の一助としたい。

2．塗布プロセス

　塗布プロセスを簡単に説明するとすれば、2流体の固体上での置換である。この場合、2流体とは空気と塗布液、固体とは基材の事を指している。この置換に影響する力には①圧力、②せん断力、③接触角、④表面張力、⑤慣性力、⑥静電気、⑦電気的力等が挙げられる。これらの力の均衡で、置換の状況が様々に変化する。この気液置換を早く・広く・安定に制御する事が塗布の本質である。例として、この気液置換の最前線である動的接触線での気液の鬩ぎ合いを図1に示す。

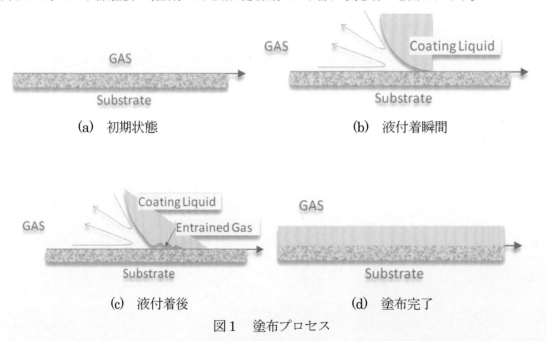

　　　(a)　初期状態　　　　　　　　　　　(b)　液付着瞬間

　　　(c)　液付着後　　　　　　　　　　　(d)　塗布完了
図1　塗布プロセス

　図1-(c)の様に塗布液が基材に付着する瞬間、空気は楔効果により Creeping Flow の様に潜り込むが、液体・空気の密度差が起こす Rayleigh-Taylor 不安定により、塗布液は基材に氷柱状に付着する。この時ほとんどの空気は圧力により外へ押し出されるが、残存空気は粒状となる。粒径が非常に小さい(数 10nm オーダー)ため、Young-Laplace 式からも分かる様に、粒の内圧は粒径に反比例

するため非常に高圧となる。結果、この微小気泡は塗布液中に溶解するとされている[1]。この様に、徐々に相変化が進むことにより、塗布液は基材速度の影響を次第に受け、最終的には基材速度に到達する。相変化による疑似的な滑りと見なすこともでき、数値解析では Navier Slip 等の境界条件を使用する。液体を基材上に薄く延ばす為には、液体を引っ張る支点が必要である。この支点とは静的接触線、動的接触線である。静的接触線においては、塗布液と塗布金型等との濡れ性により接触角が決定される。これは塗布液を引っ張る力の大きさを決定するベクトルである為、塗布金型の濡れ性・エッジ精度に乱れがある場合、接触角もバラツキ最終塗布膜厚に偏差を生じる。また、動的接触点は最初に液が付着するポイントであるため、基材の濡れ性のバラツキ・表面粗さ等の外乱が原因で、最終塗布膜厚の偏差、気泡同伴等の塗布不良を生成する。この2接触線は使用する塗布方式により場所・数も異なる為、良好な塗布品質を維持する為にも、この両支点の関係は押さえておく必要がある[1]。

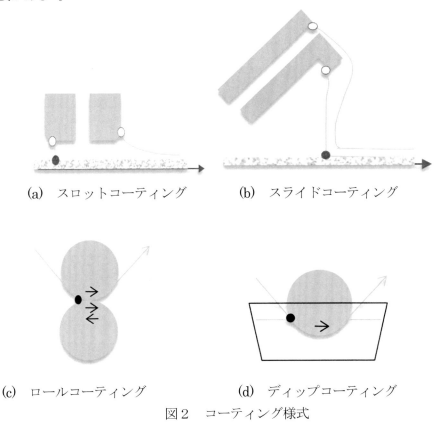

(a) スロットコーティング   (b) スライドコーティング

(c) ロールコーティング   (d) ディップコーティング

図2 コーティング様式

　図2にコーティング様式を示す。図中の黒丸は動的接触線、白丸は静的接触線を示す。この様に、塗布方式により各接触線の位置・種類は異なる。この接触線の非定常振動は段ムラの元になる為、静的のみならず、動的な安定性も確保することが重要である。ロール表面の濡れ性・表面粗さ、ロールの偏芯・真直度誤差・振動等並びに、基材表面の静電位・濡れ性・粗さ・未洗浄異物・配向性・結晶性・浸透度・溶解度等、これらは容易に接触線を不均一にする外乱となる為、精密な塗布膜が必要な場合は、しっかりと管理すべきである。これら外乱応答の予測は数値的にも可能で、物理量

の不均一性を外乱入力変数として運動方程式に挿入し、塗布膜厚の変動応答を数値計算する。最も外乱からの影響が少ない境界条件・物理量を見つける事がこの解析の目的となる[例えば2)]。この様に塗布流動が様々な興味深い現象を示すのは、塗布ビードの液膜化機能が多様な条件の影響を受けやすいところに行き着く。よって、この液膜化の制御が時間・空間的に定常に行わなければ不良を生じることになる。次項より液膜化のための塗布ビードの機能を説明する。

３．塗布ビードの機能

３．１　塗布ビードの分類

　塗布ビードは図３の様に、大きく３種類（B〜D）の領域に分ける事ができる。下記にスロットコーティングを例にして、各領域を示す。

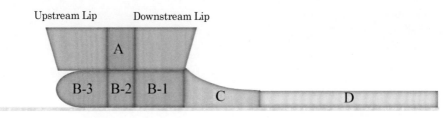

Upstream Lip　　　Downstream Lip

A

B-3　B-2　B-1　　　C　　　　　D

図３　スロットコーティング塗布ビード

供給領域 A

　この領域は、塗布ビード（B〜D 領域）に液を一定量供給する領域である。スロット塗布の場合は明確に供給領域が塗布ビードと分かれているのが特徴で、そのため前計量塗布方式とも呼ばれている。

液膜化領域 B-1

　この領域は、スロット出口から流出した液を膜にする領域である。薄い均一な塗布膜を得るために、平行平板間でせん断流を形成させ、塗布膜となる基本的な流れを形成させる。他方塗布ギャップが塗布膜厚の２倍以上になった場合、せん断流れにより形成される塗布膜となる流れの流量は過大なるため、圧力流れのバックフローが生じ流量の釣り合いをとる。

液膜化領域 B-2

　この領域は、スロット出口から垂直に流出する塗布液を基材によるせん断力で塗布方向へ方向変換させる機能を持つ。

液膜化領域 B-3

　この領域では流れが旋回しており、そのため局所的な流量はゼロである。塗布ビード領域でのせん断流と圧力流れのバランスが非定常的に取れなくなった時、B-3 領域の長さが動的に変化して全体の流量の収支をとる様に働く。

引き出し・延伸領域 C

　この領域は、平行平板間で生成されたせん断流による液膜を、徐々に速度分布の無い塗布膜に変化させる機能を持つ。引き出し・延伸には表面張力が利用されており、引き出し・延伸の割合が大きい（塗布膜厚が平行平板間の距離より著しく小さい）と、液膜に大きな負圧を発生

させ、凹んだ形状になる。

平坦化領域 D

　この領域は、形成された塗布膜に含む微小な凹凸等が表面張力により徐々に平坦化されていく領域である。乾燥が速ければ、塗布ムラが目立つのはその為である。

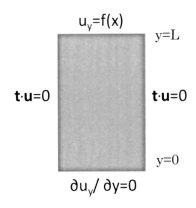

図 4　供給領域境界条件

３.２　供給領域の役割と特徴
３.２.１　境界条件

　塗布流れは境界条件によって決定されるため、境界条件を用いて各部位の特徴、実際の流速分布を簡単に示したい。供給領域における境界条件設定（図 4）は入口流速分布を与えることから始まる。一般にこのスロットの隙間は、コーティングギャップ合流地点での渦流を防ぐために十分狭く設計されているため[3]、渦のない 1 次元流れを仮定した境界条件で定義する（$u_y = f(x)$）。内部の流れは壁面境界条件の影響を強く受けて、流速分布は出口より流出するまでには圧力流れ（放物線の流速分布）に発達する(領域 A 下部の Neumann 境界条件は発達（y 方向に変化がない）を示す。)。スロットの長さは塗布の幅方向の均一性と関係があり、一般に十分な長さを設けてあるため問題にはならないが[4]、特殊用途の MEMS タイプのスロットについては長さが短いため、設計に気を付ける必要がある。ここで、t は接線ベクトル、u は速度ベクトルを示す。

３.２.２　流速分布・流量特性

　下記に、スロット内部の流速分布を示したい。ここで、U はスリット内部の 1 次元流れ、s はスロット隙間、L はスロット長さ、圧力 p、粘度 μ を示す。スリット内部は圧力（Poiseuille）流れである為、

$$\frac{\partial p}{\partial y}_{onslit} = \mu \frac{\partial^2 U}{\partial x^2} \tag{1}$$

$$U = ax^2 + bx + c \tag{2}$$

と内部流速分布を 2 次曲線で示す事が出来る。この 1 次元流れの境界条件は平均流量 q_i を用いることで、下記の様に定義可能である。

$$q_i = \int_0^s U dx \tag{3}$$

$$U(0) = 0 \quad U(s) = 0 \tag{4}$$

以上、式(1)は(2)～(4)を使う事で、以下式(5)に変形可能である。式(5)はスリット流入部の圧 $p(y=L)$ は流出部の圧をゼロと仮定 $p(y=0)$ した差圧でもある。一般に出口流速は境界条件から y (垂直)方向に十分発達した流れとして扱う。

$$q_i = \left(\frac{p(L)}{L}\right)\frac{s^3}{12\mu} \tag{5}$$

３．２．３　不安定モード

　この領域が生成する塗布の不安定モードとしては、式(5)からも分かるように、供給圧力の変動がある。供給圧力の変動は直接流量を変動させるため、塗布膜厚の変動になる。塗布膜厚変動は低周波が顕著で、高周波は緩和される傾向にあるため、低回転ポンプの脈動はムラとして確認されやすい。これはD領域での平坦化機能の特性によるものである。

３．３　液膜化領域の役割と特徴

３．３．１　境界条件

　液膜化領域の境界条件を図5に示す。ここで、v は基材の速度を示す。

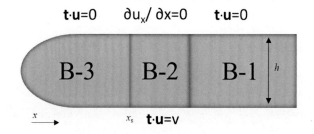

図5　液膜化領域の境界条件

　領域Bは1次元流れを考える場合、x 方向(図5中の水平方向)の流れであるため、領域 B-2 の上部の境界条件は、領域Aの下部の境界条件を連続の式を利用して x 方向に変換する。念のために、連続の式を下記に示す。

$$\frac{\partial u_x}{\partial x} + \frac{\partial u_y}{\partial y} = 0 \tag{6}$$

３．３．２　流動分布・流動特性

　次に、各領域の流量（式(7)：B-1、式(8)：B-2、式(9)：B-3）を下記に示す。ここで、x_s は領域 B-2 の左側の辺の位置を示す。一般に速度分布は放物線であるが、今回は式の簡便化のため、式(8)はスロットからの流出速度は放物線ではなく、均一である場合と仮定する。

$$q(x) = q_i \tag{7}$$
$$q(x) = q_i(x - x_s)/s \tag{8}$$
$$q(x) = 0 \tag{9}$$

塗布の 1 次元流動解析の場合、上流側の塗布ビードの長さが未知数である。この末端部の動的接触点の位置を求めるために、最終的には上流部から下流部までの圧力変化を足し合わせ大気圧（ゼ

ロ）とする問題に帰着する。図6に圧力変化を足し合わせる手法の圧力回路法を示す。

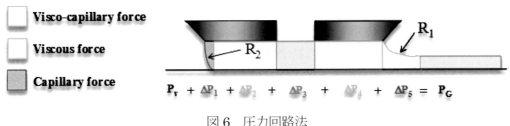

図6　圧力回路法

　この手法を用いるためには各領域での圧力変化を準備する必要がある。以下導出を試みる。1 次元流れの場合、式(1)同様 Stokes 式より下記の関係が成り立つ。

$$\frac{\partial P}{\partial x} = \mu \frac{\partial^2 U}{\partial y^2}$$

(10)

　ここで、μは塗布液の粘度、Uはx方向の流速を示す。各領域のx方向の区間長さをLとし、速度分布が式(2)のような放物線であることを考慮すれば、各領域での圧力変化は次のようになる。

$$\Delta P = \mu L K$$

(11)

　境界条件を用いて、速度分布を計算し係数 K を求めれば、各領域での圧力変化は次式で定義できる。尚、ここでhは塗布ギャップ（塗布ビードの高さ）を示す。

　　　領域 B-1

$$\Delta P = \mu \frac{6v}{h^2} \left(1 - \frac{2q_i}{vh}\right) L_{B-1}$$

(12)

　　　領域 B-2

$$\Delta P = \mu \frac{3}{2h^3} \left(vh - \frac{q_i}{2}\right) L_{B-2} - \rho \left(\frac{q_i}{h}\right)^2$$

(13)

　　　領域 B-3

$$\Delta P = \mu \frac{6v}{h^2} L_{B-3}$$

(14)

　領域 B-1、B-3 については、各論文がこのモデルを説明しているので参照されたい[例えば5]。領域 B-2 については筆者のオリジナルである。式(13)でのρは塗布液の密度で、この第2項はこれらの粘性流れに慣性項を足したものであり、B-2 領域でx方向の運動量が変化していることを近似的に加味している。長年この領域はグレーゾーンとされており、筆者を含め研究者らは検査体積を用いた解析を行っているが[例えば6]、この手法は不連続である。式(13)が連続的に変化するとすれば、領域内が連続的に計算可能であり、例えば2層同時塗布に適用すれば2層の分離ポイントも導出可能である。この B-2 領域は塗布領域を広げる重要なポイントである[7]。1 次元解析を用いれば幅広い計算条件も短時間にこなせ、リップ形状の最適化が容易に可能である。圧力変化をベースに考えるとき、図のように領域 B-3 の自由表面側には静的接触角と動的接触角の影響を加味する必要がある。この圧力変化を次式に示す。

$$P_{air} - \sigma(cos\,\alpha_{dynamic} + cos(\beta_{static}))/h - P_{Bead} = 0 \qquad (15)$$

ここで、圧力 P は塗布ビード内と外気をそれぞれ添え字で区別している。表面張力σによる力でこの様な圧力差が生じる。接触角αは液と基材の接触角、βは液と金型との接触角を示す [5]。最後に塗布ビード全体の流量保存式を下記に示す。引出し延伸領域へ流入する流量は最終膜厚 h_0（仮に）と基材速度 v の積とし、また、壁（液の流入出のない境界条件）が存在する塗布ビードの面積の時間変化による体積貯蔵の機能を追加すれば、下記のような保存則が得られる。これは非定常解析には必要な式である。

$$h_0 v = q_i - \frac{\partial h(L_{B-1} + L_{B-3})}{\partial t} \qquad (16)$$

３．３．３　不安定モード

この領域が生成する塗布の不安定モードとしては、境界条件の不安定による変動がある。下記に一般的な変動を示す。

領域 B-1

スロット流量変動：塗布ビード圧変動（式(12)）

塗布ギャップ変動：塗布ビード圧変動（式(12)）

塗布速度変動：塗布ビード圧変動（式(12)）

領域 B-2

スロット流量変動：塗布ビード圧変動（式(13)）

塗布ギャップ変動：塗布ビード圧変動（式(13)）

塗布速度変動：塗布ビード圧変動（式(13)）

領域 B-3

真空チャンバー変動：塗布ビード圧変動（式(15)）

基材表面物性変動：接触角の変動（塗布ビード圧変動）（式(15)）

塗布ギャップ変動：塗布ビード圧変動（式(14)、(15)）

塗布速度変動：塗布ビード圧変動（式(14)）

式(12)～(14)からも分かるように、塗布ギャップ h は各領域における圧力変化式に対して、2～3乗として挿入されている。他の流量、基材速度が比例的な影響であるため、塗布ギャップ変動の影響は非常に大きいことが分かる。

３．４　引出し延伸領域
３．４．１　境界条件・流速分布

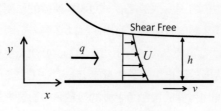

図7　引出し流れ

速度分布は、2 次曲線より、

$$U = ay^2 + by + c \tag{17}$$

と、示す事が出来る。ここで、境界条件は表面せん断力フリーのもと基材速度で移動する状態である。最終膜厚を h_∞ とすれば、

$$h_\infty v = q = \int_0^h U dy \tag{18}$$

$$\mu \frac{dU}{dy}|y = h = 0 \quad u(0) = v \tag{19}$$

以上の関係により速度分布は、

$$U = v + \frac{3v}{h^3}(h - h_\infty)(y^2/2 - hy) \tag{20}$$

コーティング液膜は薄膜で、Re 数が小さい場合、慣性力は省略可能であり、定常状態の Stokes 式が使用できる。ここで μ は粘度とする。

$$\frac{\partial p}{\partial x} = \mu \frac{\partial^2 U}{\partial x^2} \tag{21}$$

式(21)に Young-Laplace 式（p=-σ/R(x)、R(x)：ビードの曲率半径=$\frac{d^2h/dx^2}{(1+(dh/dx)^2)^{3/2}}$)、式(20)を適用すれば、

$$\frac{d}{dx}\left(\frac{d^2h/dx^2}{(1+(dh/dx)^2)^{3/2}}\right) = -\left(\frac{3\mu v}{\sigma}\right)\frac{h - h_\infty}{h^3} \tag{22}$$

この解法は、Landau-Levich らの手法 [7] であり、この式を計算すれば、自由表面の形状が近似計算可能である。彼らは漸近近似を行う事で、下記の様な解析式を提案している。

$$h_\infty = 1.34 \left(\frac{\mu v}{\sigma}\right)^{2/3} R_m \tag{23}$$

ここで、R_m は液が引出された直後の平均曲率半径を示す。この式を Young-Laplace 式と一緒に使用すれば、引出された直後のコーティング液膜内の圧力が簡単に算出可能である。つまり、

$$\Delta P = \frac{\sigma}{R_m} = -1.34 \left(\frac{\mu v}{\sigma}\right)^{2/3} \frac{\sigma}{h_\infty} \tag{24}$$

3.4.2 不安定モード

この領域における不安定モードとしては、R_m が小さくなり $2R_m + h_\infty$ が塗布ギャップに到達した場合に生じるリビング不安定であろう。極端な薄膜塗布を広い塗布ギャップで行う時また、薄膜塗布を強い真空引きで制御する場合、この条件に達しリビング（前面に立筋が生じる）不良が生じる [8]。

3.5 平坦化領域の役割と特徴
3.5.1 境界条件

平坦化領域は引出し延伸領域同様、大気圧以外の外力を受けずコンベアの様に塗布膜が流れていく領域である。つまり、塗布膜上部はせん断力フリーで大気圧の影響のみ受ける。

３．５．２　流速分布・流量特性

　この領域においては、レベリングプロセスが支配的になる。レベリングとは図8に示すように、圧力流れによる平坦化現象である。塗布膜上に出来た凸上のムラは式(24)の様に表面張力により生成された圧力で押され圧力流れとなって、塗布膜厚みh_∞の中にセミ圧力流れとして流れ込む。この時、塗布膜厚が薄ければ、セミ圧力流れの抵抗が大きくなり平坦化に時間を要する。また、Rが小さければ、生成圧力は大きく平坦化は早い。グラビアコーティングにおいて、カブリ（ドクターを浮かせ気味で塗布する）気味で塗布する方が良好な品質を得やすいのは、セミ圧力流れの抵抗が少なくなるためである。

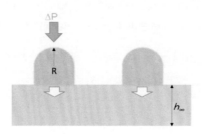

図8　レベリング

３．５．３　不安定モード（重力）

　この領域における不安定モードは、基材が垂直に搬送される場合に生じる液の垂れであろう。

４．塗布可能領域の検討

　塗布を行う際十分なデータを準備せずに試験を開始すると、下記のような塗布不良に直面する。これを解決するために、時間・資材を要し苦労された方々も多いかと思うが、これから説明する手法を用いシミュレーションすれば事前に良好な条件が予測可能である。

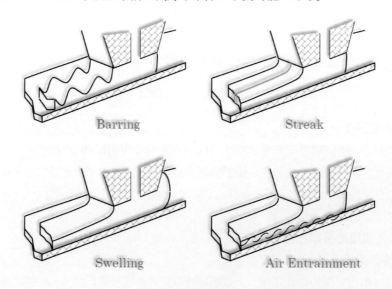

図9　スロット塗布の種々の塗布不良

図 9 にスロット塗布の種々の塗布不良を示す。これらの不良のうち、Barring、Swelling、Air entrainment は上流塗布ビード領域 B-3 が適切な位置にないため、発生したものである。Barring、Air entrainment は動的接触点がスロット部に近づき B-3 領域が無くなったため生成されたものである。また、Swelling は動的接触点が上流部リップをはみ出した時に生じるものである。つまり、動的接触点は上流リップ部の中央位に固定できるように条件を詰める必要がある。それでは、圧力方程式により B-3 の長さを算出する。

４．１　圧力方程式の導出

図 6 に示す圧力方程式を使用すれば、次の関係を得る。

$$-1.34\left(\frac{\mu U}{\sigma}\right)^{\frac{2}{3}}\frac{\sigma}{h_\infty} - \mu\frac{6v}{h^2}\left(1-\frac{2q_i}{vh}\right)L_{B-1} - \mu\frac{3}{2h^3}\left(vh-\frac{q_i}{2}\right)L_{B-2} + \rho\left(\frac{q_i}{h}\right)^2 - \mu\frac{6v}{h^2}L_{B-3} - P_{air} + \sigma(cos\,\alpha_{dynamic}$$
$$+ cos(\beta_{static}))/h = 0 \qquad\qquad\qquad (25)$$

式(16)を変形して $L_{B-3}=$にすれば、B-3 領域の長さ L_{B-3} が導出可能である。この長さ 0 が Air entrainment が開始する点で、リップ長さが同じになる点が Swelling 開始の点である。次に本式を用いた Coating Window を示す（図 10）。今回のモデルは慣性力を導入しているので、狭いスリットギャップや高速塗布の条件において、一般に使用される Lubrication theory とは異なる結果を示す。一般の CFD と比べても遜色のない精度で実験データにフィット[9]していることに驚かれることと思う。

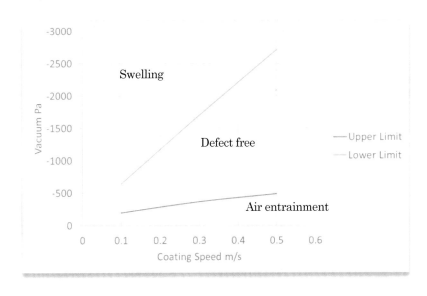

図 10　Coating Window

(h=179um, t=127um, h∞=85um, L=0.95mm, μ=25.0mPa.s, σ=61.0mN/m, α=62.0deg, β=128.0deg)[8]

５．外乱周波数応答解析

塗布プロセスは種々の外乱の影響を受けて塗布膜厚が変動する。この塗布膜厚の変動を予測する

手法が外乱周波数応答解析である。詳しい手法は参考文献 [10] に譲るとして、数値解析の概要を次に示す。

① 各塗布パラメーター（速度、流量、塗布ギャップ、基材速度等）に変動信号を入力する。
② 式(16)を時間展開して、未知数の上流ビード位置を計算する。
③ 式(25)により、最終膜厚を計算する。
④ 変動信号を更新する。

この様な操作で計算した外乱周波数応答の解析例を図 11 に示す。図中の Gain は外乱に対する膜厚変動ゲインを示す。

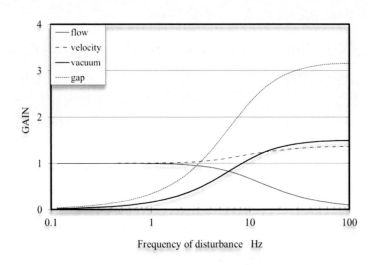

図 11　Coating Window

(h=250um, t=250um, h∞=75um, L=1.0mm, μ=20.0mPa.s, σ=60.0mN/m, α=60.0deg, β=120.0deg, v=0.2m/s, Vacuum=-600Pa)[10]

　図 11 より、各外乱の種類によって最終膜厚への影響が異なることが分かるかと思う。上記は Landau-Levich 式を使用しているため、レベリングの効果は加味していない。この効果を確認したい方は、別の参考文献 [6] を参照頂きたいが、全ての曲線が 10Hz 程度から減衰する傾向が付加される。よって、Vacuum や塗布 gap の変動はピークを持つ周波数特性になる。

６．最後に

　今回は限られた紙面の中で、塗布流動の基礎を説明させて頂いた。塗布の現場においては様々な現象に遭遇し、基礎はダイレクトには役に立たないと感じる方もおられるかもしれない。しかし、これら不良現象のモードを特定・分類（定常、非定常、突発又、パラメーター関連性等）し、固有のモードを見出せば、基礎的な塗布流動の観点で容易に発生原因が理解できる。故 Scriven 教授の‘複雑で大きな問題は細かく砕いて小さな問題にして、一つずつ取り組むと容易に解決出来る‘との教えもある。その時こそ基礎が役に立つ。

参考文献

1）Adachi, K., INDUSTRIAL COATING RESEARCH VOL.1,(1991), Coating Research Association Japan

2）Tsuda, T., de Santos, J. M. and Scriven, L. E., Two-Layer Frequency Response Analysis and Active Control of Slot Coating, Proceedings of the 13th International Coating Science and Technology Symposium, (2006-9)

3）Sartor, L., Slot Coating: Fluid Mechanics and Die Design, PhD Thesis University of Minnesota, (1990), Published by University Microfilms International, Ann Arbor, MI.

4）津田武明，長谷川富市，鳴海敬倫，非ニュートン流体の押出し金型内の流れに関する研究，日本レオロジー学会誌，Vol. 30 (3)(2002)，pp.133-139.

5）Higgins, B. G. and Scriven, L. E., Capillary pressure and viscous pressure drop set bounds on coating bead operability, Chemical Engineering Science, Vol35(1980), pp.673-682.

6）Tsuda, T., de Santos, J.M. and Scriven, L. E., "Frequency response analysis of slot coating." AIChE journal 56.9 (2010), pp.2268-2279.

7）Carvalho, M. S., and Haroon S. K., "Low‐flow limit in slot coating: Theory and experiments." AIChE journal 46.10 (2000), pp.1907-1917.

8）Schweizer, P. M. and Kistler, S. F., Liquid Film Coating, (1997), CHAPMAN & HALL

9）Gates, I. D., Slot Coating Flows: Feasibility, Quality, PhD Thesis University of Minnesota, (1999), Published by University Microfilms International, Ann Arbor, MI.

10）Tsuda, T., "Dynamic response analysis and control of slot coating." Journal of Fluid Science and Technology 4.3 (2009), pp.735-745.

第3章 レオロジーの基礎

菰田　悦之

（神戸大学）

はじめに

　粘度は塗布流動や液膜の安定性を考える上での基礎的な物性値であり，塗料品質の工程管理値としても塗布にかかわる技術者・研究者にはなじみのあるレオロジー特性であろう．粘性は加えられた力に応じた速度勾配を形成し，これが系全体の流動状態を規定することになる．しかしながら，力が作用しても変形するだけで定常流動に到達しない場合がある．このような状況では，塗料は弾性変形していることになり，状況によって塗料は弾性固体にもなり得ることを示している．このような弾性固体から粘性流体への変化は塗料内部の構造変化と密接に関係しており，その臨界値や推移の時定数といった要素も勘案して現象を理解する必要がある．レオロジーとは，外部の変形に対する材料の応答を理解することとも言え，複雑な粘度変化や粘弾性からその内部構造の特徴を明らかにする上で非常に有用なツールでもある．本稿では，塗布に関係して必要と思われる粘度特性とその重要性を述べるとともに，粘弾性を活用することで塗料内部の様子さらには分散過程にまで渡る広範囲なプロセス理解の深化に繋がることについても言及する．

粘性と弾性

　粘性や弾性は 16 世紀にそれぞれニュートンやフックが示した基本法則に端を発し，それぞれ流体力学や固体弾性論の基礎となっている．しかしながら，実在する全ての物質は，状況に応じて粘性に支配されることもあれば弾性的な挙動を示すといっても過言ではない．例えば，ケチャップが静止していれば固体のようにその形状を保つことができるのに対して，チューブから押し出したり，塗り伸ばしたりする際には液体のように流れることは日常生活でよく遭遇する事例である．このような固体的挙動は弾性が，液体的挙動は粘性が，系の変形挙動を支配しており，この支配因子は外部から与えられる変形の大きさや速さによって変化する．

　レオロジー特性を明らかにするには，外部からの変形に応じて生じる力を測定する，もしくは力を与えて生じる変形を測定する，のいずれかを行う．そして，粘性体は変形速度に比例する力を生じるのに対して，弾性体が生じる力は変形の大きさに比例する．ここで，平行な 2 枚の平板にある試料を挟み，上側の板だけを平行を維持しながら速度一定で動かす場合を考える（図1）．上側の板に作用する力 F は板の面積に比例するので，生じる力の大きさは単位面積あたりの力で表現し，これをせん断応力 τ と呼ぶ．また，上側の板を早く動かすほど，平板間距離が狭くなるほど，平板間には大きな速度変化が生じる．この平行平板間の速度勾配が変形の速さの指標であり，せん断速度 $\dot{\gamma}$ と呼ぶ．一方で，変形の大きさは上側の板の移動距離に比例するが，これも平板間距離が狭くなるほど局所的に見れば大きく変形していることがわかる．このため，上側の板の移動距離（＝移動速度×移動時間）を平板間距離で除することで得られるせん断ひずみ γ が変形の大きさを表す指標となる．これらの関係から，せん断速度はせん断ひずみの時間微分となる．

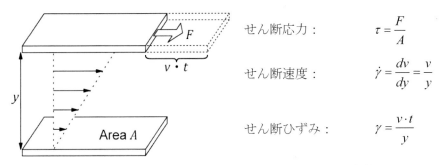

せん断応力： $\qquad \tau = \dfrac{F}{A}$

せん断速度： $\qquad \dot{\gamma} = \dfrac{dv}{dy} = \dfrac{v}{y}$

せん断ひずみ： $\qquad \gamma = \dfrac{v \cdot t}{y}$

図1　せん断速度，せん断ひずみ，せん断応力の定義

　せん断応力，せん断速度，せん断ひずみの定義式から，それぞれの単位は[Pa], [s^{-1}]（セカンドインバース），[-]（無次元）となる．これらを用いると，ニュートンの粘性法則およびフックの弾性法則が式(1)(2)で表され，それぞれの比例定数が粘度(粘性係数)ηや弾性率Gとなる．なお，粘度の単位は[Pa·s]（パスカルセカンド）が用いられるが，溶媒の粘度は0.001Pa·s程度であるので[mPa·s]（ミリパスカルセカンド）やこれと等価であるcgs単位系の[cP]（センチポアズ もしくは シーピー）も多く用いられる．一方で，弾性率の単位は[Pa]で表記される．

$$\tau = \eta\dot{\gamma} \qquad\qquad\qquad\qquad \text{(Newton's law)} \qquad (1)$$

$$\tau = G\gamma \qquad\qquad\qquad\qquad\quad \text{(Hook's law)} \qquad (2)$$

　また，塗布操作に調液から乾燥まで含めて考えると，各工程に関連するせん断速度は広範囲に渡る（図2）．たれやレベリングなどの塗布後の液膜の流動や液膜内での粒子沈降のせん断速度は1 s^{-1}以下であるが，溶液の混合や輸送時のせん断速度は1〜10^3 s^{-1}程度，工業的な塗布操作では10^6 s^{-1}までせん断速度が大きくなる場合もある．従って，各工程の現象を理解するためには工程に合致したせん断速度範囲でのレオロジー測定が必要である．

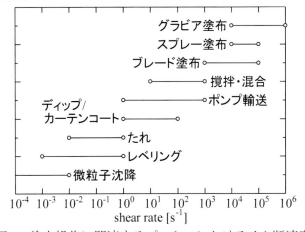

図2　塗布操作に関連するプロセスにおけるせん断速度

非ニュートン流体

　塗料は少なくとも塗布する場合には液体的挙動が支配的になると考えられるので，ここでは

様々な流体が示す粘度挙動について述べる．せん断速度とせん断応力が比例関係にあり，せん断速度をゼロに外挿するとせん断応力もゼロと見なせる場合，粘度は一定値を示すことになり，このような流体はニュートン流体と呼ばれる．しかしながら，実在する多くの物質の粘度はせん断速度に応じて変化し，このような流体は非ニュートン流体と呼ばれる．非ニュートン流体はせん断速度とせん断応力の関係（フローカーブ）によって，分類される（図3）．フローカーブが両対数グラフで直線になれば，せん断応力とせん断速度の関係は式(3)で表現され，指数法則流体と呼ばれる．ここで，指数nが1より小さければ擬塑性流体（Pseudo Plastic fluid）と呼ばれ，粘度の定義式によるとせん断速度が増大するほど粘度が低下し，この挙動をシアシニング(shear-thinning)と呼ぶ．一方で，nが1より大きければせん断速度を大きくすると粘度が増大するシアシックニング(shear-thickening)を示すことになり，このような流体はダイラタント流体（Dilatant fluid）と呼ばれる．また，$n = 1$はニュートン流体を指す．但し，このように幅広いせん断速度域で指数法則に従う挙動を示すことは殆どなく，ある限定されたせん断速度域における粘度特性を表現したり，粘度測定値を補間したりする上で指数法則流体モデルは有用である．

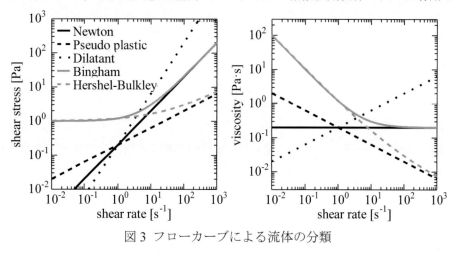

図3 フローカーブによる流体の分類

　せん断応力とせん断速度の関係は，流動させたときに生じる力と考えられると同時に，ある力を作用させた時の流動挙動を表している．すなわち，指数法則流体は極めて小さな力を作用させても流動させることができる．ところが，実際にはケチャップの例を挙げたように，ある一定以上の力を加えないと流動しないことも多い．それ以下の力が加えられた場合には，弾性が試料の変形を支配的にしており，弾性変形するだけで定常流動を生じない．このような流体を用いてせん断速度を下げながらせん断応力を測定すると，あるところまではせん断応力が低下するが，ある一定値以下にはならないことになる．このような低せん断速度域でのせん断応力を降伏応力と呼ぶ．降伏応力以上の応力とせん断速度の関係から，フローカーブは式(4)(5)のようなBingham（ビンガム）モデルやHershel-Bulkley（ハーシャル・バルクレイ）モデルで表される．降伏応力は物質が静止下で示す弾性的な特徴を表す一つの指標と考えられ，式(4)や(5)により測定結果をフィッティングすることで求められる．但し，測定装置によって測定しうるせん断速度やせん断応力の下限が異なるので，その値は装置の測定精度に依存する．

$$\tau = K\dot{\gamma}^n \qquad \text{(Power law fluid)} \qquad (3)$$

$$\tau = \tau_y + K\dot{\gamma} \qquad \text{(Bingham model)} \qquad (4)$$

$$\tau = \tau_y + K\dot{\gamma}^n \qquad \text{(Hershel-Bulkely model)} \qquad (5)$$

　このような低せん断速度で一定応力を示す流体が存在する一方, 低せん断速度では一定の粘度を示し, せん断速度が増大するほど粘度が低下する挙動を示す流体もよく見られる. 加えて, 高せん断速度域では再びニュートン挙動を示す場合もある (図 4). このような粘度の減少領域を指数法則流体で表現しつつ, 第一および第二ニュートン挙動を表すことができるモデルも提案されている (式(6)(7)). ここでのnはシアシニング領域の挙動を指数法則流体で表したときの指数であり, λはその逆数がシアシニングを示し始めるせん断速度に対応する.

$$\eta = \eta_0(1 + (\lambda\dot{\gamma})^2)^{\frac{n-1}{2}} \qquad \text{(Carreau model)} \qquad (6)$$

$$\eta = \eta_\infty + \frac{\eta_0 - \eta_\infty}{(1 + (\lambda\dot{\gamma})^2)^{\frac{1-n}{2}}} \qquad \text{(Bird Carreau model)} \qquad (7)$$

　また, 非ニュートン性を示す流体の場合, せん断速度 (もしくはせん断応力) が一定の下で粘度が変化する挙動がしばしばみられる (図 5). そして, せん断速度をステップ状に増加させたとき, 粘度が徐々に減少する性質をチクソトロピーと呼ぶ. シアシニングを示す流体を用いて, せん断速度を増加させながら粘度を測ると, 時間とともにその粘度が減少するので, シアシニングとチクソトロピーは混同されやすく, 工業的にもシアシニングを「チクソ性がある」などと表現することもあるが, これらは元来異なる概念である. また, シアシックニングを示す流体などは一定せん断速度の下で粘度が増大すると考えられ, このような性質をレオペクシーと呼ぶ.

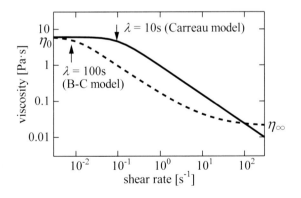
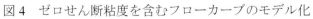

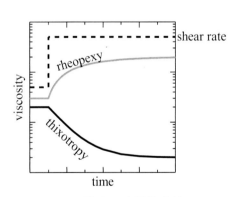

図 4　ゼロせん断粘度を含むフローカーブのモデル化　　　　図 5　粘度の時間依存性

粘度測定

　粘度を評価する方法は数多く知られている. 工程管理的な利用には, 精密な科学測定装置ではなく, 簡便な装置がしばしば使われる. ザーンカップ粘度計は, 容器内から塗料が流出するのに要する時間をもって粘度の指標とする. 容器内の液深さが一定のヘッド差を与え, 流出口の流動

抵抗に応じて流出時間が変化することを利用している．ニュートン流体の精密な粘度測定に使われるオストワルド粘度計も基本的には同じ考え方で粘度が測定されている．ストマー粘度計は，容器の中のパドルがゆっくりとした一定速度で回転する錘の重さから粘性を評価する．高粘度塗料の粘度調整や貯蔵安定性評価などに利用される．一方，B型粘度計も回転速度と回転軸に働く力を測定するという点ではストマー粘度計と変わらないが，せん断応力は回転させる円筒ローター側面に主に作用し，ローター周りに速度ゼロとなるガードを取り付ければせん断速度が規定できるので，比較的精度の高い粘度測定が行える．このため，異なる回転数（一般的には6と60rpm）での粘度測定値の比であるTI値（チクソトロピーインデックス）を用いて非ニュートン性を評価することも多い（これは，指数法則流体の指数nを調べていることに相当する）．

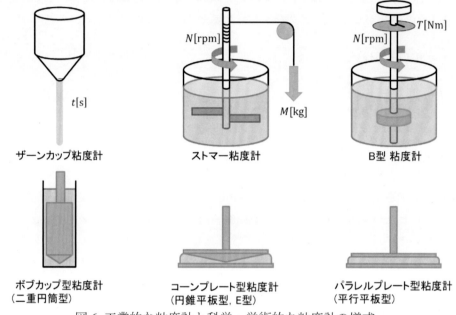

図6 工業的な粘度計と科学・学術的な粘度計の様式

　一方で，科学的・学術的な議論のためには，かなり正確に規定されかつ数学的に記述が可能な流動場の下でせん断応力を測定する必要がある．B型粘度計と同様の構成で，ローターを細長くすることで大きなせん断応力が計測できるようにし，隙間が1mm程度となる円筒容器を用いる場合，ボブ＆カップ型もしくは二重円筒型粘度計と呼ばれる．また，平板と円錐（角度は1度程度であることが多い）もしくは二枚の円板（隙間は1mm以下であることが多い）の間に試料を挟み込む形式をそれぞれコーンプレートおよびパラレルプレート型粘度計と呼ぶ．いずれも内部もしくは上部の治具を回転させ，回転速度とトルクの関係を計測する．回転部とトルク計測部を上下で役割分担している場合もある．測定試料は数〜数十ミリリットルと少量であるが，治具の位置固定や回転制御に高い精度が求められるので，工業的な粘度計と比べて高価である．それ故，一定せん断速度下でのトルクの経時変化からチクソトロピー挙動を調査したり，振動回転を与えた時のトルク変動から動的粘弾性挙動（後述）を調査したり，することができる．

粘度特性と塗布操作

「たれ」は，傾斜した基材上に塗布された液膜が重力によって流れ落ちる現象である(図 7a)．液膜表面では速度勾配はないのでせん断速度はゼロだが，基材表面でせん断速度は最大になる．式(8)で表されるように液膜にはたらくせん断応力は，液膜が厚いほど傾斜角が大きいほど大きく，そのせん断応力と粘度に応じて塗料は流れる．基材表面のせん断速度は極めて小さいため，低せん断速度での粘度が高ければ「たれ」は抑制できる．加えて，塗料がこのせん断応力以上の降伏応力を有していれば，「たれ」は生じない．但し，高粘度の塗料は塗布が難しくなるため，塗布時の比較的高いせん断速度が印加されると粘度が十分に低くなるシアシニング性が塗料には必要不可欠であると言える．

「レベリング」は，塗布直後に形成される凹凸のある表面形状が表面積を減らすように界面張力によって均される現象である(図 7b)．液膜の凹凸の深さaの時間変化およびレベリングが生じるための応力は式(9)(10)で表される[1]．これから，レベリングは時間に対して指数的に解消され，その速度は液膜厚さhの 3 乗および界面張力τに比例し，粘度に反比例する．塗料の粘度は，低い方が表面凹凸は解消されやすいが，高いと液膜厚さは分厚くなるので間接的に凹凸解消に効果的である．さらに，塗料が最大応力よりも大きな降伏応力有していればレベリングは生じない．

$$\sigma_{\max} = \rho g h (\sin \beta) \tag{8}$$

$$\frac{da}{dt} = \left\{ -\frac{16\pi^4 h^3 \tau t}{3\lambda^4 \eta} \right\} \tag{9}$$

$$\sigma_{\max} = 8\pi^3 \tau a h / \lambda^3 \tag{10}$$

このように塗布後の液膜の挙動には，低せん断速度における粘度が少なからず影響を及ぼすが，例えシアシニング性を有する塗料であっても，塗布終了後には速やかに粘度が回復しなければこれらの課題は解決することができない．すなわち，図 5 で示したチクソトロピー挙動解析のようなせん断速度をステップ状に低下させたときの粘度回復挙動の測定が有用な知見となる．

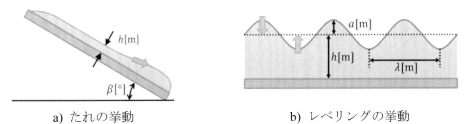

a) たれの挙動 b) レベリングの挙動

図 7 塗布後の液膜の挙動

粒子分散液の粘度特性

ニュートン流体を分散媒とする粒子分散液に外からせん断変形を与えた場合を考える．粒子は流動場に摂動を与えるので，系には分散媒のみよりも大きなせん断応力が生じることになる．結果として，粒子分散液の粘度は分散媒のそれよりも増大する．分散液と分散媒の粘度比は相対粘度と呼ばれ，粒子を添加したことによる粘度増加率を表しており，比較的粒子濃度が低ければ粒

子体積分率ϕのみの関数となる．ここで，粒子の含有量は重量分率でなく体積分率であることに留意する必要がある．Einstein[2)]は粒子間相互作用が無視できれば，相対粘度が式(11)で表されることを示した．しかしながら，同式は粒子同士が十分に離れている必要があり，粒子体積分率が1vol%程度までの系にしか適応できない．そこで，式(12)のように体積分率の高次項を追加することで相対粘度を表現する方法が報告されている（Thomas[3)]など）．一方で，粒子が動きうる余裕言い換えれば最密充填に対して今の粒子濃度がどの程度であるかを指標とし，相対粘度を表現する方法が検討された．すなわち，分散媒中での粒子最密充填状態（体積分率ϕ_m）に対する実際の充填状態（粒子体積分率）であるϕ/ϕ_mを指標として，相対粘度を表現する式(例えば、式(13))は数多く提案されている（Krieger-Dougherty[4)]，Simha[5)]，Quemada[6)]）．

$$\eta_r = \frac{\eta}{\eta_s} = 1 + 2.5\phi \qquad \text{(Einstein)} \qquad (11)$$

$$\eta_r = 1 + 2.5\phi + A\phi^2 + B\exp(\phi) \qquad \text{(Thomas)} \qquad (12)$$

$$\eta_r = \left(1 - \frac{\phi}{\phi_m}\right)^{-2.5\phi_m} \qquad \text{(Krieger-Dougherty)} \qquad (13)$$

これらの式から算出される粘度は一定値であるが，特に粒子濃度が高くなるとシアシニングを示すことが多い．ここで計算された値は，高せん断速度下で粒子が完全に孤立した状態にある分散液の粘度(high-shear limit viscosity)と考えられる．これに対して，十分に低いせん断速度においては，粒子が緩やかに凝集することで嵩高い構造を形成する．嵩高い凝集体はϕ_mが減少するのでϕ/ϕ_mが相対的に増大し，その結果，式(13)からわかるように相対粘度が増大する．せん断が印加されると，この構造破壊が分断されて粘度は低下する．このような凝集構造は，粒子濃度が大凡 25〜30vol%を超えると粒子間引力が作用しなくても，空間的な制約から粒子のパーコレーションによって凝集構造が形成される．すなわち，粒子間引力が無視できない場合には，さらに低い濃度でも粒子が凝集してネットワーク構造を形成する．粒子が他の粒子に対して十分に近づかないと粒子は凝集しないが，粒子が近づけられる要因として対流・撹拌・沈降などの流動と粒子自体のブラウン運動がある．ミクロンオーダーの粒子は流動が支配的であり強せん断印加により粒子は分散可能だが，ナノ粒子はブラウン運動が支配的になるので機械的操作による分散は難しく，粘度は高くなりやすい．

粒子分散液の低せん断速度域における粘度増加は粒子が凝集していることに起因しているので，分散媒粘度と粒子体積分率から式(12)(13)などにより試算された完全分散粘度と比較することで，凝集の程度を見極めることができる．一例を図8に示す．2.5 μm のシリカ粒子は50vol%の水分散液であっても pH を調整して静電的な斥力を付与すると，点線で示される式(13)の試算値よりは高いが一定の粘度を示し，粒子同士は完全に孤立はしていないがせん断によってその凝集構造は殆ど破壊されないことがわかる．これは低せん断速度でも僅かに凝集しているので，完全分散よりはϕ/ϕ_mが減少したことで粘度が高かったとも説明できる．ところが，この粒子分散液に微量の凝集剤を添加すると低せん断速度では著しく粘度が増大し，せん断速度の増加に応じた粘度減少が見られることになる．

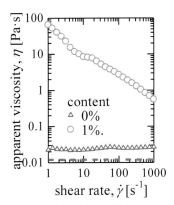

図8 凝集剤添加による粒子分散液の粘度変化(50vol%シリカ粒子分散液, pH=8)

高分子溶液の粘度特性

　高分子溶液の内部構造を理解するには, 高分子鎖の広がり方とその絡み合いについて考慮する必要がある. 高分子鎖は溶媒中である程度丸まった状態で存在するが, 溶媒－高分子鎖, 高分子鎖－高分子鎖の親和性のバランスによってその丸まり方は異なる. 高分子鎖と親和性が高い溶媒は良溶媒と呼ばれ, 高分子鎖間の結合を少なくするように高分子鎖は大きく広がる. 一方, 高分子鎖との親和性が低い貧溶媒中では, 溶媒－高分子鎖の結合を少なくするために高分子鎖は小さくまとまる(図9a). また, このような形態の違いは高分子鎖自体の運動性にも起因するので, 形態は温度によっても変化する. なお, 高分子－高分子間と高分子－溶媒間の親和性が等しくなる溶媒を θ 溶媒, その温度を θ 温度と呼ぶ. このように丸まった高分子鎖はその存在確率すなわち溶液中の高分子濃度によって相互作用に違いを生じる. 丸まった高分子鎖が孤立して互いに影響することがない状況は希薄領域と呼ばれる. 濃度の増大に伴い丸まった高分子鎖同士が接するようになると, 準希薄領域と呼ばれ, 高分子鎖同士が重なり合うようになる. さらに高い濃度では, 高分子鎖は互いに入り込んで絡み合い, 濃厚領域となる(図9b).

グロビュール　　　　　　　　　コイル　　　　　希薄領域　　　準希薄領域　　　濃厚領域

　　　a) 高分子鎖-溶媒間の親和性　　　　　　　　　　　　　　b) 高分子濃度
図9 高分子鎖の構造に対する諸因子の影響

　希薄領域において丸まった高分子鎖を前節で述べた粒子と見なせば, 良溶媒中で高分子は嵩高く存在するので溶液粘度は高くなり, 貧溶媒を用いればその溶液の粘度は低くなる. 粒子体積分率ϕを高分子の分子量Mと高分子濃度cを使って書き換えると, 固有粘度$[\eta]$が式(14)の関係にあることが示される. ここで, パラメーターaは高分子の広がりを表す指標であり, これが大きいと同じ重合度でも粘度は高く, 溶媒と高分子の親和性が高いことになる.

$$\frac{\eta - \eta_s}{\eta_s c} = [\eta] \propto M^a \quad (a = 0.5 \sim 0.8) \tag{14}$$

準希薄領域から濃厚領域にかけては，濃度に対して粘度が飛躍的に増大する．このような状況では，固有粘度ではなく比粘度η_{sp}を高分子濃度のべき乗関数で表現することが多い．例えば，θ溶媒および良溶媒を用いたときの比粘度と高分子濃度は式(15)(16)の関係がある．従って，様々な濃度の高分子溶液について粘度測定を行えば，溶液中での高分子鎖の形態が明らかになる．

$$\eta_{sp}(= \eta - \eta_s) \propto \begin{cases} c^2 & \text{(semi dilute)} \\ c^{14/3} & \text{(concentrated)} \end{cases} \quad \text{Theta solvent} \tag{15}$$

$$\eta_{sp} \propto \begin{cases} c^{1.3} & \text{(semi dilute)} \\ c^{15/4} & \text{(concentrated)} \end{cases} \quad \text{Good solvent} \tag{16}$$

線形粘弾性と非線形粘弾性

多くの物質は，せん断速度に比例した力を生じる粘性とひずみに比例した力を生じる弾性を併せ持つ．このような粘弾性体は，せん断速度やひずみの大きさによって粘性と弾性のバランスが変化する．大変形時に十分に大きなひずみが試料に印加されると，その内部構造は平衡状態から大きく変化する．このような領域ではひずみの大きさによって構造変化の程度が違うことになる．このため，ひずみを十分に小さくして内部構造を維持して粘弾性を調べる手法が考えらえる．特に，式(17)のように正弦関数で表される振動ひずみ（最大ひずみγ_0[-]，角周波数ω[rad/s]）を試料に印加すると，式(17)の時間微分により余弦関数で表されるせん断断速度が試料に作用することがわかる．その結果，弾性に起因する応力はひずみと同位相で，粘性に起因する応力はせん断速度と同位相（ひずみに対して90度遅れて）で変動するので，粘弾性体が示す応力は式(19)のような中間的な位相差δ[rad]を持った正弦関数で表される．

$$\gamma = \gamma_0 \sin(\omega t) \tag{17}$$

$$\dot{\gamma} = \frac{d\gamma}{dt} = \omega \gamma_0 \cos(\omega t) \tag{18}$$

$$\sigma = \sigma_0 \sin(\omega t + \delta) = \left(\frac{\sigma_0 \cos \delta}{\gamma_0}\right)\gamma + \left(\frac{\sigma_0 \sin \delta}{\gamma_0 \omega}\right)\dot{\gamma} = G'\gamma + \frac{G''}{\omega}\dot{\gamma} \tag{19}$$

式(19)を正弦関数と余弦関数に分離すると，それぞれは弾性および粘性に起因する応力成分を表すことになる．各応力成分の最大値を最大ひずみで除すと，弾性と粘性の大きさの程度を表す指標として，貯蔵弾性率(storage modulus)G'[Pa]と損失弾性率(loss modulus)G''[Pa]が定義できる．貯蔵弾性率は試料の硬さとして理解しやすいが，損失弾性率は粘性の程度を表しているにも関わらず"弾性率"という用語が用いられているので混乱を招くかもしれない．式(19)からわかるようにG''/ωが粘度に対応し，弾性と粘性の程度を比較するためにG'と同じ次元を持つG''が導入されていると理解すればよいだろう．

実際の粘弾性測定では様々な振動条件に対する弾性率を調査するが，ここでは代表的な2つの測定方法とその解釈について説明する．図10はチタニアインクとその分散媒である樹脂溶液に

ついて粘弾性測定を行った結果である．粘弾性測定においては，まず角周波数一定（一般的には1Hz 程度）でひずみを段階的に増加させながら弾性率の変化を測定する（図 10a）．ひずみが十分小さければいずれの弾性率も一定値を示す線形粘弾性領域(Linear viscoelastic regime)が見られる．チタニアインクと樹脂溶液を比較すると，粒子添加によって貯蔵弾性率が著しく増大しており，チタニア粒子が形成したネットワーク構造が固体的な特徴を示したためと考えられる．また，溶液中では高分子鎖が形成する構造は容易に破壊・再形成され，ひずみをさらに大きくしても弾性率は変化しない．これに対して，インク中では粒子のネットワーク構造が破壊されて貯蔵弾性率が著しく減少することがわかる．このような，弾性率のひずみ依存性を調べる手法はひずみ分散測定(strain sweep test)と呼ばれる．

　次に，線形粘弾性領域に相当する一定のひずみを振幅とし，角周波数を変化させながら弾性率の変化調べた（図 10b）．樹脂溶液では，低角周波数では損失弾性率が貯蔵弾性率よりもはるかに大きいが，周波数が大きくなると貯蔵弾性率が著しく増大し，300rad/s 以上では逆転する．これは,高分子鎖が形成する構造の破壊に要する時間と振動の時間スケールの大小関係に起因する．十分に遅い変形であれば構造変化を伴うので，高分子鎖間で運動量が移動し粘性が支配的になる．ところが，変形が早くなると構造変化がひずみ変化に追いつかず，内部構造が維持されることで弾性が強く生じる．このような内部構造の変化に要する時間は緩和時間と呼ばれ，貯蔵弾性率と損失弾性率が一致する周波数の逆数（ここでは，0.02 秒）として求められる．すなわち，緩和時間より遅い変形に対しては粘性が，早い変形に対しては弾性が強く作用する．一方，チタニアインキの損失弾性率は全周波数域で樹脂溶液に対して一様に増加する傾向が見られたが，貯蔵弾性率は低周波数域では樹脂よりもはるかに大きな一定値に漸近する挙動を示した．これは，粒子が凝集してネットワーク構造を形成し，その構造の緩和時間が非常に長いために低周波数では弾性的な力を強く生じたためである．高周波数になると内在する高分子に由来する弾性的な応力が飛躍的に増大するので，インキと樹脂溶液が同等の貯蔵弾性率を示す．

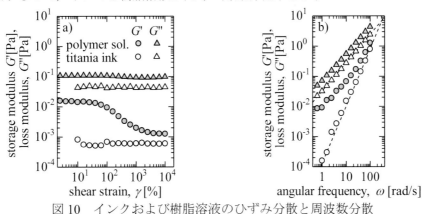

図 10　インクおよび樹脂溶液のひずみ分散と周波数分散

　微小振動を印加すると試料に内在する構造を明らかにできるが，一方で，塗布操作では塗料はせん断流動下で大変形を受けると考えられる．すなわち，非線形粘弾性挙動に着目する必要がある．ここでは，高せん断速度における粘弾性流体の非線形挙動の一例を紹介する．絡み合った高

分子溶液に高いせん断速度を印加し続けると，その絡み合いは一時的に破壊されて平衡状態から大きく逸脱し，流動方向に丸まった高分子鎖がひずむことになる．この結果，流動に対して垂直方向に応力が生じる．これを，第一種法線応力差(first normal stress difference)N_1[Pa]と呼ぶ．図11の測定例にみられるように，せん断速度が増大するに伴って第一種法線応力差は飛躍的に増大する．この力は例えば，ドクターブレードを押し上げ，かきとり不良の原因となり得る．加えて，ダイのスリット内で法線応力が生じると，流出後の液膜が幅方向に膨れる（ダイスウェル効果やバラス効果と呼ばれる）ので，ニュートン流体とは挙動が大きく異なることになる．

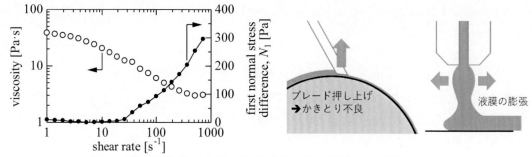

図11 第一種法線応力差の測定結果と塗布操作への影響の一例

リチウムイオン二次電池の電極スラリーのレオロジー特性

　粒子濃度が高かったり，凝集性が高かったりすることで高い粘性を示す粒子分散液はしばしばスラリーと呼ばれる．燃料電池の触媒膜，二次電池の電極膜などがスラリーの塗布・乾燥を経て製造されている．これまで，粘度や粘弾性測定から流体の流動性のみならず内部構造についても明らかにできることを述べた．本稿のまとめとして，リチウムイオン二次電池負極および正極のスラリーを対象とし，電極スラリーの内部構造をレオロジーの観点から解析した事例を紹介する．

— 　負極スラリー[7]　—

　リチウムイオン二次電池の負極スラリーとして，グラファイト粒子(粒子径 約20 μm)をカルボキシメチルセルロース(CMC)水溶液中に分散させた分散液を考える．具体的には，43vol%のグラファイト粒子を 1wt%の CMC 水溶液に投入し，異なるせん断速度を与えて分散させて得られたスラリーのレオロジー特性を調査した．加えて，粒子を含まない CMC 水溶液についても同様に調査した．図12にひずみ分散(左)および周波数分散(右)測定結果をまとめた．

　まず，CMC 水溶液のひずみ分散から貯蔵弾性率と損失弾性率が非常に近く，線形粘弾性領域が極めて広いことがわかる．CMC 水溶液は高分子鎖が絡み合った粘弾性流体であると考えられ，測定周波数(1Hz)では大変形を与えてもその構造は緩和できる．周波数分散から，2Hz 付近で弾性が優位に働き(緩和時間は約0.5秒)，高周波数域では絡み合い構造に起因した大きな弾性を発現することがわかる．また，ひずみ分散時の周波数は緩和時間に近いので，ひずみ 100%付近では貯蔵弾性率が僅かに減少し，緩和できずに構造破壊が進み始めることがわかる．次に，負極スラリーの結果に着目すると，線形領域および低周波数域においてスラリー作製時のせん断速度によらず弾性率は同等の値を示した．特に，貯蔵弾性率は CMC 水溶液より増大しただけでなく周

36

波数依存性が小さく第二平坦部が見えていること，グラファイト粒子はネットワーク構造を形成していたことがわかる.

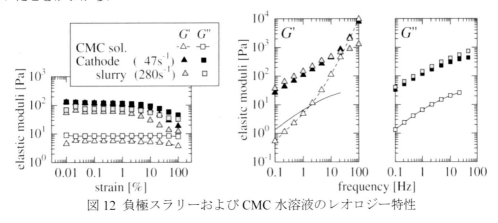

図 12　負極スラリーおよび CMC 水溶液のレオロジー特性

　一方で，分散時のせん断速度の影響に注目すると，高せん断速度で作製したスラリーは，非線形領域における弾性率の低下が顕著で，高周波数域で CMC よりも低い貯蔵弾性率を示した．本来 CMC の絡み合い構造が残存していれば，高周波数域の弾性率が CMC 水溶液の値を下回ることはない．また，CMC 水溶液中の絡み合い構造を破壊するには 10^4 s^{-1} 程度のせん断速度が必要であると報告されており，分散時のせん断速度はこれよりも随分と低い値である．従って，CMC 水溶液中ではグラファイト粒子がビーズの役割を果たし，分散装置内ではグラファイト粒子表面間で局所的に高いせん断速度が印加され，CMC の絡み合い構造が破壊されたと推定した．この実験での分散時間は 30 分であったが，このように高濃度に粒子を含むスラリーでは過剰な分散は高分子の劣化を引き起こし，所望の機能が得られない可能性が示唆された.

— 　正極スラリー[8)] —
　正極に含まれる活物質は導電性が低いことが多く，電子導電パスを形成するために，導電助剤として炭素ナノ粒子が添加されている．正極スラリーは，これら活物質と導電助剤をバインダー溶液に分散させて作製され，有機溶媒系であることが一般的である．前述の負極スラリーとは異なり二種類の粒子が含まれているため，それぞれの粒子のバインダー溶液中での振る舞いについて最初に調査した．図 13 は，バインダー溶液であるポリフッ化ビニリデン(PVdF)の N-メチルピロリドン(NMP)溶液と，この PVdF 溶液に活物質であるコバルト酸リチウム(LCO)もしくは導電助剤であるアセチレンブラック(AB)を添加したスラリーのレオロジー特性を示した．なお，粘度測定結果に示した点線は，PVdF 溶液の粘度と LCO スラリー中の粒子体積分率20vol%を用いて，Krieger-Dougherty 式から算出した LCO 粒子の完全分散を仮定したスラリー粘度である．これより，PVdF 溶液は粘度一定で，比較的高い周波数まで粘性が支配的なので，ニュートン流体と見なせる．また，PVdF 溶液に LCO 粒子を添加した LCO スラリーは，低周波数域で貯蔵弾性率が僅かに増大したが，粘度および損失弾性率の増加は粒子添加量から説明することができ，基本的な特徴は PVdF 溶液と同様にニュートン流体である．すなわち，PVdF 溶液中で LCO 粒子は

殆ど凝集していないことがわかった．これに対して，AB スラリーは PVdF 溶液に僅か 2.5vol%
の AB 粒子を懸濁させただけであるにも関わらず，粘度は著しく増大するとともに顕著なシアシ
ニングを示し，弾性が支配的な粘弾性挙動を示した．さらに，貯蔵弾性率は周波数依存性を示さ
ないことから AB スラリーは固体的で AB 粒子がネットワーク構造を形成していることに由来す
る．加えて，非線形領域では損失弾性率に極大値が見られ，これは粒子が強固に凝集する場合に
しばしばみられる特徴である．以上から，AB 粒子は強固なネットワーク構造を確かに形成して
おり導電パス形成は期待できるが，一方で LCO 粒子の分散が阻害され局在化するとそこにまで
電子が輸送されなくなる可能性がある．従って，正極スラリーの作製においては，望ましい AB
粒子のネットワーク構造の構築が必要であると言える．

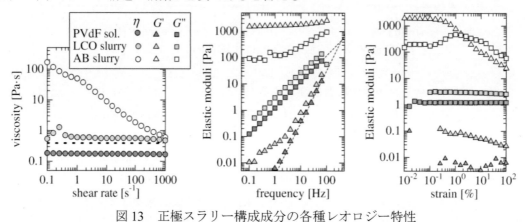

図13　正極スラリー構成成分の各種レオロジー特性

　最後に，経験的にではあるが電池として良好な性能を示す手順で作製した正極スラリーのレオ
ロジー特性を AB スラリーとを比較した（図 14）．正極スラリーは，AB スラリーと 20vol% の LCO
粒子から構成されるが，LCO 粒子を添加したにもかかわらず殆ど粘度が変化しないことがわか
る．AB 粒子がネットワーク構造を形成していることを考えると，実質的な固形分濃度はこのネッ
トワークが占める実質的な体積分率であり，その構造中に LCO 粒子が取り込まれたと考える
ことができる．しかしながら，粘弾性測定結果には両者の間に差異が認められる．線形領域の損
失弾性率こそ両者は同等の値を示すが，貯蔵弾性率は全般的に正極スラリーの方が小さく，非線
形領域で損失弾性率は極大値を示さなくなった．このような違いは，AB ネットワーク構造が分
断されたことを示している．実際に，AB スラリーに LCO 粒子を添加して分散を繰り返すと，
このような挙動が徐々に進展する様子が観察されている．従って，AB ネットワークが適度に分
断されて，LCO 粒子と一様に混合されている状態が，経験的に到達している良好なスラリーの
実際であると考えられ，乾燥中に各成分が均一に存在することができるようになる．別途検討し
た，分散不良スラリーでは，貯蔵弾性率が AB スラリーと同等であり AB のネットワーク構造が
殆ど分断されていなかった．また，過分散スラリーでは，貯蔵弾性率が大幅に減少するとともに
第二平坦部が見えにくくなり AB 粒子の分散性が大幅に向上した．しかしながら，真に望ましい
スラリーの内部構造とその時のレオロジー特性やそのようなスラリーを作製するための要件に
ついては，今後明らかにしなくてはならない課題である．

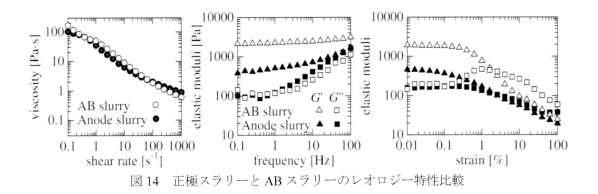

図14　正極スラリーと AB スラリーのレオロジー特性比較

おわりに

　レオロジー測定とは，材料に対して変形を与えてその応力を測定する，もしくはその逆を行うことで材料の内部構造やその変化を理解することに他ならない．工程管理には，簡易的な粘度測定やそれに代わる指標を用いることが多く，それはプロセスが固定されていて変動の範囲が比較的狭い場合に有効である．粘度測定は，一定せん断速度を印加されてひずみは時間に対して増加し続けるので非線形領域を評価しており，平衡に到達しているせん断印加前とは異なる内部構造を評価していることになる．この構造の壊れ方は系によって変わるので，同じ測定条件であっても必ずしも同じ構造変化を調べているとは言えない点に注意が必要である．一方，粘弾性測定で最も一般的な周波数分散測定では，特に塗料のように高分子と粒子を含む系では，それぞれが違う周波数で応答するならば，塗布前の塗料の中でどのような構造が形成されていたかをつぶさに理解できる．実際的な塗布操作を考えると，この静的な内部構造がせん断流動場でいかに破壊されそれがいかに回復するかを理解することが，塗布膜の安定性や乾燥開始初期状態，そして乾燥中の各成分の運動を理解する上で重要な観点である．従って，ひずみ分散測定はことのような知見を与えると考えられるが，そのような視点での研究例は少なく学理が構築されるべき分野と考えている．

参考文献

1)　Orchard, S. E.; Appl. Sci. Res. A, 11, 451-464 (1962)

2)　Einstein, A.; Ann. Phys, 19, 289-306 (1906)

3)　Thomas, D. G.; J. Colloi. Sci., 20(3), 267-277, (1965)

4)　Krieger, I. M., Dougherty, T. J.; Trans. Soc. Rheol., 3(1), 137-152 (1959)

5)　Simha, R.; J. Appl. Phys., 23(9), 1020-1024 (1952)

6)　Quemada, D.; Rheol. Acta, 16(1), 82-94 (1977)

7)　菰田悦之、地崎恭弘、鈴木洋、出間るり; 粉体工学会誌，53(6)，27-35(2016)

8)　Kuratani, K., Ishibashi, K., Komoda, Y., Hidema, R., Suzuki, H., Kobayashi, H.; J. Electrochem. Soc., 166(4), A501-506 (2019)

第4章　スラリー分散・凝集制御

森　隆昌

（法政大学）

1. はじめに

　スラリーを塗布乾燥してシート状の成形体を得るプロセスは、セラミックス積層コンデンサーや各種電池電極の製造など多くの産業で見られるプロセスである。塗布乾燥により得られる成形体の粒子充填構造は、製品の特性を決定づける重要な因子である。この粒子充填構造は、塗布乾燥に使用するスラリー中の粒子分散・凝集状態並びに、濃縮過程における粒子分散・凝集状態の変化の影響を強く受ける。したがって塗布乾燥後の成形体の粒子充填構造を制御するためには、スラリー中の粒子分散・凝集状態を制御することが必要であり、そのためには、まず、スラリー中の粒子分散・凝集状態を適切に評価し、濃縮過程における粒子分散・凝集状態の変化を的確に予測することが不可欠となる。これまでにも、スラリー中の粒子分散・凝集状態の評価に関する研究は数多く行われてきており、それらの研究を支える評価技術・装置もそれなりに整備されているにもかかわらず、現状では、未だにスラリー条件の最適化のかなりの部分で試行錯誤的な取り組みが必要となっている。そこで、本稿では、濃厚系スラリーの粒子分散・凝集状態を評価する新しい手法として沈降静水圧測定法[1-5]及び浸透圧測定法[6,7]を紹介する。さらに、沈降静水圧測定法については、セラミックス積層コンデンサー材料[8]並びにリチウムイオン電池正極材料[3]に応用した事例についても紹介する。

2. 沈降静水圧測定法の原理[1]

　液中の粒子分散・凝集状態評価については様々な方法で実施されているが、ここでは粒子の沈降現象を利用した沈降静水圧測定法を紹介する。沈降静水圧測定法は希釈することなく濃厚系スラリーをそのまま評価することができ、電池材料で広く使われているカーボン系粒子を含む黒色スラリーなど、光透過を利用して粒子の沈降挙動を解析することが難しいスラリーであっても問題なく測定することができる。

　沈降静水圧測定法の説明に入る前に、まず液中での粒子沈降挙動について説明する。溶媒中の単一粒子は、粒子と溶媒の密度差によって沈降するが、この時の終末沈降速度は以下のストークスの式で求められる。

$$u_{\infty} = \frac{(\rho_p - \rho_f)gD_p^2}{18\mu}$$

　材料系のスラリーは濃厚系スラリーであることが多く、ストークスの式には従わないことが多いが（粒子濃度の影響を補正する必要がある）、粒子径が大きくなるほど沈降速度が大きくなることは変わらない。したがって、粒子が分散している場合と凝集している場合を比較すれば、凝集体の方が一次粒子よりもサイズが大きいため沈降速度が大きくなる。したがって、粒子の沈降速度から粒子の分散・凝集状態を定量評価できることになる。粒子の沈降速度は濃厚系スラリーでは清澄層／

スラリー層界面の下降速度として測定されるが、上述のようにカーボン系の黒色スラリーなど、界面の観察が困難なスラリーがしばしば存在する。そのようなスラリーであっても粒子の沈降挙動が解析できる方法が沈降静水圧測定法である。沈降静水圧測定法では図1に示すように、スラリーの沈降時のスラリー底部の静水圧の変化を測定する。スラリーを沈降管に入れた直後はスラリー中の全ての粒子が浮いており、その結果、底部の静水圧は以下の式で求められる最大値 P_{max} をとる。

$$P_{max} = \rho_s gh = \{\phi_0 \rho_p + (1 - \phi_0)\rho_f\}gh$$

ここで、ρ_s はスラリーの密度[kg•m⁻³]、ρ_p は粒子の密度[kg•m⁻³]、ρ_f は溶媒の密度[kg•m⁻³]、ϕ_0 はスラリーの粒子体積分率[-]、h はスラリーの投入高さ[m]を表している。

　粒子の沈降にともない、一部の粒子は沈降管底部に堆積するので、その分浮いている粒子は減少し、底部の静水圧も減少する。最終的に全ての粒子が堆積し、浮いている沈降中の粒子がなくなると、底部の静水圧は溶媒のみの静水圧（最小値 $P_{min} = \rho_f gh$）となる。粒子が分散している方が、凝集している場合に比べ、底部への粒子の堆積速度は遅くなるため、沈降静水圧はゆっくりと減少することになる。したがって、沈降静水圧の減少速度から粒子分散・凝集状態が定量評価できる。

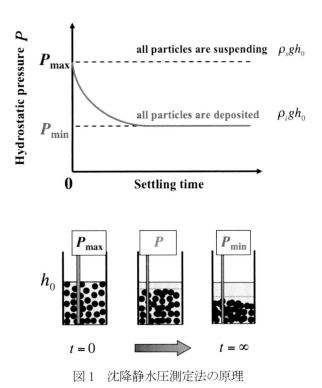

図1　沈降静水圧測定法の原理

3. 浸透圧測定法の原理[6]

　粒子径がサブミクロン程度までであれば粒子は観察可能な時間内で十分に沈降し、その詳細を解析することができるが、粒子径が 100 nm をきって、いわゆるナノ粒子スラリーと呼ばれる領域に

入ると、粒子は極めて沈降しにくくなる。図2に示したアルミナの例のように、粒子径が100 nm より大きければ沈降速度の方が拡散速度よりも大きく、沈降静水圧測定の適用範囲であるが、100 nm より小さければ逆に拡散速度の方が大きくなるため、粒子は極めて沈降しにくく、沈降静水圧測定で分散・凝集状態を評価するのは難しくなる。

　一方で、ナノ粒子の領域では、食塩水などのような溶液と同様に浸透圧が発生する。特に、水系の帯電粒子の場合、Strauss らの計算例[9]が示すように、粒子周りの電気二重層の重なりによってかなり大きな浸透圧が発生することになり、比較的容易に測定できるようになる。この浸透圧は粒子表面電位が大きいほど大きくなり、それはすなわち、粒子が良く分散することにつながることから、ナノ粒子スラリーでは浸透圧の測定から粒子分散・凝集状態が定量評価できる。

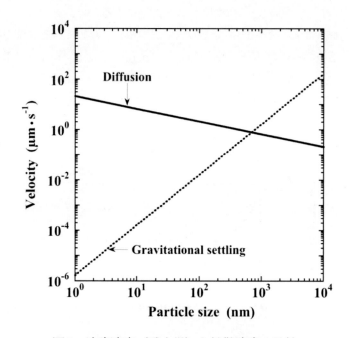

図2　沈降速度（重力場）と拡散速度の比較

4. 沈降静水圧測定法の応用事例
4.1 セラミックス積層コンデンサー材料[8]

　シート成形により得られたセラミックスグリーンシートの重要な特性の１つに密度（粒子充填率）が上げられる。粒子充填率は、グリーンシート内での粒子の配列・微構造を反映しており、コンデンサー特性を制御する上でも非常に重要である。グリーンシートの粒子充填率は、スラリー中の粒子分散・凝集状態に強く依存することはすでに広く知られており、スラリー中の粒子がよく分散している方がグリーンシートの粒子充填率は高くなると考えるのが一般的である。この「粒子がよく分散しているスラリー」というところがポイントで、単に調製したスラリー中の粒子がよく分散していれば高密度の成形体が得られるというわけではないため、スラリーの最適調製条件が試行錯誤的に決められる原因となっている。

そこで、ここではチタン酸バリウム（一次粒子径 0.7μm）の水系スラリーについて、スラリー評価としてよく行われている(1)粒子径分布測定、(2)見かけ粘度測定、(3)沈降静水圧測定を実施し、実際にシート成形も行って、スラリー評価結果とグリーンシートの粒子充填率との比較を行った。スラリーは分散剤及びバインダーの添加量を変化させて調製した。図3[8]にスラリーを希釈しレーザー回折・散乱法により測定した粒子径分布のメジアン径と成形体の充填率の関係を示す。粒子径分布測定装置をスラリーの粒子分散・凝集状態評価に適用しようとするのは、同じ原料を使ったスラリーであれば、メジアン径が小さい方が粒子がよく分散しており、高密度な成形体が得られるという考えにもとづくものである。しかしながら、図から分かるように、多くのスラリーのメジアン径が原料の一次粒子径付近に分布している。これはすでに指摘されているように、スラリーを希釈することによる分散状態の変化によるものであると考えられる。レーザー回折・散乱法で粒子径分布を測定するためには今回のスラリー（45 vol%）では何万倍にも希釈しなければならない。図4[8]にはスラリー中の粒子体積濃度と粒子間距離の関係[10]を示す。希釈前の 45 vol%のスラリーでは粒子間距離はわずか数十 nm であるのに対して、希釈後の 0.002 vol%のスラリーでは粒子間距離は数十 μm まで広がり、3桁もオーダーが異なっていることがわかる。したがって、希釈操作で凝集体がほぐれてしまえば、粒子間距離が一気に広がるので、再び衝突・凝集し、もとの凝集体に戻ることが難しいのは当然のことである。

　スラリーの見かけ粘度はスラリー中の粒子分散・凝集状態評価としてかなり広く行われている。回転粘度計によってスラリーに剪断を加えたときに作用する応力を求め、見かけ粘度を算出している。B 型粘度計、振動粘度計という簡易測定の留意点・問題点については論文を参照して頂きたいが、見かけ粘度は回転粘度計、レオメーターと称される装置で測定する。見かけ粘度については、粒子以外の成分（未吸着分散剤及びバインダー）の状態によっても変化するため、粒子分散・凝集状態の違いを評価するという目的では、スラリー粘度を溶媒粘度で除した比粘度が用いられること

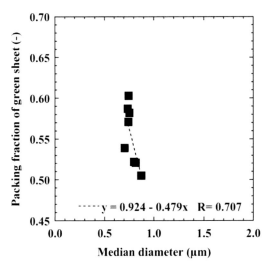

図3　レーザー回折・散乱法で測定したメジアン径と成形体充填率との関係[8]

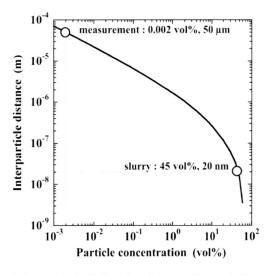

図4　粒子体積濃度と平均粒子間距離の関係（粒子径 0.7μm の場合）[8]

も多い。そこで図 5[8]にはスラリーの見かけ粘度をそのスラリーの溶媒（粒子のみを除いた溶液）で除した比粘度と成形体の充填率の関係を示す。一見すると両者は良い相関があるように見えるが、見かけ粘度については、「見かけ粘度が低いスラリーほど粒子がよく分散しているので緻密な成形体が得られる」と考えるのが一般的であり、この図は、その逆に、見かけ粘度が大きいスラリーほど成形体の密度が高くなっている。このようないわゆる見かけ粘度と成形体充填率のミスマッチは様々なスラリーで報告されている。原因としては、成形プロセスで起こるスラリーの変化が考えられる。成形プロセスでは、スラリーの粒子濃度は溶媒の蒸発に伴って増加していくのに対して、見かけ粘度測定時には回転粘度計内のスラリーは基本的には粒子濃度が変化しない。したがって、塗布乾燥プロセスにおける成形体密度の制御では沈降静水圧測定のように、粒子が濃縮されていく過程を模擬した評価を行うことが重要で、粒子が濃縮されながらも分散を保っていられるのかを評価できることが重要であると考えられる。実際に図 5 の網掛け部分のスラリーは粒子濃度が増加したときに著しく凝集するスラリーであることが分かっており、調製直後の見かけ粘度（粒子分散・凝集状態）のみでは成形体の充填率が完全に予測できなくなっている。

　図 6[8]には沈降静水圧測定から得られた粒子分散・凝集状態の指標と成形体の充填率の関係を示す。横軸の値は沈降静水圧が P_{min} に達した時間を溶媒の粘度で除したものである。これは基本的に粒子が分散しているほど沈降は時間がかかるが、溶媒粘度が大きい場合も沈降速度は遅くなるため、沈降時間を溶媒粘度で割ることで粒子分散・凝集状態の違いのみによるスラリー間の違いを評価するということである。P_{min} に達する時間は、沈降濃縮過程における粒子分散・凝集状態及びその変化を反映した値で、粒子が分散を保っているスラリーでは大きな値となる。P_{min} に達する時間は溶媒の粘度の影響も受けるため、粒子分散・凝集状態の違いのみを反映した値とするために溶媒粘度で除してある。先述したとおり、沈降静水圧測定では粒子濃度が増加していく過程での粒子分散・凝集状態の変化を評価しているため、成形プロセスを模擬することができており、沈降静水圧と成形体

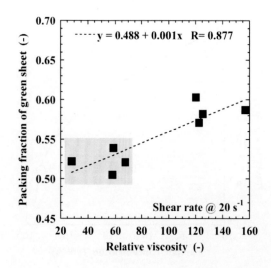

図5　スラリーの比粘度と成形体充填率との関係[8]

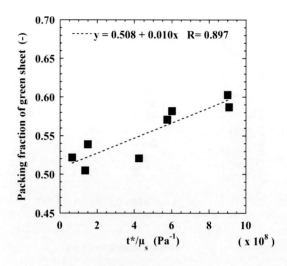

図6　沈降静水圧測定から求めた分散度と成形体充填率との関係[8]

の充填率との間には非常によい相関があることが分かる。すなわち、スラリーの沈降静水圧の測定から、粒子分散・凝集状態を評価し、塗布・乾燥後の成形体密度を予測できると言える。

4.2 リチウムイオン電池正極材料[3]

先述のチタン酸バリウムスラリーの例では、スラリー中の粒子は単一成分であった。しかしながら、電池電極スラリーなどでは、異なる役割を持つ粒子を複数混合して、多成分スラリーを調製するケースがある。通常、多成分スラリー中のそれぞれの成分の分散・凝集状態を1回の試験で評価することは難しいが、以下のような形で沈降静水圧測定及びその他のスラリー評価を応用できる。この例では、大小二成分のスラリーにおいて、大粒子と小粒子の偏析を防止できるのかという点を、スラリー特性から考察したものである。

今回紹介する例は、活物質としてコバルト酸リチウム（$LiCoO_2$、LCO と略記、平均粒子径 10 µm、密度 4.2 g·cm^{-3}）、導電剤としてアセチレンブラック（AcB と略記、平均粒子径 50 nm、密度 1.9 g·cm^{-3}）を使用し、n–メチル–2–ピロリドン（NMP と略記）中に分散させ、スラリーを調製したものである。この時、No. 1 から No. 5 の5種類の高分子（日本ゼオン株式会社提供）を添加し、粒子分散・凝集状態を変化させた。LCO 粒子、AcB 粒子と高分子溶液をプラネタリーミキサー（60 rpm）で60 min 混練したのち、LCO と AcB の濃度がそれぞれ 47.6、2.1 vol%となるように NMP で希釈した。高分子の添加量固形分換算では 12 mg·g^{-1}–particle とした。一方で、LCO 単独のスラリーを LCO/AcB スラリーと同様の方法で調製した。さらに、AcB 単独のスラリーを超音波バス中で 10min 撹拌することで調製した。LCO、AcB 単独スラリーは、基本的には LCO/AcB スラリーの調製条件から AcB 及び LCO を除いたものに相当する。

LCO スラリーおよび LCO／AcB スラリーの沈降静水圧の経時変化を、図7、8[3]に示す。図において、沈降静水圧の減少速度は粒子の分散・凝集状態はもちろん、溶媒の粘度も影響する。そこで、先述したチタン酸バリウムスラリーと同様に、図7の沈降静水圧の測定結果から t*/µ を求め粒子分

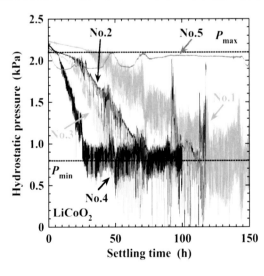
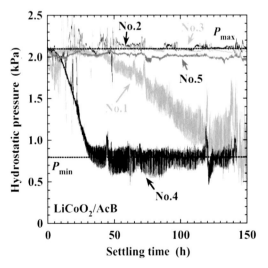

図7　$LiCoO_2$ スラリーの沈降静水圧測定結果[3]　　　図8　$LiCoO_2$/AcB スラリーの沈降静水圧測定結果[3]

散・凝集状態を評価すると、表1に示す通り、No.2、 No.3ポリマーではNo.4ポリマーを用いた場合よりLiCoO₂粒子はより凝集した状態にあり、No.1、 No.5ポリマーではより分散した状態にあることが分かった。図8より、LCOスラリーにAcB粒子を添加することにより、ポリマーNo.2、 No.3で調製したスラリーもNo.5同様に安定したスラリーとなっている。ポリマーNo.1の場合でも、AcBを添加することで、ゆっくりと静水圧が低下する期間が長くなっている。このAcBが添加されたことによってスラリー挙動が大きく変化するNo.2、No.3については、AcBの分散・凝集状態が影響していると考えられる。

表1　LiCoO₂スラリーの分散度

Polymer No.	1	2	3	4	5
t* (h)	124	76	63	31	975
Solvent viscosity (mPa・s)	80	140	120	26	110
t*/μ (h/(mPa・s))	1.55	0.54	0.53	1.19	8.86

　AcBスラリーは、スラリー中に含まれる粒子の総重量が小さく、沈降静水圧測定が難しいため、遠心沈降試験により粒子分散・凝集状態を評価した。遠心沈降過程における、濃縮層もしくは堆積層の高さの経時変化を図9[3]に示す。ポリマー無添加、No.4、No.5のスラリーでは、10h以内に全ての粒子が沈降堆積しているので、ほとんどの粒子は塊状の大きな凝集粒子を形成し沈降しているものと思われる。一方No.1、 No.2、No.3のスラリーでは、沈降曲線が曲線的に変化しており、沈降初期にスラリーがゲル化し、そのゲルが自重で圧縮されていることが考えられる。このことは図10[3]に示したAcBスラリーの流動曲線からも確認される。スラリーがゲル化していると思われるNo.1、No.2、No.3の場合は、流動曲線に降伏値が存在しているからである。したがって、各ポリマ

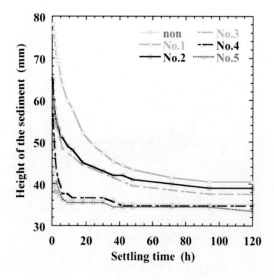

図9　AcBスラリーの遠心沈降挙動[3]

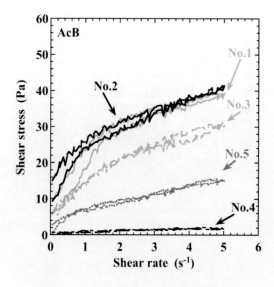

図10　AcBスラリーの流動曲線[3]

ーのAcB粒子への効果は、粒子の凝集形態を変化させたことであるとまとめられる。

　このAcB粒子のゲル化が、先述の図7、8に示したNo.2、No.3のポリマーを用いたLCO単独スラリーとLCO/AcBスラリーの沈降静水圧経時変化の違いの原因と考えられる。図11[3]に示すLCO/AcBスラリーの流動曲線の測定から、ネットワーク形成するポリマーNo.1～No.3について、No.2、No.3のポリマーでは流動曲線のヒステリシスが小さいのに対して、No.1のポリマーではヒステリシスが大きいことがわかる。したがって、No.2、No.3のポリマーでは破壊されたゲル構造の回復が速く、No.1ポリマーでは、破壊されたゲル構造の回復が遅いと考えられる。したがってNo.2、3においては、LCO粒子の分散はNo.5ほど良くないにもかかわらず、AcBのネットワーク構造がLCO凝集体の沈降を阻害し（LCOはAcBのネットワークを破壊しながら沈降するが、ネットワーク構造はすぐに修復される）、あたかも高粘性流体中をLCO粒子が沈降しているのと等しくなり、その結果、No.2及びNo.3のポリマーを添加したLCO/AcB混合スラリーでは沈降速度が極めて遅くなったと考えられる。LCOの分散がよいポリマーNo.5とはメカニズムは全く異なるが、このポリマーNo.2、3においても、LCOとAcBの偏積防止は達成できるものと考えられる。一方で、同じAcBがゲル化するNo.1ではNo.2やNo.3ほど安定したスラリーとならなかった理由は、図11で示したようにゲル構造が破壊されたときに回復するのが遅いことに起因している。すなわちNo.1では、一度破壊されたゲル構造は元に戻りにくいため、沈降初期では効果的にLCO粒子の沈降を抑制できた（沈降静水圧がゆっくり減少する期間が長くなった）が、ゲル構造がLCO粒子の沈降で破壊されると元には戻らず、以降は、LCOの沈降を抑制することができなかったと考えられる（そのため、No.2やNo.3とは違い静水圧の減少勾配が大きくなった）。

　以上のように、沈降静水圧測定と流動曲線、遠心沈降挙動の測定を組み合わせ、またLCO、AcBそれぞれ単独でスラリーを調製した場合とも結果を比較したことで、LCO/AcBスラリー中での粒子分散・凝集状態を正しく予測し、電極内部での粒子構造制御へとつなげていくことができた。もし、単にLCO/AcBスラリーの沈降静水圧測定結果のみ（図8）を見ただけであれば、No.5だけでなく、No.2やNo.3のポリマーについても粒子（特にLCO粒子）の分散を良くする効果があったと誤った判断をしかねないため、LCO、AcB単成分のスラリーの評価結果と比較することは非常に重要であると言える。

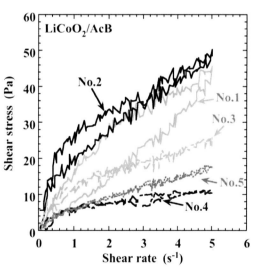

図11　LiCoO$_2$/AcB スラリーの流動曲線[3]

5. 浸透圧測定法の応用事例 ―ナノコンポジット―[7]

　ナノ粒子スラリーの応用として、市販のコロイダルシリカ（ナノ粒子スラリー）を用いて、アクリレート系ラテックス（粒子径200 nm）と混合しコンポジットを作製した例を紹介する。コロイダ

ルシリカ（公称粒子径 15-20 nm）は、ナノ粒子がよく分散した状態で販売されているため、ここに塩（NaCl）を加えることで粒子分散・凝集状態の異なるナノ粒子スラリーを用意した。調製したナノ粒子スラリーについては浸透圧測定及び動的光散乱粒子径分布測定装置(DLS)による粒子径測定、見かけ粘度測定を行った。また、一定時間遠心沈降させたときに上部に残っている粒子の濃度を測定し、その他の評価法による評価結果と比較した。これは、粒子径が大きい、すなわち粒子が凝集しているほど沈降しやすいという事実にもとづくものである。

　まず図 12[7]に加えた NaCl の量と浸透圧の関係を示す。加えた塩の量が多いほど浸透圧は減少している。通常、水系スラリーで溶液中のイオン濃度が増加すると粒子は凝集しやすくなる傾向にあるため、この結果は、塩の量が増加すると粒子が凝集し、その結果浸透圧が低下したと考えられる。図 13[7]に示すとおり、浸透圧の値は遠心分離後に上部に残っている粒子量（粒子濃度）とよく相関しており、上部の粒子濃度が高いほど、すなわち粒子が分散しているほど浸透圧が大きくなっている。図 14[7]には浸透圧と DLS で測定した平均粒子径の関係を、図 15[7]には浸透圧と見かけ粘度の関係を示す。今回のスラリーでは両者ともに浸透圧とよい相関があった。すなわち、平均粒子径については、粒子径が大きくなるほど、すなわち、粒子が凝集するほど浸透圧が小さくなっている。見かけ粘度については、見かけ粘度が大きくなるほど、すなわち粒子が凝集しているほど浸透圧が小さくなっている。以上の比較から、まず、浸透圧測定はナノ粒子スラリーの分散・凝集状態を正しく評価できる可能性が示されている。

　そこで、このナノ粒子スラリーとアクリルラテックスを一定割合で混合し、その後、シャーレに入れて乾燥させてナノコンポジットを作製した。図 16[7]に作製したナノコンポジットの微構造を SEM 観察した結果を示す。今回は混合したナノ粒子スラリーの割合は小さいため、混合スラリーの塩濃度の違いはごくわずかで、アクリルラテックススラリーの粒子分散・凝集状態は全てのスラリーでほぼ違いがないものと推察される。図から分かるように、浸透圧が大きい、すなわち、良分散

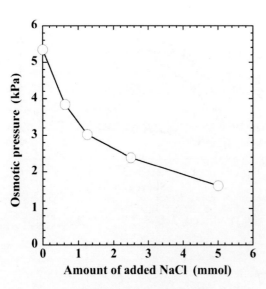

図12　NaCl 添加量が異なるシリカナノ粒
　　　子スラリーの浸透圧[7]

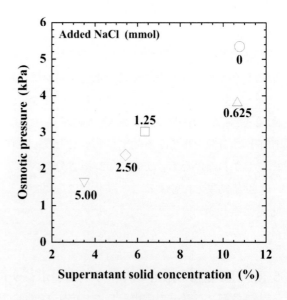

図13　上澄み固形分濃度と浸透圧の関係[7]

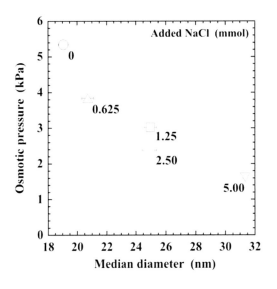

図14 動的光散乱粒子径分布測定装置で測
定したメジアン径と浸透圧の関係[7]

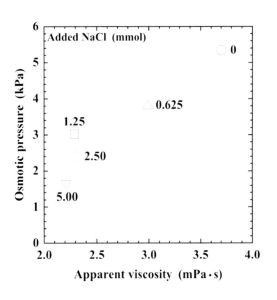

図15 見かけ粘度と浸透圧の関係[7]

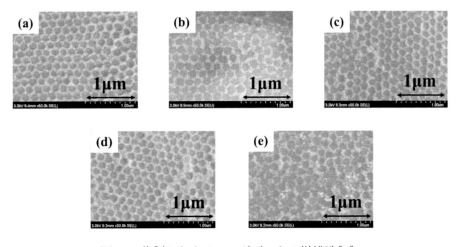

図16 作製したナノコンポジットの微構造[7]
NaCl 添加量 (a) 0, (b) 0.625, (c) 1.25, (d) 2.50, (e) 5.00 mmol

状態に調整したナノ粒子スラリーを用いると、アクリルラテックス粒子が規則的に配列しているの
に対して、浸透圧が小さい、粒子が凝集しているナノ粒子スラリーを用いた場合は、所々に粒子の
配列に乱れがあることが分かる。このように、ナノコンポジットの微構造が混合前のナノ粒子スラ
リーの粒子分散・凝集状態の影響を強く受け、また、その分散状態の違いはナノ粒子スラリーの浸
透圧測定から評価できる。今回のスラリーでは浸透圧測定結果は、DLS による粒子径測定や見かけ
粘度測定といった従来から行われているスラリー評価とよく一致していたが、アルミナナノ粒子ス
ラリーや高濃度シリカナノ粒子スラリーの場合は従来法ではうまく評価ができず、浸透圧測定のみ
が的確に粒子分散・凝集状態を評価できているケースもある。ナノ粒子スラリーの実用レベルでの
使用はまだはじまったばかりで、今後さらに検討していく必要があると考えている。

6. まとめ

　濃厚系スラリーの粒子分散・凝集状態を評価する上では、希釈することなく、そのままのスラリーを評価することが重要である。その上で、塗布乾燥後の成形体密度制御を目的とする場合は、さらに、粒子の濃縮過程における粒子分散・凝集状態の変化にも注意を払う必要がある。スラリーの組成は益々複雑になり、多成分粒子からなるスラリーも珍しくなくなっているが、多成分スラリーのみの評価で粒子分散・凝集状態を完全に推定することは難しい。多成分スラリーでは、適切な評価法を選択するという事に加え、それぞれの成分単独でスラリーを調製し、分散評価を行った上で多成分スラリーの評価結果について考察する、などの工夫が必要である。スラリーの多様性を考えた場合、評価方法及び評価結果の使い方もスラリーによって最適化が必要であり、そのためにも、それぞれのスラリー評価法で何ができるのか、その基本を十分に理解しておくことが重要である。

7. 参考文献

1. T. Mori, M. Ito, T. Sugimoto, H. Mori, J. Tsubaki, Slurry Characterization by Hydrostatic Pressure Measurement -Effect of Initial Height on Sedimentation Behavior-, J. Soc. Powder Technol., Japan, 2004, 41, 522-528.

2. T. Mori, K. Kuno, M. Ito, J. Tsubaki, T. Sakurai, Slurry Characterization by Hydrostatic Pressure Measurement -Analysis Based on Apparent Weight Flux Ratio-, Adv. Powder Technol., 2006, 17, 319-332.

3. T. Tanaka, K. Asai, T. Mori, J. Tsubaki, Evaluation of Particles Assembling State in Slurries for a Cathode of Li-ion Battery, J. Soc. Powder Technol., Japan, 2011, 48, 761-767.

4. T. Mori, J. Tsubaki, J-P O'shea, G.V. Franks, Hydrostatic pressure measurement for evaluation of particle dispersion and flocculation in slurries containing temperature responsive polymers, Chem. Eng. Sci., 2013, 85, 38-45.

5. T. Mori, R. Kitagawa, Experimental Study on the Time Change in Fluidity and Particle Dispersion State of Alumina Slurries with and without Sintering Aid, Ceram. Inter., 2017, 43, 13422-13429.

6. T. Mori, T. Muramatsu, T. Mori, Evaluation of Particle Dispersion and Aggregation State for Various Nano Particle Suspensions by Osmotic Pressure Measurement, J. Jpn. Soc. Colour Mater., 2017, 90, 1-10.

7. T. Mori, H. Imazeki, G. Tsutsui, Evaluation of nano particles slurries by osmotic pressure measurement and its application to fabrication process of nano composite materials, Nano-Struct. Nano-Objects, 2019, 18, 100306.

8. N. Iwata, T. Mori, Determination of Optimum Slurry Evaluation Method for the Prediction of BaTiO3 Green Sheet Density, submitted to J. Asian Ceram. Soc.

9. M. Strauss, T. A. Ring, H. K. Bowen, Osmotic pressure for concentrated suspensions of polydisperse particles with thick double layers, J. Colloid Inter. Sci., 1987, 118, 326-334.

10. L. V. Woodcock, Developments in the Non-Newtonian Rheology of Glass Forming Systems, Lect.

Notes Phys., 1987, 277, 113-124.

第5章　ナノ粒子の表面設計による液中分散制御

飯島志行

（横浜国立大学）

1. はじめに

　機能性ナノ粒子は，セラミックス，ポリマーコンポジット，塗膜体，分散体などを例とした様々な形態として，各種電池電極，触媒，塗料，光学・電子材料用部材などの幅広い分野で応用されている。原料となる機能性ナノ粒子の分散，凝集や集合状態は，これらの最終製品に至るまでのプロセッシングの容易性や最終製品の機能性に大きな影響を及ぼすため，その積極的な制御法の構築が極めて重要である。例えば，顔料微粒子が不規則に凝集した塗料を用いて塗膜体を作製すると不均質で脆い成形膜が得られる。フィラーナノ粒子が凝集したワニス溶液（樹脂と溶剤の混合溶液）では分散液の増粘や固化を誘発する。これらの状態に至ると後段の材料調製工程に移行することが困難となる。また，導電性や熱伝導性を付与したナノフィラー分散型のポリマーコンポジット材料や塗膜体においては，フィラー粒子の樹脂への分散過程における不規則な凝集防止と同時に，その配列構造設計も熱・電気特性の創出には肝要である。このような背景を受けて本稿では，塗布技術で多用される非水溶剤系におけるナノ粒子の液中分散制御法について取り上げる。はじめにナノ粒子の運動特性や粒子間相互作用に基づいた液中における分散・凝集性を制御するための基本的な指針を概説した後に，ナノ粒子の代表的な表面設計法や，ナノ粒子の表面設計による液中での分散制御事例を紹介する。

2. ナノ粒子の液中における運動

　液体中に懸濁された微粒子は，熱運動している溶媒分子の衝突に伴う Brown 運動や，重力場や遠心場における慣性力などによって運動する。微粒子がこれらの運動により移動することで別の微粒子に接近すると，van der Waals 力や立体障害斥力をはじめとしたさまざまな粒子間相互作用を受ける。従って，ナノ粒子の液中における分散安定性を制御するにあたっては，粒子の運動性，粒子の平均表面間距離，各種粒子間相互作用の粒子サイズに依存する特徴をとらえておくことが肝要である。

　図1は球形と仮定した各種粒子径 d の Al_2O_3 微粒子(密度 ρ_p = 3950 kg/m^3)が温度 T=293K の水中(密度 ρ_L = 997 kg/m^3，粘度 μ = 0.890 mPa·s)において Brown 運動および重力や遠心力などの慣性力に起因して1秒あたりに移動する距離(ΔX, u_T)を算出したものである。Brown 運動については，式(1)により見積もることが可能であり，粒子径が小さくなればなるほど1秒あたりに移動する平均距離は大きくなる。慣性運動による粒子の終末速度は，Stokes 域を仮定すると重量場では式(2)，重力場と垂直方向に作用する遠心場では式(3)で見積もることができ，粒子径が大きいほど終末速度は増大する。重力場においておよそ 200 nm 以上の微粒子については慣性支配領域にあり，Brown 運動性に打ち勝って粒子が沈降する。一方，およそ 100 nm 以下のナノ粒子については Brown 拡散支配領域にあり，重力による粒子の沈降に打ち勝って Brown 運動によってランダムに粒子が移動する傾向が読み取れる。また，これらのナノ粒子の Brown 運動性に打ち勝

って慣性力で粒子を移動させるためには強い遠心場が必要であることも見て取れる。

$$\Delta X = \sqrt{6D_B \Delta t} \tag{1}$$

但し，$D_B = \dfrac{kT}{3\pi\mu d}$，$k$：ボルツマン定数

$$u_T = \frac{(\rho_P - \rho_L)\, d^2 g}{18\mu} \tag{2}$$

$$u_T = \frac{\rho_P d^2 r \omega^2}{18\mu} \tag{3}$$

但し，g：重力加速度，ω：回転角速度，r 回転半径

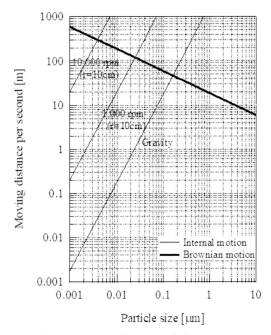

図 1 球形と仮定した各種粒子径 d の Al_2O_3 微粒子の水中における Brown 運動や慣性力による 1 秒あたりの移動距離

　図 2 は，液中における微粒子の体積分率 F と平均表面間距離 h の関係を粒子径ごとに示した図である。これらの関係を示す式はいくつか報告されているが，図 2 では Woodcock ら[1]により報告された式(4)を用いている。

$$h = d \cdot \left(\sqrt{\frac{1}{3\pi \cdot F} + \frac{5}{6}} - 1 \right) \tag{4}$$

同じ 30 vol%の分散体でも，1.0 μm の微粒子では平均粒子間距離がおよそ 100 nm 程度である一方，100 nm の微粒子では平均粒子間距離がおよそ 10 nm，10 nm の微粒子では数 nm 程度と，粒子径が減少するにつれて劇的に平均粒子間距離が減少する。別のとらえ方をすると，1.0 μm の粒子が 30 vol%で分散した分散体の平均粒子間距離と同等の粒子間距離をもつ 10 nm の粒子の分

散体における固形分濃度はおよそ 0.1 vol%である。粒子径がナノ領域になると，隣接する別の粒子との距離は著しく減少し，例え固形分濃度が 0.1 vol%であっても 10 nm のナノ粒子にとっては(隣接する粒子との距離との観点では)十分に濃厚条件である。図 1 で示したナノ粒子の Brown 運動性の高さと，図 2 で示したナノ粒子の短い平均粒子間距離を鑑みると，ナノ粒子が液体中で別のナノ粒子と衝突する頻度はミクロンサイズの粒子と比較して極めて高く，ナノ粒子の分散制御には粒子間相互作用の制御が特に重要である。

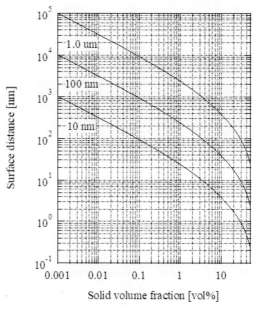

図 2 球形微粒子の体積分率 F と平均表面間距離 h

3．液中で作用する粒子間相互作用とナノ粒子の分散

　液体中で作用する粒子間相互作用としては，粒子間に普遍的に作用する van der Waals 力，水系溶剤中や誘電率の高い極性溶媒中では静電相互作用，高分子分散剤や界面活性剤の吸着した粒子間では立体障害斥力や高分子鎖間の架橋形成による粒子間付着力などが挙げられる。水系溶媒中では，van der Waals 力と界面電気二重層の重なりによる静電相互作用を合わせて論じる DLVO 理論が広く受け入れられている[2]。簡単に，水中における粒子の ζ 電位が高いほど，対イオン濃度が濃くないほど，対イオンの価数が少ないほど粒子界面に形成される電気二重層は強く厚くなり，van der Waals 力に打ち勝つ静電反発力が増大して分散安定性の高い分散体が得られる。水中における粒子分散安定化の手法としては，DLVO 理論に基づいた pH 制御や極性官能基の導入による静電反発力の増大や，水溶性高分子分散剤の吸着による立体障害斥力の増大などが行われている。

　非水系(低極性)溶剤中においては後述するように粒子に対する表面修飾により溶剤に対する濡れ性の改善と，立体障害斥力の付与によって粒子の分散安定化が施される事例が多い。粒子表面に修飾された高分子鎖や単分子鎖による相互作用については，いくつかのモデル式が提案され

ており，粒子表面に修飾された有機鎖が接近した際に作用する浸透圧効果(V_{osm})と弾性効果(V_{elas})の要素から成り立っている。例えば，単分子を固定化した粒子間については，式(5)〜(7)などが提案されている[3]。

$$V_{osm} = \frac{2\pi d k_B T}{(v_{solv}/N_A)} \varphi^2 \left(\frac{1}{2} - \chi\right)\left(l - \frac{h}{2}\right)^2 \qquad (l < h < 2l \text{ のとき}) \qquad (5)$$

$$V_{osm} = \frac{2\pi d k_B T}{(v_{solv}/N_A)} \varphi^2 \left(\frac{1}{2} - \chi\right)\left[l^2\left(\frac{h}{2l} - \frac{1}{4} - \ln\left(\frac{h}{l}\right)\right)\right] \qquad (h < l \text{ のとき}) \qquad (6)$$

$$V_{elas} = \frac{\pi d k_B T l^2 \varphi \rho_{mod}}{M_w}\left\{\frac{h}{l}\ln\left[\frac{h}{l}\left(\frac{3 - h/l}{2}\right)^2\right] - 6\ln\left(\frac{3 - h/l}{2}\right) + 3\left(1 - \frac{h}{l}\right)\right\} \quad (h < l \text{ のとき}) \qquad (7)$$

ここで，v_{solv}, N_A, h, l, χ は各々溶媒の分子容，アボガドロ数，表面間距離，修飾剤長さ，修飾剤有機鎖と溶媒間の Flory–Huggins パラメータであり，χ は値が小さいほど両者の親和性が高い。また，φ は式(8)で見積もられる修飾剤層の密度であり，n, R, M_w, ρ_{mod} はそれぞれ修飾剤固定量(mol/g)，粒子半径，修飾剤分子量，修飾剤密度である。極性の高い非水系溶剤中における修飾剤層をもつ粒子間の相互作用については，式(5)〜(7)の要素に加えて静電反発の効果を加味する必要があるので解析はかなり複雑である。

$$\varphi = \frac{n R^3 M_w \rho_p}{[(R+l)^3 - R^3]\rho_{mod}} \qquad (8)$$

図3に粒子の表面間距離hと式(5)〜(7)で計算した粒子径 10 nm の粒子間に作用する立体障害斥力のポテンシャルエネルギー($V_{osm} + V_{elas}$)の関係を示す。(a)は修飾剤長さ(l=2.3 nm)および修飾剤密度(φ=0.23)を固定し，χ パラメータの影響を示したものである。一方、(b)は修飾剤長さ(l=2.3 nm)および χ パラメータ(χ=0.10)を固定し，修飾剤密度 φ の影響を示したものである。非水系(低極性)溶剤中における微粒子の分散安定化に向けては，溶剤との親和性の高い有機鎖(図3(a))をなるべく高密度(図3(b))に固定化することが一つの重要な指針となることがわかる。

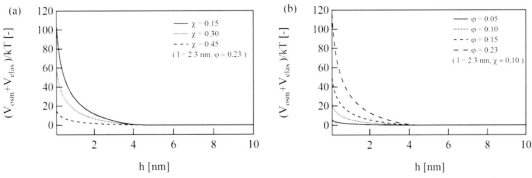

図3 粒子表面間距離と($V_{osm} + V_{elas}$)/kT の関係 (a) χ パラメータの影響，(b) 修飾剤密度の影響

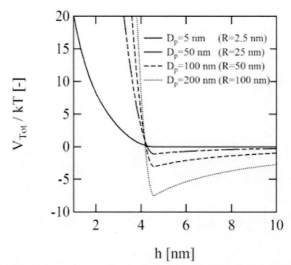

図4 リン酸オレイルで修飾したTiO$_2$ナノ粒子間にトルエン中で作用するポテンシャルエネルギー ([4]より許可を得て転載(Copyright 2012 The Society of Powder Technology, Japan))

　図4には各種粒子径の球形微粒子をトルエンに分散安定化させること想定し，トルエンとの親和性が高いオレイル鎖で修飾した粒子間にトルエン中で作用する粒子間相互作用のポテンシャルエネルギー(V$_{Tot}$)線図を示す[4]。すなわち，式(9)で示されるvan der Waals引力と式(5)~(7)で示した修飾剤層に起因する相互作用を足し合わせたポテンシャル線図である。

$$V_{vdw} = -\frac{A_{131}}{6}\left[\frac{2R^2}{x^2-4R^2} + \frac{2R^2}{x^2} + \ln\left(\frac{x^2-4R^2}{x^2}\right)\right] \quad 但し，\ x = h + 2R \tag{9}$$

粒子表面間距離が遠いところから近づく方向に図を見ていくと，いずれの径の粒子についても，まずvan der Waals引力が作用してポテンシャルエネルギーの極小値をとった後に，修飾剤層が重なり始める領域で強い斥力が発現している。また，ポテンシャルエネルギーの極小値の絶対値に着目すると，小さい粒子ほど小さな値をとることが確認できる。ここで，この絶対値が目安として1.5kTより小さければ，引力に打ち勝ってBrown運動により粒子が分散(拡散)できる傾向にある報告[5]を鑑みると，およそ50 nm以下のナノ粒子が溶媒と親和性の高い修飾剤で密に修飾されていれば，例え乾燥粉末を溶媒に投入して放置していても自発的に分散すると見込まれる。
　図5は実際にリン酸オレイルを飽和吸着したTiO$_2$ナノ粒子をトルエンに分散させた分散液の透過率と，動的光散乱法で求めた平均凝集径の経時変化を示す。TiO$_2$ナノ粒子をトルエンに懸濁させて10min.の超音波ホモジナイザー処理を施した際の平均凝集径は40 nm程度であった(図5, 0day)。なお，超音波ホモジナイザー処理を合計1h(10min.×6回)行っても，平均凝集径に大きな変化は見られなかった。一方，10min.の超音波を施した分散液を放置すると次第に平均凝集径は減少し，分散液の透過率も向上した。なお，この時に沈殿物は確認されず，分散液を転倒混和させても白濁化しないことから，粗大粒子が沈殿したことによる上澄み溶液中での平均凝集径の減少でないことを確認している。同図内には，表面修飾したTiO$_2$ナノ粒子の乾燥粉末をトルエ

ン中に投入し，7日間放置したのちに転倒混和させた溶液について，そのまま透過率測定ならびに平均凝集径を測定した結果も示した(黒塗り記号)。超音波処理等の外力を与えることなく凝集径は20nm程度に減少しており，表面修飾したTiO₂ナノ粒子が自発的に分散できることを実験からも確認できている[4]。

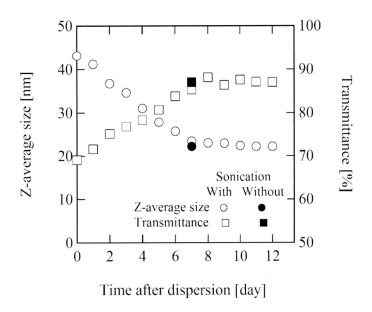

図5 リン酸オレイルで修飾した TiO_2 ナノ粒子／トルエン分散液の静置時間，平均凝集径，透過率の関係 ([4]より許可を得て転載(Copyright 2012 The Society of Powder Technology, Japan))

4．ナノ粒子の表面設計法と液中での分散制御事例

　上述してきたように，ナノ粒子の高い運動性や極めて小さい平均粒子間距離に起因して，ナノ粒子の分散安定化は困難性の伴う操作であり，実際に困られている方も多いと思われる。一方で，式(5)~(7)を眺めると「分散媒に応じて親和性の高い有機鎖を密に修飾」する手法が構築できれば，非水系溶剤におけるナノ粒子の分散安定化や凝集生成に関わる課題の解決は意外と近いことも期待される。この点を踏まえてここからは，具体的なナノ粒子の表面設計手法と非水系溶剤中における分散制御事例について紹介する。

　ナノ粒子の分散安定化に向けた表面設計を施すにあたっては，先ずどのような手法でナノ粒子表面を修飾するか，原料粒子の形態に応じて選定する必要がある。特に，原料として選んだナノ粒子の分散性を確保しながら表面修飾を施さないと，凝集構造上に表面修飾を施すこととなり，その凝集構造以下のサイズへの分散化が困難となるので注意が必要である。一般に機能性ナノ粒子は，DLVO理論に基づいた静電反発力で安定化された水系コロイド状分散体，ナノ粒子の合成と同時に表面を保護剤で保護した非水系コロイド状分散体，各種の気相プロセスで合成された乾燥粉末などの形態で入手可能である。水系コロイド状分散体については，表面修飾剤を直接分散体に混合してナノ粒子表面に固定化させたうえで，水に対する表面親和性が悪化したナノ粒子を

系内から排出する手法(図 6(a))や，水と混和しない非水系溶剤に修飾剤を溶解しておき，水系コロイド分散体との混合により形成される 2 相界面において修飾剤をナノ粒子に吸着させることで，表面修飾されたナノ粒子を非水系溶剤相に移動させる相間移動法(図 6(b))などが挙げられる。また，表面が保護された非水系コロイド状分散体に対しては，より吸着性の高い官能基を有する表面修飾剤を過剰に分散体に添加し，必要に応じて加熱することで表面修飾剤を入れ替える配位子交換法(図 6(c))なども可能である。さらに，一般的な気相プロセスで合成された乾燥粉末については，ナノ粒子間がネック成長により強く凝集していることも多いので，このようなナノ粒子についてはビーズミルやジェットミルなどの物理的解砕処理と同時に表面修飾を施す手法(図 6(d))も有用である。

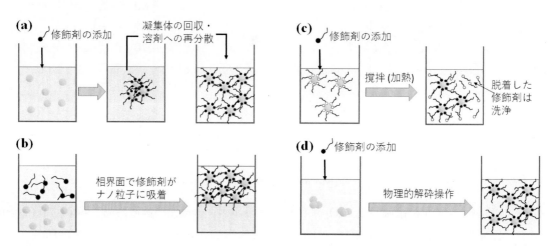

図 6 出発原料として用いるナノ粒子の形態に応じた各種の表面修飾プロセス((a) 水系分散体に対する修飾剤の直接吸着，(b) 水系分散体に対する相間移動法，(c) 表面修飾されたナノ粒子の非水系分散体に対する配位子交換法，(d) 凝集したナノ粒子の解砕と表面修飾の同時操作)

　ナノ粒子の表面設計手法を選定した後は，その手法を用いてどのような構造の有機鎖をナノ粒子上に固定化するのか検討する必要がある。いずれの手法においても，表面修飾剤としてはナノ粒子に対する吸着性や反応性の高い官能基を有することと，有機鎖が溶剤と高い親和性を呈することが重要である。図 7 は図 6(a)の手法を用い，機能性有機鎖として疎水性官能基を有するシランカップリング剤(デシルトリメトキシシラン:DTMS)と極性官能基を有するシランカップリング剤(アミノプロピルトリメトキシシラン:APTMS)の 2 種類を各種比率で組み合わせて表面修飾した TiO_2 ナノ粒子について，様々な極性の有機溶媒に分散させた際の分散性を示したものである[7]。図 7 の横軸は疎水性官能基を有する DTMS の固定化量，縦軸は極性官能基を有する APTMS の固定化量，図中の○は TiO_2 ナノ粒子が動的光散乱法により 50 nm 以下の凝集径で分散し分散体が透明化した系，●は TiO_2 ナノ粒子が動的光散乱法により 50 nm 以上の凝集径で分散した系，×は TiO_2 ナノ粒子が分散せず粗大な沈殿物が残存した系である。溶剤はヘキサン，トルエン，THF，NMP，DMAc，DMSO の 6 種類について示しており，誘電率が低い順に並べた。ヘキサン

について着目すると，TiO₂ナノ粒子の表面が疎水性官能基で十分量(およそ>1.6 mmol/g-TiO₂)修飾された際にナノ粒子が良好に溶媒に分散化した一方，親水性官能基量が増大したり，官能基固定化量が不十分であったりするとナノ粒子が全く分散しないことが明らかとなった。また，NMPやDMAc，DMSOなど溶剤の極性を上げていくと，表面修飾されたTiO₂ナノ粒子を分散化させるためには粒子表面に固定する極性官能基量を増大させていく必要があることも読み取れる。

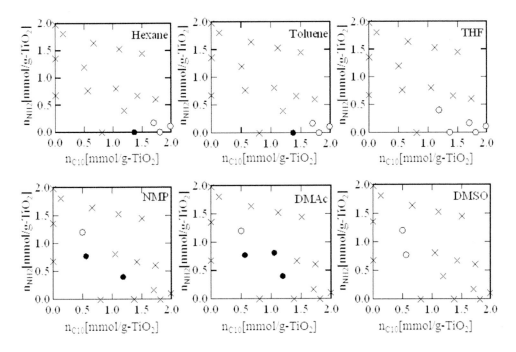

図7 各種比率のDTMS (n_{C10})およびAPTMS (n_{NH2})で修飾したTiO₂ナノ粒子の様々な有機溶剤中への再分散特性(○: z平均径が50 nm以下であったTiO₂ナノ粒子分散体，●: z平均径が50 nmより大きかったTiO₂ナノ粒子分散体，×: TiO₂ナノ粒子が再分散しない分散体)。(Reprinted with permission from Ref. 6. Copyright 2011 Elsevier)

　これらの結果は，ナノ粒子表面に固定化する親水性官能基と疎水性官能基の比率を詳細に制御することで，所望の溶剤にナノ粒子を分散化できることを示している。一方，各々の溶媒系において，ナノ粒子が良好に分散できる表面構造の条件(親／疎水基比)が非常に狭いことも読み取れ，ナノ粒子の分散体を活用した材料製造プロセスには大きな弊害となる。例えば，乾燥速度や粘度調整のために混合溶媒を用いて調整したナノ粒子分散体の塗布操作後に乾燥処理を施す際には，乾燥過程で徐々に溶媒の組成が経時的に変化し，溶媒の極性も合わせて変化する。初期の溶媒条件に合わせてナノ粒子の界面を設計しても，乾燥過程でナノ粒子の界面と混合溶剤との親和性が悪化し，凝集体を形成することが推察できる。樹脂モノマーにナノ粒子を分散させた分散体を塗工して硬化させる工程においても，モノマーの極性と重合物の極性は異なるので同様の凝集問題に直面する。

上述の様な材料製造工程におけるナノ粒子凝集の課題を解決するためには，より幅広い極性領域の溶剤に高い親和性を呈する表面構造設計が必要になる。例えば，極性頭基付近から親水性のポリエチレングリコール鎖と疎水性のアルキル鎖に分岐した機能性アニオン性界面活性剤を用意し，図 6(a)の手法に基づいて TiO_2 ナノ粒子表面に飽和吸着させることで，DMSO, MMA, THF, トルエン，メタノールなど，極性の大小やプロトン性／非プロトン性に関わらず TiO_2 ナノ粒子を良好に各種溶媒に分散させることができる(図 8)[7]。これは溶剤種に応じてポリエチレングリコール鎖のコンフォメーション変化が生じた結果，アルキル鎖の露出度が変化し，ナノ粒子界面構造が溶媒と親和する様に変化したためであると推察している。ひとつの界面構造で幅広い極性領域の溶剤にナノ粒子が分散安定化できるようになることで，溶剤を経たナノ粒子の樹脂材料への分散や，ナノ粒子のモノマー分散体の重合操作など，刻々と溶媒組成が変化する材料プロセス工程においてもナノ粒子の分散安定性を維持することが可能である。

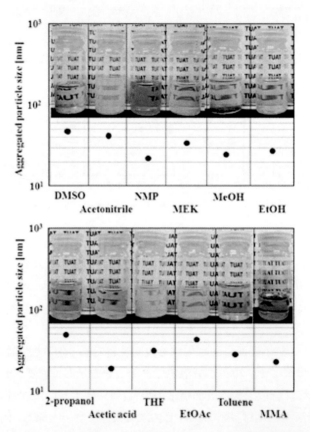

図 8 機能性アニオン性界面活性剤を吸着した TiO_2 ナノ粒子の各種有機溶剤中での分散挙動と z-平均径。(Reprinted with permission from Ref. 7. Copyright 2009 American Chemical Society)

　ナノ粒子上に固定する有機鎖の設計により，各種溶剤中におけるナノ粒子の分散安定性の制御が見込めることを上述してきが，選定した表面修飾剤が所望のナノ粒子材質に効率的に吸着しない場面にも直面することが多い。例えば図 8 で例示した修飾剤は TiO_2 にはよく吸着するが SiO_2

などには吸着性が低い。この場合，修飾剤を添加してもナノ粒子上に固定化されないので，例え有機鎖と溶媒との親和性が良くてもナノ粒子は分散しない。このような課題に対しては，筆者らは近年，カチオン性高分子であるポリエチレンイミン(PEI)を部分的に脂肪酸やアニオン性界面活性剤等で会合した修飾剤が有効であることを見出している[8,9]。例えば，図8で例示したアニオン性界面活性剤を部分的にPEIに会合させた修飾剤は，Al_2O_3, SiO_2, Y_2O_3, AlN, Si, Niを例とした各種の酸化物，窒化物，金属微粒子に効率的に吸着可能となり，この修飾剤を飽和吸着した微粒子は各種の有機溶剤中に分散が可能であった。さらに，図6(c)(d)で示した配位子交換法や，物理的解砕操作との同時処理によってもナノ粒子の表面修飾と分散化が可能である。例えば図9はオレイルアミンで修飾されたAgナノ粒子に対する配位子交換操作により表面修飾したナノ粒子，図10は気相法で作成されたSiO_2ナノ粒子のビーズミル操作と同時に表面修飾を施したナノ粒子を各種溶剤に分散させた様子であるが，いずれのナノ粒子も極性の大小に寄らない多くの溶剤への分散が達成されている[9]。

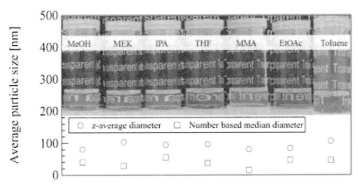

図 9 機能性アニオン性界面活性剤で部分的に会合されたポリエチレンイミンを，物理的解砕操作と同時に修飾した SiO_2 ナノ粒子の各種有機溶剤中における分散挙動 (Reprinted with permission from Ref. 9. Copyright 2018 Elsevier)

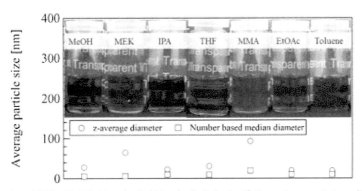

図 10 機能性アニオン性界面活性剤で部分的に会合されたポリエチレンイミンを，配位子交換法により固定化した Ag ナノ粒子の各種有機溶剤中における分散挙動 (Reprinted with permission from Ref. 9. Copyright 2018 Elsevier)

５．終わりに

　本稿では，ナノ粒子の運動特性や粒子間相互作用に基づいて，非水系溶剤中におけるナノ粒子の分散・凝集性を制御するための基本的な表面設計指針を概説した。材料プロセッシングの出発原料として用いる「ナノ粒子の材質や形態」と「ナノ粒子を分散させる分散媒種」に応じた，「ナノ粒子の凝集生成を誘発しない適切な表面修飾手法」と「ナノ粒子に対する高い吸着性と分散媒に対する高い親和性を併せ持つ修飾剤」の設計・選定によって，各種のナノ粒子を所望の溶剤に分散化できるようになってきたことをいくつかの事例を挙げて紹介した。これらの分散技術に基づいて，複数の微粒子を懸濁した分散体の分散制御や，微粒子の液中における集合構造制御も実現され始めており，ポリマーナノコンポジット材料や機能性セラミックス材料を例とした複合材料の微構造制御による機能設計も能動的に実現できるようになってきている[10,11]。本稿がナノ粒子体の塗布操作を用いた材料開発や材料機能設計の一助となれば幸いである。

６．引用文献

[1] L.V. Woodcock, "Developments in the non-Newtonian rheology of glass forming systems", Lecture Note in Phys. 277 (1987) pp.113-124.

[2] E. J. Verwy, J. Th. G. Overbeek, "Theory of the stability of lyophobic colloids" (1947), Elsevier Publishing Company.

[3] P. S. Shah, J. D. Holmes, K. P. Johnston, B. A. Korgel, "Size-selective dispersion of dodecanethiol-coated nanocrystals in liquid and supercritical ethane by density tuning", J. Phys. Chem. B, 106 (2002) pp. 2545-2551.

[4] 飯島志行, 田嶋真一, 山﨑美和, 神谷秀博, "リン酸オレイルを修飾した酸化チタンナノ粒子の再分散特性", 粉体工学会誌 49 (2012) pp. 108-115.

[5] C. L. Kitchens, M. C. McLeod, C. B. Roberts: "Solvent effects on the growth and steric stabilization of copper metallic nanoparticles in AOT reverse micelle systems", J. Phys. Chem. B, 107 (2003) pp. 11331-11338

[6] M. Iijima, S. Takenouchi, I. W. Lenggoro, H. Kamiya, "Effect of additive ratio of mixed silane alkoxides on reactivity with TiO_2 nanoparticle surface and their stability in organic solvents", Adv. Powder Technol. 22 (2011) pp. 663-668.

[7] M. Iijima, M. Kobayakawa, M. Yamazaki, Y. Ohta, H. Kamiya, "Anionic Surfactant with Hydrophobic and Hydrophilic Chains for Nanoparticle Dispersion and Shape Memory Polymer Nanocomposites", J. Am. Chem. Soc. 131 (2009) pp. 16342-16343.

[8] M. Iijima, N. Okamura, J. Tatami, "Polyethyleneimine–Oleic Acid Complex as a Polymeric Dispersant for Si_3N_4 and Si_3N_4-Based Multicomponent Nonaqueous Slurries", Ind. Eng. Chem. Res. 54 (2015) pp. 12847-12854.

[9] M. Iijima, T. Tsutsumi, M. Kataoka, J. Tatami, "Complex of polyethyleneimine and anionic surfactant with functional chain: a versatile surface modifier applicable to various particles, solvents, and surface modification processes", Colloids and Surfaces A 545 (2018) pp. 110-116.

[10] M. Iijima, H. Kamiya, "Non-aqueous colloidal processing route for fabrication of highly dispersed aramid nanofibers attached with Ag nanoparticles and their stability in epoxy matrixes", Colloids and Surfaces A 482 (2015) pp. 195-202.

[11] S. Morita, M. Iijima, J. Tatami, "Microstructural control of green bodies prepared from Si-based multi-component non-aqueous slurries and their effects on fabrication of Si_3N_4 ceramics through post-reaction sintering", Adv. Powder Technol. 29 (2018) pp. 3199-3209.

第6章　流れと表面張力

本間　俊司

（埼玉大学）

1．はじめに

　塗布流動の解析において自由表面の運動を把握することが重要である。塗布は液体を薄膜化し、支持体の固体表面にその液体を転写する操作である。転写後の液体は支持体に載って移動し、その表面は常に気液界面であり自由表面となる。また、塗布液を供給するダイを使用して液膜を形成させ、それを支持体へ接触させる部分において、しばしば自由表面を形成する。支持体へ接触する部分では気体—液体—固体の三相界面が存在し、これを動的接触線とよぶ。正常な塗布が行われる場合、動的接触線の位置は、ほぼ安定に固定されると考えられるが、塗布欠陥が生じる場合、動的接触線の位置は時間的に変動している可能性がある。したがって動的接触線も自由表面の一部と考えてよい。

　一般に、塗布流動のスケールにおいて自由表面の運動は、液体の粘性力、表面張力、および運動に伴う慣性力のつり合いによって規定されると考えられる。また、動的接触線における液体の接触角が、動的接触線ならびに自由表面の運動に大きな影響を与える。したがって、塗布流動の解析においては、これら因子についての基礎的事項をふまえた上で取り組むことが肝要である。液体の粘性力については、3章レオロジーの基礎で取り扱った。本章では、表面張力および接触角に焦点をあて、その基礎的な事項について解説するとともに、自由表面の運動を含む流れの数値解析法についても紹介する。

　本章は以下の構成とした。2節および3節において、それぞれ表面張力および接触角の基礎的事項について述べる。4節では自由表面運動の数値シミュレーション法について概説する。特に、最もよく使用される1流体近似を元にした界面捕獲法における表面張力の取り扱いについて説明する。5節では塗布に関連した数値シミュレーションの例として、はじきの成長およびカーテンコーティングを取り上げ、6節で本章をまとめる。

2．表面張力 [1]

　表面張力とは、バルク液体から分子を取り除き、共存する二相間に界面を形成するのに必要な単位面積当たりの自由エネルギーであり、その単位は J/m^2 である。また、表面張力は単位長さ当たりの力と捉えることもでき、一般には N/m の単位を用いる。表面張力は界面張力とも呼ばれる。液体と気相あるいは蒸気相の間に界面が形成される場合を表面張力、液体とそれとは混じり合わない別の液体との間に界面が形成される場合を界面張力と呼ぶことが多い。塗布においては、気相と塗布液の間の表面張力が重要となるが、多層コーティングの場合、二つの液相間の界面張力も考慮する必要がある。

　二つの流体をわける表面を横切るときに生じる圧力のジャンプ Δp はラプラス圧と呼ばれ、表面張力 σ と面曲率 κ の積で定義される

$$\Delta p = \sigma\kappa. \tag{1}$$

κは曲面のふたつの曲率半径 R_1 および R_2 の逆数の和である

$$\kappa = \frac{1}{R_1} + \frac{1}{R_2}. \tag{2}$$

図 1 に様々な曲面における曲率半径を示す。半径 R の球は二つの曲率半径が等しいので式(1)は

$$\Delta p = \sigma \frac{2}{R} \tag{3}$$

となる（図 1(a)）。本章で想定している薄膜を転写する形式の塗布において球を扱うことはないが、微粒化した液滴を扱う噴霧塗布においては重要である。図 1(b)のカラムは、スピンコーティングの液供給部分で見られる形状である。また噴霧塗布における液体の微粒化において、最も基礎的な液滴の分裂機構を提供する液柱やジェットの不安定性を論じる場合に想定される形状である。図 1(c)のカーテンは、カーテンコーティングで想定される形状であるとともに、塗布後の液膜の不安定性を検討する上でも基礎的な形状である。

　表面張力の計測は古くから様々な方法が提案されてきた。プレートや円環を液体に浸し、それを引き上げる力を測定する方法（Wilhelmy 法、du Noüy 法）、キャピラリー管より液体を鉛直下方に押し出し液滴を生成させ、その形状を測定する方法(懸滴法)、液体中に気泡を発生させ、その圧力を測定する方法（最大泡圧法）、液体をキャピラリー管内で上昇させ、その高さを測定する方法（毛管上昇法）などがある。これらは既に確立された技術であり、その詳細については参考文献[3]を参照されたい。

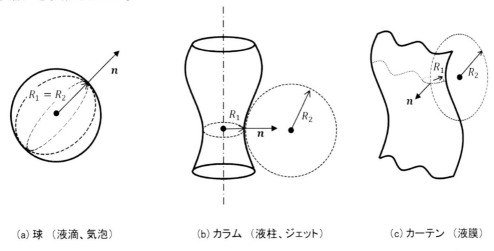

(a) 球 （液滴、気泡） 　　 (b) カラム （液柱、ジェット） 　　 (c) カーテン （液膜）

図 1　様々な自由表面における曲率半径

3．接触角 [2]

3．1　ぬれと静的接触角

　表面張力では共存する二相間の界面に関するエネルギーまたは力を扱ったが、塗布流動においては塗布面を構成する固体と塗布液ならびに周囲に存在する気相の三相間のエネルギーまたは力について考慮する必要がある。現象としては液体のぬれとして観察される。まず、ぬれの状

態と接触角について考える。接触角は**図2**のように液体表面と固体面のなす角である。接触角 θ のとる範囲は $0 \leqq \theta \leqq \pi$ であり、$\theta = \pi$ は「非ぬれ（non-wetting）」、$\theta = 0$ は「完全ぬれ（complete wetting）」、それ以外（$0 < \theta < \pi$）は「部分ぬれ（partial wetting）」とよばれる（**図3**）。部分ぬれの場合、接触角が定義でき、平衡状態において力のつり合い

$$\sigma_{sg} = \sigma \cos \theta + \sigma_{sl} \tag{4}$$

で決まる。ここに σ_{sg} および σ_{sl} は、それぞれ固体—気相間および固体—液体間の表面張力であり、式(4)はヤングの式として知られている。水平な表面に液滴を落とし液滴の輪郭形状が安定かつ液滴が静止したときに観察される接触角を静的接触角とよぶ。静的接触角は固体表面および塗布液の性質を把握する上で重要な指標であるが、塗布流動のシミュレーションにおいては、次に述べる動的接触角も重要となる。

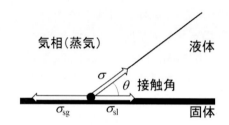

図2 接触角および三相にはたらく力

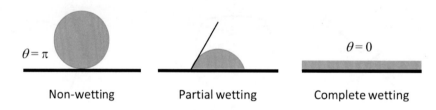

Non-wetting　　Partial wetting　　Complete wetting

図3 接触角とぬれの状態

３．２　動的接触角

　固体表面上で部分ぬれ状態で移動する液滴の接触角は、静止している状態で測定した静的接触角とは異なる場合が多い。また、移動速度によって接触角の値も変化する。このような接触角を動的接触角とよぶ。動的接触角にはヒステリシスがあり、固体表面をぬらしながら液滴が移動する場合の接触角と固体表面が乾いていく場合の接触角は異なる。前者を前進接触角、後者を後退接触角とそれぞれよぶ。**図4**に液滴が斜面を滑り落ちる際の接触角について模式図で示す。θ_A および θ_R がそれぞれ前進接触角および後退接触角となる。

　接触角と移動速度（U_0）との間には

$$\theta \propto \mathrm{Ca}^{1/3} \sim U_0^{1/3} \tag{5}$$

の関係があることが知られている。ここに Ca は Ca $= \mu U_0/\sigma$（μ：液体の粘度）で定義されるキャピラリー数である。式(5)は、界面の移動が表面張力を駆動力として粘性力によって支配され

ている場合の一次元 Navier-Stokes 式を解いて得られたもので Tanner の法則[4]とよばれている。

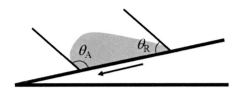

図 4　液滴が斜面を滑り落ちる際の接触角（θ_A：前進接触角、θ_R：後退接触角）

4．自由表面運動の数値シミュレーション

　塗布を始めとして産業のあらゆる分野において、自由表面を含む流体の数値シミュレーションが果たす役割は大きい。その端緒となる手法が 1960 年代に開発された MAC（Marker And Cell）法[5]である。自由表面の運動を多数の Marker 粒子を追跡することによって行う手法自身は、その後あまり利用されなくなったが、有限差分法や有限体積法によって離散化された Navier-Stokes 式を数値的に解くアルゴリズムは Projection 法として現在も広く利用されている。その後、自由表面の運動の追跡に関しては Marker 粒子を用いる方法に代わり、流体の占める割合を表す F 関数を用いる VOF（Volume of Fluid）法[6]が開発された。VOF 法において二つの流体は、界面を境に物性値が異なる一流体として扱い、F 関数の値はその移流方程式を解くことによって得られる。界面位置は F 関数の値から決められたアルゴリズムによって時刻ごとに再構築される。VOF 法は界面の大変形や断裂によって生じる界面のトポロジー変化にも容易に対応できるが、正確な表面張力の計算には比較的高い解像度が要求される。これまで、Level Set 法[7]など類似手法の開発や精度向上に対する様々な努力[8][9]を経て、VOF 法ならびにその類似手法が、ほとんどの商用ならびにオープンソースの流体解析コードに実装されており、塗布工程のシミュレーションにも利用されている[10]。

　有限要素法も自由表面を含む流体の数値シミュレーションに利用されてきた。特に、早くから有限要素法を流体の数値シミュレーションに応用してきたミネソタ大学 Scriven 教授が率いる研究グループは 1980 年代に塗布工程のシミュレーションを行い数々の成果を残してきた[11][12]。有限要素法において自由表面の運動は要素の変形および移動によって表現する。自由表面の位置が陽に得られるため表面張力の計算は比較的正確であり、精度よく現象の予測が可能である。ただし、界面の大変形に対応することは難しいとされている。また、有限差分法や有限体積法と比較して、有限要素法の商用流体解析コードが少なく、実用面での利用例が少ないようである。

　上記二つの手法と異なりメッシュレスの粒子法[13]や格子ボルツマン法[14]も自由表面を含む流体の数値シミュレーションによく利用されるが、著者が知る限り塗布工程への応用例はほとんどない。以上のような背景を踏まえ、本節では Projection 法と VOF 法を組み合わせた自由表面運動の数値シミュレーション法について概説する。

　最初に述べたように、VOF 法において二つの流体は界面を境に物性値が異なる一流体として扱う。これは一流体近似と呼ばれ、以下に示す流れの支配方程式は二つの流体に対して同じく適

用される。

$$\nabla \cdot \boldsymbol{u} = 0 \tag{6}$$

$$\frac{\partial \rho \boldsymbol{u}}{\partial t} + \nabla \cdot \rho \boldsymbol{u}\boldsymbol{u} = -\nabla p + \rho \boldsymbol{g} + \nabla \cdot \mu (\nabla \boldsymbol{u} + \nabla \boldsymbol{u}^T) + \sigma \kappa \boldsymbol{n} \delta_{\text{int}} \tag{7}$$

$$\frac{\partial F}{\partial t} + \boldsymbol{u} \cdot \nabla F = 0 \tag{8}$$

式(6)、(7)および(8)はそれぞれ連続の式、Navier-Stokes 式、および F 関数の移流方程式である。ここに $\boldsymbol{u}$ は速度、t は時間、ρ は密度、p は圧力、$\boldsymbol{g}$ は重力加速度、μ は粘度、$\boldsymbol{n}$ は界面の法線ベクトル、δ_{int} は界面以外で 0 をとるデルタ関数である。F 関数は二つの流体のうち片方の流体の占める割合を表しており、界面において $0 < F < 1$ の値をとる。ρ および μ は界面の移動によって変化する変数である。そのため F 関数を用いて以下のように決定される。

$$\rho = \rho_{\text{liq}}F + \rho_{\text{gas}}(1 - F) \tag{9}$$
$$\mu = \mu_{\text{liq}}F + \mu_{\text{gas}}(1 - F) \tag{10}$$

ここに ρ_{liq} および ρ_{gas} は、それぞれ液相および気相の密度、μ_{liq} および μ_{lgas} はそれぞれ液相および気相の粘度である。また、液体の占める割合を $F = 1$ としている。

　VOF 法については、式(8)を精度よく解くことと、F 関数から界面を再構築する部分が鍵となる。特に、F 関数を適切な値（$0 \leqq F \leqq 1$）に保つこと、各相体積が保存されること、界面をシャープに維持し時間と共に拡散しないこと、などの要件を満たす必要がある。また、表面張力は式(7)において体積力として与えられるが、この計算精度も極めて重要である。VOF 法の詳細については成書 [15] に譲るが、現在も精力的に改善が進められている。改善の手法は大きく三つに分類される。幾何学的手法（PLIC 法[16]、ELVIRA 法[17]など）、代数的手法（Compressive 法[18]、THINK 法 [19]など）、Level Set 法と組み合わせる手法（CLSVOF）[8]である。幾何学的手法は比較的精度が高い反面、非構造格子などで手続きが煩雑になる欠点がある。代数的手法のうち Compressive 法は非構造格子においても取り扱いが容易であり流体力学計算ツールボックス OpenFOAM[20]の自由界面流れを扱うソルバーinterFOAM[21]にも採用されている。CLSVOF 法は Level Set 法と VOF 法の長所を取り入れた方法で、特に Level Set 法が表面張力の計算に必要な曲率の計算を得意としていることから、気泡の運動など表面張力が支配的な現象の解析に利用されることが多い。

　表面張力の計算には CSF（Continuum Surface Force）モデル[22]が広く利用されている。一流体近似において表面張力は、表面または界面にのみにはたらく体積力として扱い、式(7)の右辺第 4 項のように記述する。その項のうち曲率は

$$\kappa = -\nabla \cdot \frac{\nabla F}{|\nabla F|} \tag{11}$$

また、

$$\boldsymbol{n}\delta_{\text{int}} = \nabla F \tag{12}$$

である。基本的な考え方として式(11)および(12)は正しいが、∇F の精度良い計算が自由表面流れの正確なシミュレーションには不可欠である。この点に関しても CLSVOF 法をはじめ、様々な改良が進められている[15]。

5．塗布に関連した数値シミュレーションの実例

本節では塗布に関連した数値シミュレーションの例として、はじきの成長およびカーテンコーティングを取り上げる。両者ともに自由表面の移動は VOF 法で追跡し、数値計算は流体力学計算ツールボックス OpenFOAM[20] のソルバー interFOAM[21] を用いた。

5．1　はじきの成長

塗布不良のひとつに「はじき」がある。はじきが広がる様子を模擬するため円形上のピンホールが成長する様子を数値シミュレーションで再現した[23)24)]。**図 5** に解析モデルの概略図を示す。幅および奥行きが共に $L = 7.2$ mm、高さ $H = 0.3$ mm の直方体ドメインに厚さ $h = 0.03$ mm の液体が均一に塗布された状態で、中央に $d_0 = 2$ mm のピンホールが生じ、そのピンホールが表面張力を駆動力として成長する。上面境界を解放条件、それ以外の境界に滑りなしの条件を与えた。数値シミュレーションの妥当性を検証するために、アクリル系粘着剤を離型紙にバーコーターで塗布し、はじきの広がりの様子を高速カメラで撮影した。数値計算で与えた物性値（密度、粘度、表面張力、接触角）は、実験に用いた粘着剤の実測値を使用した。粘着剤は非ニュートン流体として扱い、実測したレオロジー特性を Carreau–Yasuda モデル[25]でフィッティングし、これを使用した。

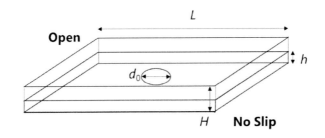

図 5　はじきの成長シミュレーションにおける計算領域

図 6 および**図 7** に数値シミュレーションで得られたピンホールの成長の様子を示す。**図 6** は上方から見たもので、ピンホールが同心円状に成長している様子が確認できる。**図 7** は断面から見た様子で、ピンホールの成長と共に先端部が盛り上がっていく様子が確認できる。**図 7** には粘度分布および圧力分布も示した。先端部の移動速度が大きいため粘着剤のシェアシニングにより、その部分の粘度が低下していることがわかる。また、表面張力によってピンホールの淵の圧力が高く、これが駆動力となってピンホールが成長していることがわかる。

図 8 にピンホールの直径の増分の時間変化について実験とシミュレーションの比較を示す。図より計算結果は実験結果をよく再現していることがわかる。なお、図中の点線は粘着剤の静的接触角の実測値 70.9°を一定の接触角として与えた場合の計算結果で、実験よりもピンホールの成長が速い。実線は動的接触角のモデル[26]

$$\theta = (\theta_\mathrm{R}^3 - 206Ca)^{\frac{1}{3}} \quad \text{[deg.]} \tag{13}$$

を利用している。このことからも動的接触角の重要性が示唆される。

(a) t = 0.0 s   (b) t = 1.0 s   (c) t = 2.0 s

図6　はじきの成長の様子（界面位置の時間変化）

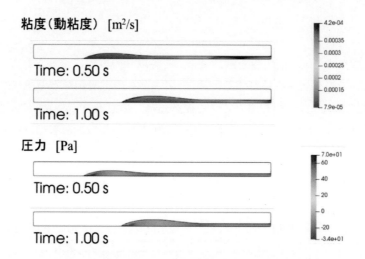

図7　液膜の断面図と粘度および圧力分布

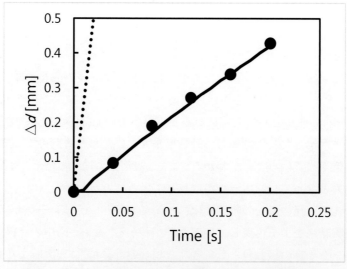

図8　はじきの成長の様子（直径の増分の時間変化）

●：実験データ、実線：動的接触角モデルを導入した場合、

点線：静的接触角（一定値）を与えた場合

５.２　カーテンコーティング

　カーテンコーティングは高速塗布が可能な手法として広く用いられている。しかしながら、自由界面を有するために空気同伴が問題となっている。これまでにも正常な塗布が行える操作条件を見出すために数値シミュレーションが利用されてきた[12)27)]。本節では著者らが行ったカーテンコーティングのシミュレーション[28)29)]について二次元および三次元の結果を紹介する。

　図9に二次元解析における計算領域の概略を示す。解析においてはオーバーフロー型のコーターヘッドを模擬し、ヘッドから生成する塗布液のカーテンを速度Uで移動する基材に落とした。カーテンの高さ$H = 5$ mmとし、その他の寸法については、カーテンの高さを基準とし、計算負荷を考慮して設定した（$H_g = 5$ mm、$L_b = 31$mm、$L_f = 15$ mm、$L_s = 10$ mm、$H_s = 5$ mm、$L_{in} = 2.5$ mm、$H_{in} = 1.25$ mm）。計算領域のセル分割については、カーテンの衝突部分近傍が最も細かくなるように配慮し、最小セル幅を15.6 μm、総セル数は90万程度とした。塗布液の物性値は、71%グリセリン水溶液を参考とし、液相の密度を1185 kg/m^3、気相の密度1.0 kg/m^3、気相の粘度を1.8×10^{-5} Pa·s、表面張力は0.050 N/mとした。また、単位長さ当たりの塗布液の流入量Q、塗布速度U、塗布液の粘度μ_{liq}をパラメータとした。なお、単純化のため塗布液はニュートン流体と仮定した。

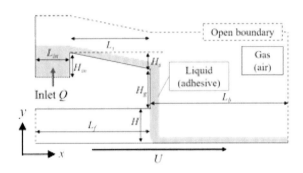

図9　二次元カーテンコーティングのシミュレーションにおける計算領域

　図10に$Q = 2.5×10^{-4}$ m^2/s、$U = 1$ m/s、$\mu_{\text{liq}} = 0.025$ Pa sにおける塗布液のカーテンが形成する様子を示す。塗布液は、斜面および垂直のカーテンガイドに沿って流れ、基材に衝突すると、右方向に移動する基材に引っ張られ、塗膜が形成されている。

　図11(a)は、図10と同条件において定常状態に達した後のカーテン形状および流線である。この条件では、気泡を巻き込むことなく安定に塗膜が形成していることがわかる。またカーテンは、ガイドからほぼ真下に流れ、基材付近で塗布方向に速度が変化する様子が見られる。カーテンの後側の気相では、基材の移動方向に沿った流れが大きな渦を形成する様子が見られる。図11(b)は、基材速度（U）および粘度（μ_{liq}）は(a)と同じ値に固定し流量のみを(a)の2倍の$Q = 5.0×10^{-4}$ m^2/sに変えた場合における定常状態に達した後のカーテン形状および流線である。カーテン後方には踵（heel）状の液だまりが生じている。この条件でも気泡を巻き込むことなく安定した塗布膜が形成されているが、その膜厚は(a)と比較して大きい。

　図12は条件を種々変更して実施した数値実験の結果から作成したコーティングウインドウで

ある。縦軸の Re は、カーテンの流量を基準としたレイノルズ数（$Re=\rho_{liq}Q/\mu_{liq}$）、横軸はカーテンの流下速度 V に対する基材速度である。図に示すように、正常に塗布ができた coatable、踵上の液だまりが生成した heel、気体を巻き込んだ air entrainment、踵上の液だまりが生成し、かつ気体を巻き込んだ heel & air entrainment に分類できた。これは Kistler が有限要素法による数値実験で得たコーティングウインドウ [27] とほぼ同様な結果であり、VOF によるカーテンコーティングのシミュレーション結果が概ね妥当であることを示している。

　図 13 は、三次元解析結果の一例である。カーテンコーティングによる実際の塗布操作ではエッジガイドが重要な役割を果たしている。また気体の巻き込みについても動的接触線から気泡が混入するため、カーテンコーティングにおいては三次元解析が必要である。図に示すようにcoatable および heel を示すカーテンの運動が再現できた。三次元で実際のスケールに基づいたシミュレーションを実施するまでには克服すべき課題も多いが、計算機性能および数値シミュレーション技術のさらなる向上により、近い将来には実験の代替手法として利用可能になることを期待している。

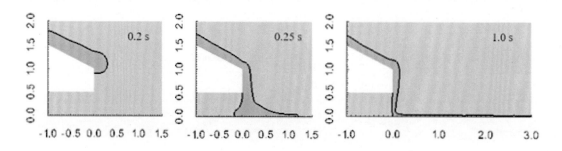

図 10　カーテン生成のダイナミックス（$Q = 2.5\times10^{-4}$ m²/s、$U = 1$ m/s、$\mu_{liq} = 0.025$ Pa s）

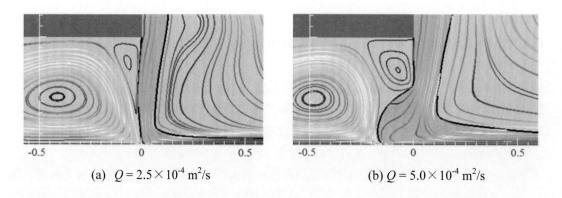

(a)　$Q = 2.5\times10^{-4}$ m²/s　　　　　　(b) $Q = 5.0\times10^{-4}$ m²/s

図 11　カーテン着地点近傍の流れの様子（$U = 1$ m/s、$\mu_{liq} = 0.025$ Pa s）

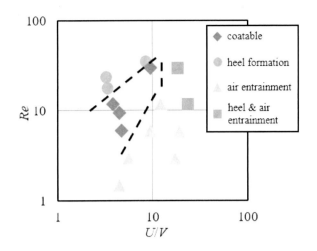

図12　シミュレーション結果から作成したコーティングウインドウ

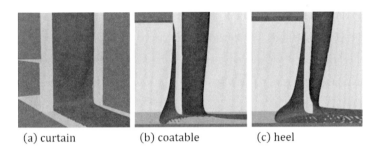

(a) curtain　　　(b) coatable　　　(c) heel

図13　カーテンコーティングの三次元シミュレーションの一例
(a)エッジガイドを伝って流れるカーテンの俯瞰図
(b) $U = 600 \text{ cm s}^{-1}, Q = 15 \text{ cm}^3 \text{ s}^{-1}$
(c) $U = 150 \text{ cm s}^{-1}, Q = 7.5 \text{ cm}^3 \text{ s}^{-1}$

6．おわりに

　本章では表面張力および接触角の基礎的事項について述べるとともに、表面張力および接触角が重要な役割を果たす自由表面運動の数値シミュレーション法について概説した。また、塗布に関連した数値シミュレーションの例として、はじきの成長およびカーテンコーティングを紹介した。塗布操作において表面張力および接触角は極めて重要な因子として認識されているが、自由表面運動の数値シミュレーションにおいても同様である。混相流の分野の研究者によって、現在もより正確なシミュレーションを目指し日々研究が進められている[30]。また、数値流体力学（CFD）シミュレーションを取り巻く状況も飛躍的に良くなっている。ハードウエアについてはワークステーションレベルで多数のコアを用いた並列処理が可能となってきた。ソフトウエアについても、商用ならびにオープンソースの CFD ソフトが充実している。塗布分野においても CFD の応用が、これまで以上に進展することが期待される。

参考文献

1) De Gennes, P-G. F. Brochard-Wyart, D. Quéré: "Capillarity and Wetting Phenomena, Drops, Bubbles, Pearls, Waves," Springer -Verlag, New York (2003). 〔表面張力の物理学—しずく、あわ、みず たま、さざなみの世界, 吉岡書店, 京都 (2003). 〕

2) Safran, S. A.: "Statistical Thermodynamics of Surfaces, Interfaces, and Membranes," Addison-Wesley, Reading (1994). 〔好村滋行訳, コロイドの物理学—表面・界面・膜面の熱統計力学, 吉岡書店, 京都 (2001). 〕

3) 石原清貴, 星埜由典: "表面張力測定法," 色材協会誌, Vol. 79, No. 9, pp. 404-409 (2006).

4) Tanner, L. H.: "The Spreading of Silicone Oil Drops on Horizontal Surfaces," *Journal of Physics D: Applied Physics*, Vol. 12, No. 9, pp. 1473-1485 (1979).

5) Harlow, F. H., J. E. Welch: "Numerical Calculation of Time-Dependent Viscous Incompressible Flow of Fluid with a Free Surface," *Physics of Fluids*, Vol. 8, pp. 2182–2189 (1965).

6) Hirt, C.W., Nichols, B.D., "Volume of Fluid (VOF) Method for the Dynamics of Free Boundaries," *Journal of Computational Physics*, Vol. 39, No. 1, pp. 201–225 (1981).

7) Sethian, J.A.: "Level Set Methods," Cambridge University Press, New York (1996).

8) Sussman, M., E. G. Puckett: "A Coupled Level Set and Volume-of-Fluid Method for Computing 3D and Axisymmetric Incompressible Two-Phase Flows," *Journal of Computational Physics*, Vol. 162, pp. 301-337 (2000).

9) Tryggvason, G., R. Scardovelli, S. Zaleski: "Direct Numerical Simulations of Gas–Liquid Multiphase Flows," Cambridge University Press (2011).

10) 安原 賢: "塗布・製紙工程の流動シミュレーション," 紙パ技協誌 Vol. 68, No. 1, pp. 62-67 (2014).

11) Saito, H., L.E.Scriven: "Study of Coating Flow by the Finite Element Method," *Journal of Computational Physics*, Vol. 42, No. 1, pp. 53-76 (1981).

12) Kistler, S. F., L. E. Scriven: "Coating Flow Theory by Finite Element and Asymptotic Analysis of the Navier-Stokes System," *Numerical Methods in Fluids*, Vol. 4, No. 3, pp. 207-229, (1984).

13) 越塚誠一, 柴田和也, 室谷浩平: 粒子法入門 - 流体シミュレーションの基礎から並列計算と可視化まで, 丸善出版 (2015).

14) 蔦原道久: 格子ボルツマン法・差分格子ボルツマン法, 丸善出版 (2018).

15) 太田光浩, 酒井幹夫, 島田直樹, 本間俊司, 松隈洋介: 混相流の数値シミュレーション, 丸善出版 (2015).

16) Youngs, D: "Time-Dependent Multi-material Flow with Large Fluid Distortion," Numerical Methods for Fluid Dynamics, Academic Press, pp 273-285 (1982).

17) Pilliod, J. E., E. G. Puckett: "Second-order Accurate Volume-of-fluid Algorithms for Tracking Material Interfaces," *Journal of Computational Physics*, Vol. 199, pp.465-502 (2004).

18) Ubbink, O., R. Issa: "A Method for Capturing Sharp Fluid Interfaces on Arbitrary Meshes," *Journal of Computational Physics*, Vol. 153, pp. 26-50 (1999).

19) Xiao, F., Y. Honma, T. Kono: "A Simple Algebraic Interface Capturing Scheme Using Hyperbolic Tangent Function," *International Journal for Numerical Methods in Fluids*, Vol. 48, pp. 1023-1040 (2005).

20) Weller, H. G., G. Tabor, H. Jasak, C. Fureby: "A Tensorial Approach to Computational Continuum Mechanics Using Object-Oriented Techniques," *Computers in Physics*, Vol. 12, No. 6, pp. 620-631 (1998).

21) OpenFOAM Foundation: "OpenFOAM User guide," Version 7 (2019).

22) Brackbill, J. U., D. B. Kothe, C. Zemach: "A Continuum Method for Modeling Surface Tension," *Journal of Computational Physics*, Vol. 100, No. 2, pp. 335-354 (1992).

23) 中島遼太, 千葉　匠, 本間俊司, 山田　岳, 大久保洋佑, 梅宮弘和, 小田純久: "粘着剤塗布膜に生じるピンホールの成長," 化学工学論文集、Vol. 45, No. 3, pp.109–114 (2019).

24) 千葉匠, 高田敦哉, 中島遼太, 本間俊司, 大久保洋佑, 梅宮弘和, 小田純久, "はじきの成長に及ぼす接触角の影響," 化学工学会横浜大会, D108 (2019).

25) Yasuda, K., R. C. Armstrong, R.E. Cohen: "Shear Flow Properties of Concentrated Solutions of Linear and Star Branched Polystyrenes," *Rheologica Acta*, Vol.20, No.2, pp.163-178 (1981).

26) Nichita, B. A., I. Zun, J. R. Thome: "A VOF Method Coupled with a Dynamic Contact Angle Model for Simulation of Two-Phase Flows with Partial Wetting," *Proceedings of 7th International Conference on Multiphase Flow* (*ICMF*2010) (2010).

27) Kistler, S. F.: "The Fluid Mechanics of Curtain Coating and Related Viscous Free Surface Flows with Contact Lines," PhD thesis, University of Minnesota (1983).

28) 中島遼太, 千葉　匠, 梅宮弘和, 小田純久, 本間俊司: "VOF 法を用いたカーテンコーティングの数値解析," 混相流, Vol. 33, No. 4, pp.417-423 (2019).

29) 千葉康太郎, 中島遼太, 千葉匠, 本間俊司, 梅宮弘和, 小田純久, "カーテンコーティングの三次元数値シミュレーション," 化学工学会横浜大会, D106 (2019).

30) Popinet, S.: Numerical Models of Surface Tension, *Annual Review of Fluid Mechanics*, Vol. 50, pp. 49–75 (2018).

第7章　スロットダイ塗布

笹野　祐史

（株式会社ヒラノテクシード）

1、はじめに

　塗布技術の一つとして位置付けられているウェットコーティングは、製品製造の現場で広く取り扱われており、工業製品の生産性向上や新規製品の開発において、長年に渡り大きく貢献している技術である。ウェットコーティングとは一般には溶液等の流体をウェブ、基材と呼ばれるベース上へ均一に膜化させるものであり、その膜化には種々の手法が用いられている。代表的な手法としては、各種ロールを利用したロールコーターやバー、ブレード等を利用したバーコーターやブレードコーターがある。本稿では代表的なウェットコーティングの手法の一つとして扱われているスロットダイの塗布及びコーターの基本的な技術について紹介する。

2、スロットダイの概要

　スロットダイ塗布は高精度の剛体である金型（＝ダイ）を組み上げ、狭いスリット（＝スロット）を作り、そこから流体を吐出させ、それを基材上に転写し、膜化させる方式である。スロットダイの一般的な構造と各部の名称を図1に示す。

　スロットダイは、接液部の表面性を極めて平滑に仕上げた 2 つのボディの間に、塗布される流体の流路をつくるシムを挟み合わせて組み立てることにより、幅方向に均一なスリットを形成する構造となっている。均一な吐出を行うため、ボディの片側又は両側に、液の滞留部として適当な容積のマニホールド（又はキャビティ）を持つ。またマニホールドから吐出部までのスリットを形成している、適当な長さを持った平坦な部分をランドと呼び、この部分も均一な吐出を行う上で精度と長さが重要である。スロットダイの構造はその他にも色々と考案されており、材料や製品、使用条件によりダイ組付け方法、マニホールドやランドの形状、ダイ分割数、リップ長さや形状等無数の変化を持って設計、製作、使用され

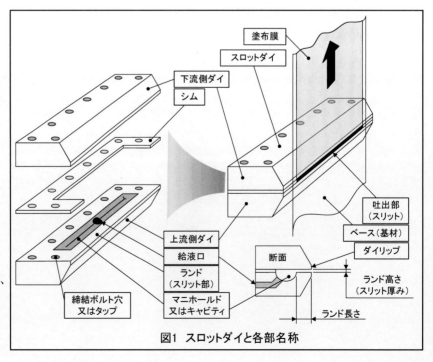

図1　スロットダイと各部名称

ている。

　ウェットコーティングでは、取り扱う流体が無数にあり、単純に粘度範囲としても、1以下～数十万 mPa・sec の範囲で使用されており、これに使用溶媒とその割合、粒子有無とその大きさ、目標とする塗布厚み等、多岐にわたるパラメータが関係する。それに加えて、使用基材やその厚み、幅、生産速度等各種の条件を考えると、現状は経験を踏まえて、最適な膜化の方法を選択、判断しながら、実際の塗布の適合性を確認していくことが一般的である。

　スロットダイの設計では、流体の粘性パラメータ等の諸条件と、類似実績など経験的に選定されたダイ内部形状を用い、使用する液の特性と所望の流量を適用することにより、ダイ吐出部の圧力及び流量分布を計算し、求める均一性に収まるように形状を確定していく作業を行う。ダイの計算は通常、流体力学で用いられているナビエストークス方程式から近似的に解を求めることで算出される。

　近年はコンピュータ能力の飛躍的な進歩、流体物性の把握、ソフトウェア技術の向上に伴い、CFD（Computational fluid dynamics）を利用することにより、ダイ内部だけでなく接液から膜化させるところまでを計算、解析することができ、マシン性能が高ければ塗布欠陥も含めて3次元的に描写することも可能となってきている。今後も CFD の能力向上により、実際の塗布を行わずに、簡便に状況把握ができるようなことも予想され、更なる向上が期待されるところである。

3、スロットダイの構造

　スロットダイは吐出の均一性、安定性を確保するため、また組み立て易さ等を目的として、種々の形状が考案されており、その詳細の全容を把握することは困難である。ここでは基本的な種類の説明のみとする。

　ダイの分割に関しては、図2のように、単層塗工の場合前述の2ブロックを合わせるタイプが一般的であるが、場合により4ブロックタイプのケースもあり、大きくは図の4つに分類される。

　2ブロック、4ブロックともスリット形成にシムを利用するか、あらかじめ所定のスリットを工作時に形成させておき、組立時に自然とスリットが形成される場合もある。

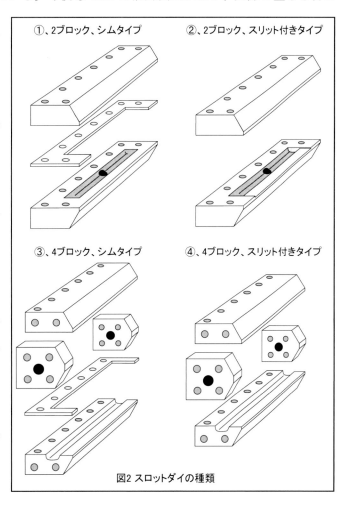

①、2ブロック、シムタイプ　　②、2ブロック、スリット付きタイプ

③、4ブロック、シムタイプ　　④、4ブロック、スリット付きタイプ

図2 スロットダイの種類

シムタイプはスリット厚みや塗布幅の変更が容易であり、①の2ブロック、シムタイプが最も汎用的に利用されていると考えられる。スリット付きタイプの場合はスリット厚みが一定となるため、汎用性は劣るが、組立時のスリット再現性が高く、製品が限定される場合は有用である。

4ブロックタイプは2ブロックに対して組付けが複雑になるが、側面からの給液対応が取りやすく、反対の側面から液を排出できるため、マニホールド内の滞留を排除させることが比較的容易となる。

ダイの給液口は中央部、又は端部の1か所で行われることが一般的である。吐出の均一性や内部構造の検討からどちらかが選定されるが、2ブロックタイプは中央部、4ブロックタイプは端部より供給しやすい構造となっている。

ダイのスリット部は流体の等分布な流れに必要な一定の長さの平行面で形成されており、流量の均一性や良好な塗布面を得るため、高い平面精度と平滑性が求められる。通常このスリット部は、対応する高度な工作機械とそれを扱う生産技術により達成される。この部分は手仕上げを行うことが過去には一般的であったが、工作機械の加工精度と機能の向上により、現在では機械加工仕上げを最終として精度を保つことが可能となっている。ダイの構造としてスリットの隙間を幅方向で可変可能な方法も多数考案されている。この場合は塗工運転中に幅方向で流体の流量（＝塗布膜厚さ）を変更させることが可能となる。ただし、実際のスリット隙間が変更されるため、定常状態を保持することが困難でもあり、条件毎の調整が必要になることから、オペレーションとしては煩雑になる。

ダイコーティングでは図3のように前述のシムの形状を工夫し、スリットを遮蔽し、中抜き部を作り、幅方向の一部に連続的に未塗工部を作る、いわゆるストライプ塗工を簡単に行うことができる。

その他に、ダイでは給液部に流路切り替えのバルブを取付けて、ダイへの吐出を一時的に止めて流れ方向の一部に未塗工部を形成する、間欠塗布も可能となる。ただし、間欠塗布で得られるパターンは、塗布液の特性によって塗布膜の厚み偏差や塗布中断時の尾引きを発生させることがあり、良好なパターンを得

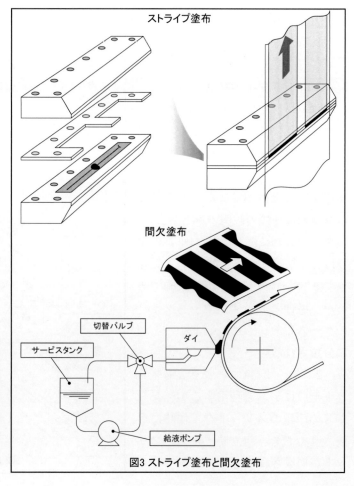

図3 ストライプ塗布と間欠塗布

ストライプ塗布

間欠塗布

切替バルブ

ダイ

サービスタンク

給液ポンプ

るためには塗布液の性状が適合するかどうかも確認が必要となる。

4、各種ダイ塗布方法

　スロットダイでは、流体の物性や目指すべき塗布厚み、生産速度、使用基材等により、ダイの形態、仕様を変えて適合させる必要がある。特にウェブと言われる巻物状の基材を連続的に処理する、ROLL to ROLL の方式では極めて広い仕様と条件の中で、多種の製品が生産されるため、塗布方式の選定は重要となる。本章ではそれらの塗布方式で一般的に取り扱われているコーティングダイについて解説する。

　スロットダイは流体が供給タンクからベースに塗布されるまでは、流体が外気にさらされることが無いため、密閉系のコーターとして分類される。またポンプ等の定量性を持った給液系を持ち、塗布前に塗液の計量が行われることから、完全な前計量型のコーターとしても分類される。

　ウェットコーティングにおけるコーティングダイは前述の基本型に対し、塗布仕様、流体の物性により接液形態、ダイリップ形状を対応させる必要があり、これにより各種のダイ方式が存在すると共に、汎用性を高めていると言える。

　ここでは ROLL to ROLL のダイの説明が中心となるが、大別すると、バックアップロールを持つダイか持たないダイか、ギャップ塗布かメニスカス塗布か、塗液供給系が強制的に行うか自然で行くか、という分類となる。体系としては図4のようなイメージとなる。

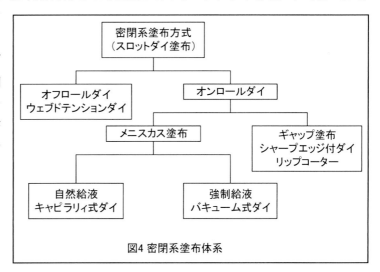

図4 密閉系塗布体系

●オンロールダイ（ギャップ塗布・メニスカス塗布）

　図 5 はオンロールダイの一般的な塗布のイメージである。バックアップロールはバックロールとも言い、安定した基材と接液状態の保持、ダイと基材との適正な位置関係の保持を含めて、極めて重要な役割を持つ。そのため、通常、ロールの表面粗さや振れ等の機械的精度は非常に高いレベルで工作され、塗工装置に組付けられる。また回転精度も製品に応じて高精度、安定走行が求められることから、角速度変動の少ない駆動系を持った装置の設計と構造が必要になる。

　ダイについてもバックア

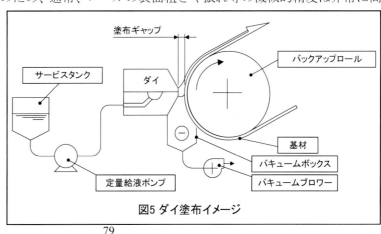

図5 ダイ塗布イメージ

ップロールに対して高精度且つ微調整可能な移動機構により、精密な塗布ギャップ設定と保持を可能とする機構を有する。

　また、オンロール方式ではダイの上流側に空気同伴抑止と塗布ビード安定化のため、バキュームボックスを持つ場合もある。

　ダイ塗布には後述する特殊な方式を除いて、送液のための定量性を持った給液ポンプが必要となる。定量ポンプにも複数の方式があり、流体の特性と流量に応じて、条件に見合った方式を選定する必要がある。

　オンロールダイの塗布では、安定した塗布面を確保するため、大きく分けて2つの塗布モードにより操作される。1つはギャップ塗布であり、これはシェア塗工とも言う。もう一つはメニスカス塗布で、こちらは非シェア塗工となる。

　ギャップ塗布はダイ先端リップとバックアップを受けた基材間のギャップによりせん断を与えて、ダイ下流側接液部の塗布液と空気の境界を安定化させることにより、平滑性を高めて塗布する方法である。ギャップを適切に設定することで、空間の圧力の高まりにより、上流側の基材側接液部の空気同伴も抑止することでも塗布の安定化をはかることができる。ギャップ塗布ではダイリップ先端と基材の隙間＝Hと塗布量＝t の関係を H／t として表現した場合、おおよそ 2 未満となる。したがって、Wet での塗布量が少なくなると、必然的に実質の塗布ギャップも狭くなり、ダイやロールの機械的精度や基材側安定性の影響で塗布ギャップの限界に達して、塗布液にせん断を与えられない場合に、平滑な塗布面を保持できず、薄膜化の限界となる。

　ギャップ塗布モードでは上流側の負圧の効果は少なく、負圧により H／t を若干大きくする効果を持つ場合もあるが、無くても塗布は可能である。また塗布面の安定化をはかる目的で、ダイリップ先端形状は、ダイ下流側接触点における塗布液と大気の境界を安定させるような形状を考慮しておくことも有効である。具体的には図 6 中のシャープエッジのような形状により、塗布液がダイリップからより均一に圧力開放ができるように、鋭角な形状とすることが効果的であると考えられる。

　ギャップ塗布の場合、幅方向の塗布プロファイルはダイ吐出精度だけでなく、塗布ギャップの隙間精度に関係するため、ダイリップ精度、バックアップロール精度、基材精度に影響を受けることとなる。特にギャップが狭い場合には大きく影響を受けるため、機械製作精度をいかに高めるかが重要となる。

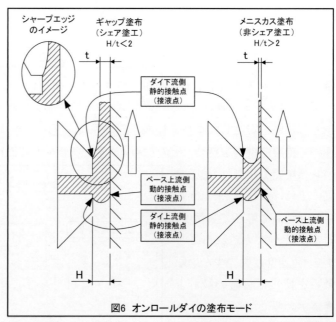

図6 オンロールダイの塗布モード

　一方、メニスカス塗布は塗布ギャップが実際の Wet 厚みに対して、H／t が 2 以上になる塗布

モードとなる。通常、H／tが2以上で塗布した場合、上流動的接液点において基材の空気同伴の影響で、上流側のメニスカスが安定せず、気泡巻き込み、筋引きなどの塗布欠陥となる。その状態で上流側に設置されたバキュームボックスにより、負圧をかけることにより、空気同伴を抑止し、結果的に吐出部の塗布液が先端リップ上でつながり、安定した塗布面を得ることができる。負圧が強すぎると塗布液がダイ上流側に引き込まれ塗布ができなくなるため、塗布面が形成できない場合は塗布限界となる。

　負圧条件は塗布速度、塗布液粘度、塗布ギャップにより合わせ込みが必要であり、塗布条件に応じた適切な吸引力を設定して安定化させて塗布を行う。多種の塗布液において、適正な吸引圧力を単純に数値で示すことは難しいが、各条件における塗布速度、塗布粘度、塗布ギャップ、吸引圧力の関係は図7のようになる。関係図は便宜的に一次式様にしているが、必ずしも一次式ではなく、単なるイメージとして描写したものである。

　メニスカス塗布はWetの塗布厚みに比べて、ギャップ塗布よりも広いギャップで塗布可能であり、バックロールやダイ刃先精度の影響を受けにくい方式である。ただし、塗布液の流動特性や各種条件により、塗布可能限界が変化するため、扱う塗布液により条件を見出す必要があり、場合によりメニスカス塗布のモードに適合しないことがある。これらの塗布適正を判断するためには実際の塗工確認が必要となる。

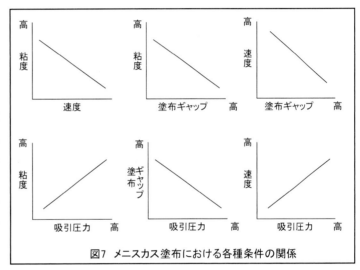

図7　メニスカス塗布における各種条件の関係

●オフロールダイ
　次に直接的なバックアップロールを持たない、オフロールダイ方式のイメージを図8に示す。

　オフロールダイは、フリースパンダイ、テンションドウェブダイ、ウェブテンションダイ等様々な呼び名があり、一定化していないが、基本的には支持ロール間のフリーの基材に向かってダイが押し付けられ、基材の張力、走行速度とダイの押し付けのバランスで塗布を行う方式である。この方式では基材の材質や張力、塗布厚みや塗布速度、塗

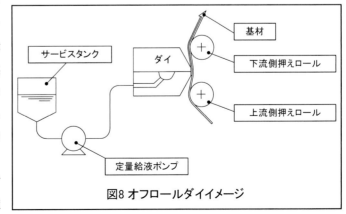

図8 オフロールダイイメージ

布液の粘度に条件の制約を受けるため、安定した塗布を行うためには、それらの塗布パラメータを適合させる必要がある。それ以外にダイリップ形状にも塗布安定性が大きく影響するため、塗布液に応じたダイの設計、製作が必要とされる。そのため方式としての使用範囲は広いものの、オンロールダイに比べると条件的にピンポイントでの使用となることから、その意味では汎用性が高い方式とは言えない。

　オフロールダイではバックアップロールが無いことから、基材切れのリスクが少なく、ダイを基材直近まで接近させて塗布する方式であり、特に Wet での薄膜化を行う場合に有効となる。ただしバックアップロールが無いことで、塗布部の基材安定性がオンロール方式よりも低下するため、基材側の不具合要因が塗工不安定性と直結することから、使用する基材も制限される。

　上流側からの空気同伴は基材張力、主には上流側の押えロール位置により抑止することで良好な塗布面を得ることができるが、塗布速度が速くなるか、塗布液の粘度が高くなる場合に、空気同伴を抑止できず、塗布厚みの規制も不可能となり、安定した塗布面が得られず塗布限界に達する。

　また、塗布液粘度が低く、ダイリップ先端部で塗布液が保持できない場合や、基材剛性が高い場合では、下流側に液を持ち込めずに塗布膜ならず、これも塗布限界に達するケースとなる。

　弊社が保有しているオフロールダイでは、ダイリップ部が曲率を持ったリップ形状となっており、ダイ下流側パスラインは、基本的にその接線方向をほぼ基準位置として塗布される。その場合のオフロールダイの塗布イメージは図9のようになる。

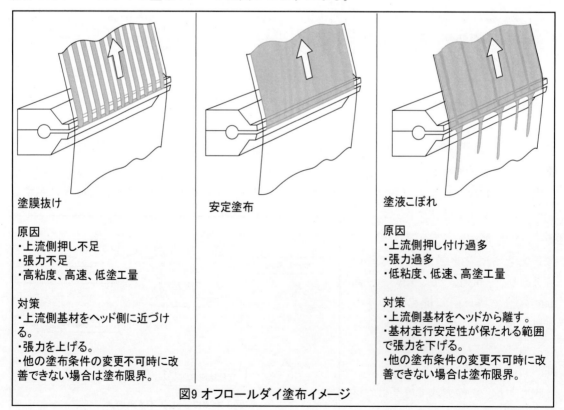

塗膜抜け

原因
・上流側押し不足
・張力不足
・高粘度、高速、低塗工量

対策
・上流側基材をヘッド側に近づける。
・張力を上げる。
・他の塗布条件の変更不可時に改善できない場合は塗布限界。

安定塗布

塗液こぼれ

原因
・上流側押し付け過多
・張力過多
・低粘度、低速、高塗工量

対策
・上流側基材をヘッドから離す。
・基材走行安定性が保たれる範囲で張力を下げる。
・他の塗布条件の変更不可時に改善できない場合は塗布限界。

図9 オフロールダイ塗布イメージ

繰り返しになるが、オフロールダイでは基材側の平面性が塗布の幅方向プロファイルに大きく影響するため、走行張力の上昇による基材側平面性向上が望めない場合は、高精度の塗布を確保することが難しくなる。また前述したように塗布パラメータのバランスが必要であり、広い範囲で良好な塗布条件を得られる方式ではないため、パラメータのマッチングを図ることが重要である。

●キャピラリィ式ダイ

　キャピラリィ方式は毛細管現象を給液として利用するダイ塗布方式である。通常ダイコーターは塗布量を規定するための給液装置を持つが、本方式は図10のようにダイのスリットから液を自然に持ち上げて、その持ち上げ量と走行速度をバランスさせて塗布を行うものである。

　液供給に自然の力を利用する方式であることから、使用する塗液や塗布速度、塗布量が制限され、汎用性の低い、製品の生産への適合が難しい方式である。ただし少量の塗布液で高精度塗布が可能であり、試験設備や特定の高付加価値製品のみに利用されるケースが多い。

　前述のように非常に制約事項が多い塗布方法になるため、再現性等を確保するための塗布傾向は使用する塗布液により条件をつかむ必要があるが、一般的には図11のような傾向がある。

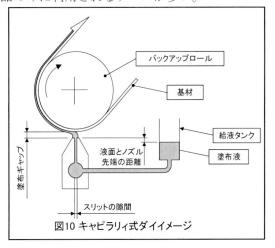

図10 キャピラリィ式ダイイメージ

　塗布速度が速いほど塗布膜厚が厚くなる傾向があるが、それほど早くない塗布速度で給液が追いつかなくなり、やがて膜切れにより塗布限界となる。早くない塗布速度というのは塗布液の粘度により変化するが、通常は10m/minを超えることは少ない。

　以上のように塗布膜厚が速度やスリット条件により変化するため、目的とする厚みが成行きで、経験的に目標厚みを達成する必要があるため、前述の通り汎用性の低い塗布方法となっている。

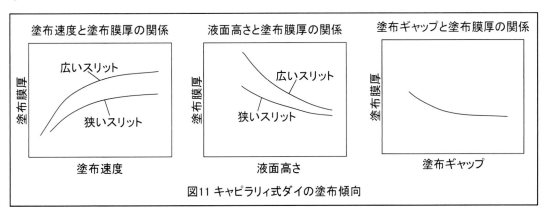

図11 キャピラリィ式ダイの塗布傾向

● その他のダイ方式

　前述以外の塗布ダイとして、ス
ライドダイとカーテンフローダ
イが良く知られているが、筆者の
知見が少ないため、本稿で詳細は
記載しない。これらの方式は高度
な操作性が要求されると同時に、
塗布液とのマッチングが重要で
あるが、多層コートや高速塗布に
優位性があり、塗布液の特性が合
えば、生産性の向上がはかれる方

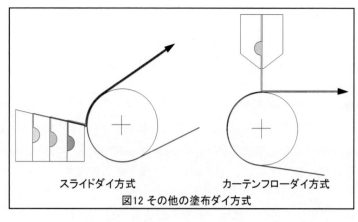

スライドダイ方式　　　　カーテンフローダイ方式
図12 その他の塗布ダイ方式

式である。図12にイメージのみ添付する。

● リップコーター

　リップコーターは厳密にはダイコーターではないが、類似の密閉系コーターであり、弊社が
取り扱うオリジナル商品でもあり、本稿でも紹介させて頂く。

　リップコーターは図13のようにイメージと
してはダイ方式と同様の形態を持っているが、
スリットからの均一な吐出は必要とせず、バ
ックアップロールとリップ先端部とのギャッ
プにより幅方向の均一性を確保する方式とな
る。その意味では前述のシェア塗布のダイと
塗工モードは近い。ただしリップコーターは
バックアップロールに対して直下に位置し、
リップダイが筐体と連結しており、ダイのよ
うに取外しを行わないため、バックアップロ
ールとの位置関係は維持されるとともに、リ
ップ中央部をベンドさせることにより、塗布
中に中央部の厚みを増減させて、幅方向のプ
ロファイルを均一化させることが可能となっ
ている。

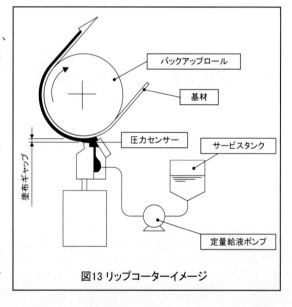

図13 リップコーターイメージ

　また、基材に対向する接液部が一般のダイと違い、非常に大きな容積を持ち、その内部圧力を
監視し、圧力が一定となるようにギャップを自動的に調整できるシステムが備わっている。この
制御により、基材とリップ間のギャップの絶対値が常に一定となるため、ダイのように高精度で
ギャップを管理せずとも、塗布ギャップが決定され、連続塗布安定性の確保も容易である。

　リップは扱う塗布液や塗布厚みの範囲が広いが、ダイのように流動特性による計算を個々にす
ることはなく、内部形状も基本的に塗布条件による変更は行わないため、非常に汎用性の高い方

式となっている。

5、スロットダイの塗布特性

　4章で紹介した各種ダイは各々が万能ではなく、塗布条件のある範囲に適用するものであり、条件が変化することにより、それに対応する方式を選択する必要がある。本章では、各々のダイの適応条件を紹介する。

　事項の図14は各種ダイの塗工条件マップイメージであるが、本図は目安程度の指標ということをお断りしておく。各々のダイ方式の線内が大体の塗布可能範囲となる。

　各ダイ方式個々では全体的なカバーはできないが、各ダイが範囲を補完しながら、ダイ全体としては汎用性を持たせていると言える。

　範囲外のところはダイの塗布限界となるが、ダイ以外の塗布方式で可能な場合もあるため、ダイにこだわらず他の塗布方式も選択肢に入れておくべきである。

　粘度と塗布厚みのマップで見ると、低粘度厚膜塗布と高粘度薄膜塗布がどのダイ方式でも適応外となっているが、低粘度厚膜塗布は膜化した瞬間から塗布膜が保持できず塗布不可となり、高粘度薄膜塗布は高粘度時に薄膜化させることが、ギャップ塗布でもメニスカス塗布でも難しく、またオフロールダイでも塗布液を押しつぶして空気同伴を抑えることが難しくなるために対応が難しくなる。本マップを基として、各々のダイについての塗布特性を説明する。なお、各方式について数値的な範囲を示すが、各条件が Max.－Min. の範囲での提示となっており、実際には塗布液などの材料条件や塗布条件により制約を受けることもお断りしておく。また粘度や塗布厚み等の特性を便宜上、低、中、高といった記述としており、感覚的な表現となっているところは、併記している数値と塗工マップ、後に示す塗工特性表と合わせてイメージしてい

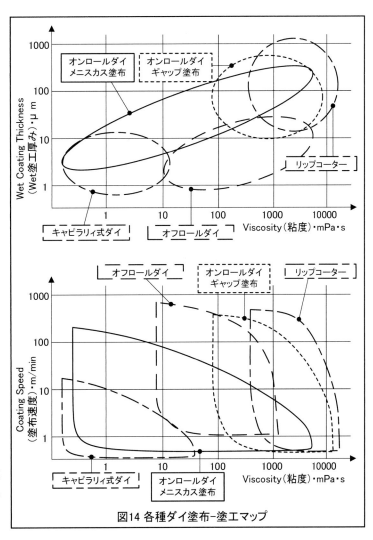

図14 各種ダイ塗布–塗工マップ

85

ただきたい。

●オンロールダイ・ギャップ塗布

比較的厚い塗布膜側で、中高粘度の塗布特性の範囲で使用される。薄膜塗布の限界としては塗布ギャップを狭くできるかによるが、装置精度や塗布幅、材料条件、運転条件によって変化する。薄い膜厚としては安定塗布を行うためには Wet で 15μm～20μm 程度が限界と考えられる。また厚膜についてはギャップが広げられれば、塗布厚みを厚くすることは可能であるが、塗布液の粘度との関係で塗布後の液膜の保持や液垂れが発生する場合は塗布限界に達する。塗布膜の最大厚みとしては Wet で 500～1000μm 程度の塗布量となる。

塗布速度は超低速～比較的高速まで対応可能であり、塗布厚みと粘度に影響するものの、1 以下～200m/min 程度に適応する。

●オンロールダイ・メニスカス塗布

比較的広範囲の塗布膜形成が可能であるが、特に 100mPa·sec 以下の低粘度、Wet20μm 以下の低膜厚側で適応する。塗布量としては Wet で 5～200μm 程度の範囲で適応するが、塗布液粘度に大きく依存し、薄膜側は低粘度、厚膜側は高粘度側で達成される。塗布速度も液特性に依存するが、通常は低速側から中速度領域の 1 以下～150m/min 程度となる。条件が適合すれば慣性の領域での塗布も可能であり、100～数千 mPa·sec の中高粘度域で Wet10～20μm 程度の薄膜を比較的高速で塗布できる場合があるが、安定運転条件を見出すことが難しく、この領域における生産運転の適応例は少ない。

●オフロールダイ

Wet 膜厚では 1～30μm 程度、塗布速度では 5～500m/min 程度の低塗布量、中高速度領域に適応する特性を持つ。低粘度領域では塗布速度 20m/min 程度以上で安定領域となり、低速領域では塗布がやや不安定となる。低粘度側が優位な塗布方式だが、数十 mPa·sec 以下の低粘度領域では、基材の剛性が高い場合に、塗液の反発力が少なくなり、バランスが保持できず塗布不良となる。逆に 1000mPa·sec 程度の高粘度領域では基材が塗液の反発力に勝てず、薄膜化が不可となるか、塗工不良となる。

●キャピラリィ式ダイ

低粘度、低塗布膜厚、低速度の領域でのみ利用できる方式である。塗布厚みは前述のように成行きであり、Wet で 1 以下～20μm 程度の範囲となる。塗布速度は 0.1 以下～10m/min 程度の範囲となる。粘度的には低い領域しか適応しておらず、30mPa·sec 程度以上では塗布が不可となる。いずれにしても塗布条件、材料条件に制約を受けるため、経験的に塗布領域を見出す必要がある。

●リップコーター

中高粘度の塗液を中厚膜の範囲で適用可能な方式である。塗布膜厚は塗布幅にも影響するが薄

い方で Wet20μm 前後となる。また長い接液長と接液部の高い密閉度のため、極度の薄膜化は基材の破断等の可能性が高くなり、走行安定性を損なうため適応しない。したがって塗布ギャップをどこまで狭くできるかが塗布限界となるが、オンロールダイよりもギャップを狭くすることに対してリスクが高い。厚い塗布膜側は高粘度であれば 1000μm 程度でも形成可能である。限界塗布速度は 1 以下～500m/min 程度の範囲で使用される。

なお表1にダイ方式の塗布特性を他の代表的な方式も参考に併記してまとめたものを示す。

表1　各種塗布方式の塗工特性

塗布方式	塗布厚み範囲 μm（Wet）	塗布速度範囲 m/min	塗液粘度範囲 mPa・sec
オンロールダイ・ギャップ塗布	15～1000	1以下～200	100～20000
オンロールダイ・メニスカス塗布	5～200	1以下～150	1以下～5000
オフロールダイ	1～30	1～1000	10～5000
キャピラリィダイ	1以下～20	0.1以下～10	1以下～30
リップコーター	20～1000	1以下～500	100～50000
コンマダイレクト	20～1000	1以下～100	500～500000
グラビアダイレクト	1～100	5～300	1以下～500
キスリバースグラビア	1～50	1～100	1以下～300
3本リバースコーター	20～500	1～200	1～1000

6、終わりに

　今回記載したスロットダイを含む塗布技術は古くから広く産業界で活用されており、現在も各種材料の製造現場で多く利用されている。ただしそれらの塗布技術は製品に適合した固有の形状や仕様、操作勝手が要求されることから、統合的に知見を得ることが難しい面もあったことは事実である。しかしながら昨今はダイ塗布も汎用性が高まり、コンピュータ解析や設計手法、製造技術の向上、製造現場での取り扱い数の増加に伴い、分野を問わず産業界で一般的な技術に落とし込むことにある程度は成功したと言える。その意味では装置メーカーの立場からも、今後もより広く技術を活用できるように機能的向上をはかると同時に、基礎的、応用的な知見を蓄積して、引き続き産業界への貢献を目指していく所存である。

第8章　グラビア塗布の概要およびプロセス管理

三浦　秀宣

（富士機械工業株式会社）

1. はじめに

1.1 ロール塗布

　塗布プロセスは、一般的に前計量塗布と自己計量（後計量とも言う）塗布に大別される。前計量塗布の代表例はスロットダイ塗布であり、予めポンプ流量等で計量された塗布液をダイに加工されたスリットより基材へ塗布する。この方式は、塗布直前まで塗布液が大気に触れることがなく、異物の混入や濃度変化を防止することが出来るため、様々な製品に適用されている。対して自己計量塗布の代表例としてはロール塗布が挙げられる。

　ロール塗布の最も単純な構成は2本のロールを用いたものであり、アプリケーションロールによりピックアップされた塗布液を、バックアップロールを用いて基材に転写させる（図1）。ここで、バックアップロールは用途に応じ順回転（フォワードロール塗布、図1(a)）または逆回転（リバースロール塗布、図1(b)）で用いられ、塗布膜厚は2本のロール間のギャップ、および速度比により調整される。最も単純な例として2本のロールが同じ速度のフォワードロール塗布において$(U_1 = U_2)$、塗布膜厚 T_2 は $T_2 = T_1 = H_0/2$ で表される（図1(c)）。尚、実プロセスにおいては2本以上のロールを用いることが多く、我々の実績としては、フォワードの場合は5本ロール、リバースの場合は3本ロールの実績が多い。

1.2 グラビア塗布

　グラビア塗布はこのロール塗布の一種であり、自己計量塗布であるにもかかわらず、近年でも広く適用される塗布方式であり、ロール表面にセルと呼ばれる窪みと土手と呼ばれる平坦部を有するグラビアロールを用いる塗布方式であり、セル内に塗布液を過剰充填する「充填プロセス」、余剰塗布液をドクターブレードと呼ばれるブレードで掻き取る「ドクタリングプロセス」、

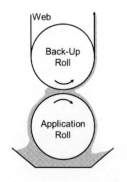

図1(a) フォワードロール

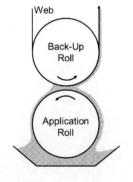

図1(b) リバースロール

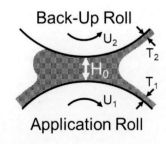

図1(c) フォワードロールの
　　　　液別れモデル

図1 ロール塗布概略図

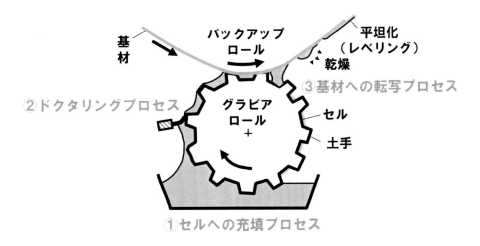

図 2 グラビア塗布プロセス概略図

セルをプラスチックフィルム、紙、金属箔等の基材へ接触させる「転写プロセス」、以上三つの
プロセスを繰り返すことで基材への塗布を可能とする（図2）。

　この方式は上述した一般的なロール塗布とは異なり、ロール間にギャップを設定せず基材をグ
ラビアロールへ接触させて塗布することが特徴的である。ロール塗布の場合、ロールそのものの
精度や回転させるためのベアリング精度、およびギャップ測定の技術的ハードルが高いため薄膜
塗布は困難である。対してグラビア塗布の場合、グラビアセルがギャップの代わりとなるため、
微細なセルを設けることで、ギャップ設定が困難な1μm以下の塗布膜厚も達成可能である。以
上の理由によりグラビア塗布は主に1μm以下から数十μm前半の薄膜塗布を達成する技術とし
て工業的に広く用いられている。尚、このプロセスにおける膜厚は、土手が存在するためにギャ
ップ≒セル深さでは無く、セルの容積で設定することが一般的である。

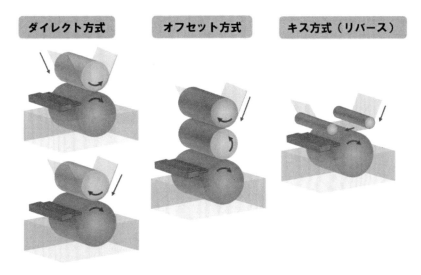

図 3 基材接触方式（ダイレクト、オフセット、キス）

2. 装置構成

　グラビア塗布の塗布方式、言い換えるとグラビアロールへの基材の接触方法としては、ゴム製のバックアップロールを介し基材をグラビアロールへ押し付ける「ダイレクト方式」、ゴムロールへ一旦塗布液を転写させた後、金属ロールを介して基材を接触させる「オフセット方式」、さらには2本のガイドロール間に保持された空中の基材をグラビアロールへキスタッチさせる「キス方式」の三つがある。これらは、グラビアロールと基材走行方向を逆にしたリバース方式で用いる場合も多く、キス方式に限っては一般的にリバースのみで使用される（図3）。

2.1 主要部材

　グラビア塗布における主要部材としては、全てのプロセスに関係するグラビアロールとドクタリングプロセスにて用いるドクターブレードが挙げられる。グラビアロール表面に形成されるセルはハニカムを代表とする穴形状と、45度斜線を代表とする溝形状の二つに大別され、セルの形成には、金属表面に対し、刃物により打刻する電子彫刻、ミルにより転造するローレット彫刻、レーザーによる描画後に腐食させることでセルを形成するレーザー製版、さらに、ロール表面に溶射したセラミック被膜へのレーザーを用いた直接彫刻、等の方式が用いられる。次に、ドクターブレードはプロセスや塗布液性状に応じ、厚みや刃先形状が選定される。以上については、本稿より以前の「最近の化学工学60」にて紹介しているため詳細はこちらを参照願う。

2.2 セラミックへのグラフィックレーザー彫刻技術

　上述した主要部材については、残念ながら大きな進歩はしていないと言える状況にあるが、近年新たに開発されたセラミック被膜へのグラフィックレーザー彫刻技術について紹介する。金属表面へ彫刻するグラビアロールは一般的に柔らかく加工が容易な銅メッキ被膜上へセルが形成され、その後ドクターブレードによる傷を防止するため約 10 μm の硬質クロムメッキが施される。対してセラミック製のグラビアロールは、溶射被膜自体へ彫刻され、セル自体がセラミックとなるため、金属部材を嫌う電池部材や硬質粒子が分散されたスラリーを用いるプロセスに近年採用されるケースが多くなっている。

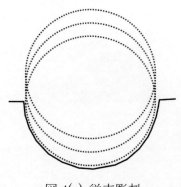 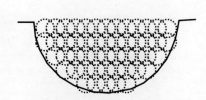

図4(a) 従来彫刻　　　　　　図4(b) グラフィック彫刻
図4 セラミック被膜へのレーザー彫刻技術の比較

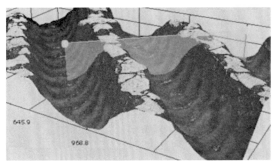
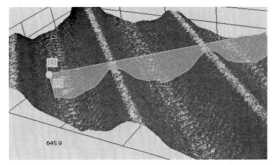

図 5(a) 従来彫刻セル写真　　　　　図 5(b) グラフィック彫刻セル写真

図 5　斜線グラビアセル形状比較（55 Lines/inch）

　しかし、従来のレーザー彫刻は一つのセルを一本のレーザー光で形成するため、レーザーにより蒸発しきれなかったセラミックが再溶着することで、金属表面への彫刻技術により形成されたセルと比較すると土手が太くなり、塗布外観が劣るという欠点があった。対してグラフィック彫刻はセル形状を画像化し一つのセルをセルの幅方向と深さ方向それぞれに細分化してレーザー彫刻することが可能となっているために土手が細く、セル内表面も滑らかにすることが可能となっている。

　図 4 に従来彫刻とグラフィック彫刻の概略図を示す。ここで破線の丸がレーザー光を示している。従来彫刻ではセル一つを一本のレーザーで形成し、深さ方向には 1〜3 回の照射にて彫刻しセルを形成する（図 4(a)）。グラフィック彫刻ではセルの任意の解像度の画像を描画し、深さ方向に画像の階調を設けることでセルの幅方向深さ方向それぞれにおいて任意の回数でレーザーを照射することでセルを形成することが可能となる（図 4(b)）。

　それぞれの方式にて形成された、55 Lines/inch、45 度斜線セルの形状比較写真を図 5 に示す。写真を比較すると、土手幅、土手の真直度、およびセル内部の平滑性に大きな差があることがわかる。特に土手幅に関してはグラフィック彫刻の方が半分以下となっており、本来不要である土手の領域で塗布液が繋がる必要があることを考えるとこれらの差が非常に大きいことは容易に理解できる。また、セル内部表面の平滑性に関し、塗布液の流動性が向上することにより、泡の抜けが良くなるという結果も示唆されている。さらに、本技術は画像を入力することが可能であるため、硬質な金属粒子が分散したスラリーを用いたパターン塗布にも適用が可能となる今後に期待される技術であると言える。

3.　塗布膜厚の管理技術

　プロセスにおいて塗布膜厚を管理することが重要であることは言うまでもない。グラビア塗布においては、塗布膜厚をグラビアセル容積と塗布膜体積の比である転写率で表現することが多いが、従来我々の経験的な実績として同じ仕様のグラビアロールを用いても、塗布液や加工条件により転写率が一定とならない問題を抱えていた。既往の研究においても種々の実験的、理論的検討が行われているにも関わらず、それぞれの報告により大きな差がある。ここで、キャピラ

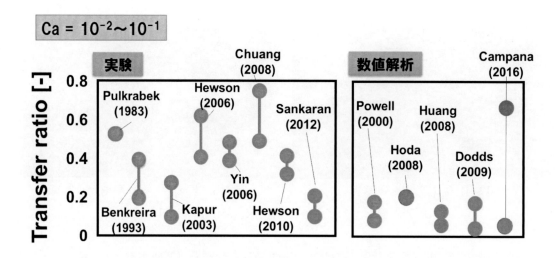

図 6 既往の研究における転写率報告例の比較

リ数 Ca = 10^{-2} ～ 10^{-1} の場合における既往の研究[3-15]毎の転写率の測定結果を抽出し、それらの比較を行った結果を図 6 に示す。ここでキャピラリ数とは Ca = $\mu U/\sigma$ で表される無次元数であり、粘性力と表面張力の比である（μ: 粘度 [Pa·s]、U: 速度 [m/s]、σ: 表面張力 [N/m]）。図 6 より、Ca がほぼ同一であるにも関わらず、文献によって転写率の報告値は 0.05 ～ 0.8 と 1 桁以上の相違が存在することがわかる。我々は、これらの相違の原因をドクタリング後のグラビアセル上へ保持される塗布液の状態が異なるためではないかと考えた。理由としては、実験的検討の報告においてはドクタリング装置やドクタリングプロセスの評価に関する説明が少ないこと、理論的検討においては、セル内へすり切り状に液が満たされている状態、つまり土手上へ液が存在しない状態から計算が開始されているためである。

　そこで我々は、ドクタリングプロセス後にグラビアロール表面に残留する液膜の状態に焦点を当て、液膜形成条件およびそれが後に続く転写プロセスに与える影響を明らかにすることで、塗布膜厚の管理を定量的に行うことを目的とし検討を行ってきた[16]。

3.1 グラビアロール表面液膜の直接計測

　ドクタリング後のグラビアロール表面に形成される液膜を計測するために用いた実験装置の概略図を図 7 に示す。グラビアロールにはローレット彫刻された 70 Lines/inch の 45 度 V 溝斜線型セルのロールを用い、回転速度を 1～50 m/min で変化させた。ドクターブレードは SUS420 製であり、先端厚みが 0.085 mm および 0.3 mm の 2 種を用いた。ドクタリング装置には密閉型のチャンバードクタを用い、チュービングポンプにて塗布液を供給した。

　グラビアロール表面に形成される液膜の測定には共焦点レーザー変位計（Keyence 製、LT-9010M および LT-9500SO）を用い、ロール表面に沿った方向（X 軸方向）と液膜厚み方向（Z 軸方向）の 2 軸同時スキャンを行うことで、グラビアセル内の液面形状を直接計測した。尚、

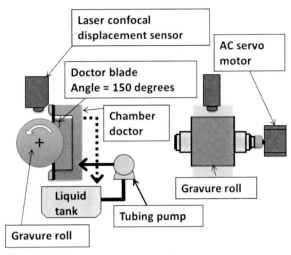

図 7 実験装置概略図

測定の際、グラビアロールの回転による乱反射の影響を無くすため、AC サーボモータを用いグラビアロールを急停止させた後に測定を行っている点も本計測の特徴的な所である。

　塗布液にはポリエチレングリコール（以下 PEG（和光純薬工業製、Mw = 7300 ~9300））水溶液を用い、水溶液濃度は 20, 35, 50 wt% の 3 種類とした。表 1 に異なる濃度の塗布液の粘度と表面張力の 25℃における値を示す。前者は、コーンプレート型レオメータ（Anton Paar 製、MCR-302）で、後者は懸滴法（協和界面化学製、DM500）でそれぞれ測定した結果である。これらの水溶液は、剪断速度 10^{-1}~10^4 s^{-1} の範囲において一定の粘度を示すニュートン流体である。

表 1　塗布液物性

Concentration [wt%]	Viscosity [mPa·s]		Surface tension [mN/m]
	Average	Uncertainty	
20	18	±1	58
35	83	±4	55
50	345	±25	50

3.2 結果と考察

　図 8 に、厚み 0.085mm のブレードを用いた場合の、異なるキャピラリ数（以下 $Ca_{gravure}$）におけるグラビアロール上の自由表面形状の測定結果を示す。ここで $Ca_{gravure}$ は $Ca_{gravure}$ = $\mu U_{gravure}/\sigma$ で表される無次元数であり、$U_{gravure}$ はグラビアロール速度である。図の横軸はロール回転に直交する方向の座標であり、図中の灰色部はドクターブレード下端面に平行なグラビアセルの断面形状を表している。図 8 より、$Ca_{gravure}$ が小さい場合には自由表面はグラビアロール表面より高い位置で平坦となり、全てのロール表面が液膜で覆われている過充填状態となっている。一方、$Ca_{gravure}$ の増加と共に自由表面位置はグラビアロール表面の土手と同じ高さとなり、

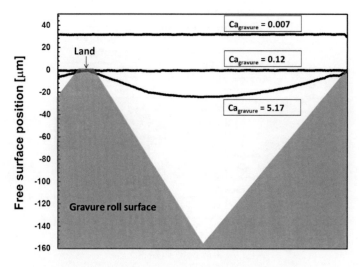

図 8 グラビアロール表面液膜形状測定結果

さらに $Ca_{gravure}$ が大きくなるとセル内に凹んだ自由表面が形成されることがわかる。高速回転するグラビアロール表面における液膜形状の遷移を計測することに成功したのは、我々の知る限り本検討が初めてである。

　濃度の異なる 3 種類の PEG 水溶液に対して、2 種類のドクターブレードを用いた場合のキャピラリ数（$Ca_{gravure}$）と自由表面位置の関係を図 9 に示す。ここで、自由表面位置はセル中央での測定値を表す。厚み 0.085 mm のブレードを用いた場合、測定した範囲で最も低速域に相当する $Ca_{gravure}=10^{-2}$ では最大約 30 μm の厚みをもつ液がグラビアロール表面を覆うが、その厚みは $Ca_{gravure}$ の増加と共に減少し、臨界キャピラリ数（$Ca_c \sim 10^{-1}$）にてほぼゼロとなる。さらに $Ca_{gravure}$ が大きくなると自由表面位置は単調に低下し、$Ca_{gravure} \sim 10^{1}$ では深さ約 30 μm の凹みと

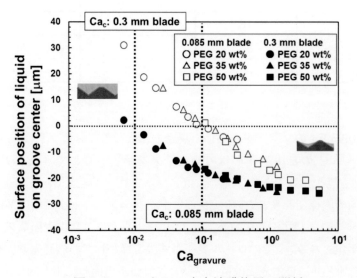

図 9 $Ca_{gravure}$ とセル中央液膜位置の関係

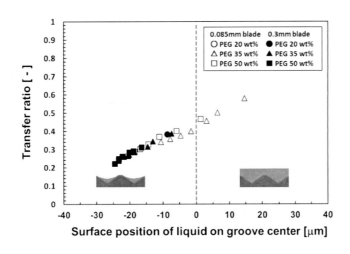

図10 グラビアロール表面の液面位置が転写率に与える影響

なった。ブレードを 0.3 mm と厚くした場合、全体の傾向は同じであるが Ca_c は約 10^{-2} へと低下し、ほぼ全てのキャピラリ数領域において自由表面位置は土手面位置よりも低く、セル内に凹んだ自由表面が観察された。キャピラリ数は流体に作用する表面張力に対する粘性力の比であるので、ブレード厚みが増加することでより強い粘性力が流体に働くことを意味する。また、それぞれのブレード厚みで測定された液面位置は塗布液の PEG 濃度すなわち液粘度に依らず $Ca_{gravure}$ に従う 1 本のマスターカーブで整理できることがわかる。これはある形状のセルに対してマスターカーブを予め実験的に得ておけば、与えられた液物性、塗布速度から液面位置を推定できることを意味しており、実用的にも有用な知見である。

　この結果の有用性を評価するため、グラビアロール表面液面位置の測定と同条件にて、液面位置と転写率の関係を調査した。実験結果を図 10 に示す。尚、転写実験はキスリバース方式により塗布を行い、グラビアロールと基材の速度は同じとし、転写率は塗布液タンク重量の減少量から塗布した重量を測定し塗布された体積とセルの容積の比より求めた（実験装置は次節と同様）。図 10 の横軸はセル中央における塗布液の自由表面位置であり、この値が負値の場合は凹み形状となる領域を、正値の場合は土手表面上を有限の厚みの液膜が覆う領域を表す。この結果より、自由表面形状とブレード厚みに関わらず、転写率は表面位置の関数としてほぼ一本の直線で表されること、転写率はセル内の液面形状が凹みとなる領域では 0.2~0.4 と低く、液膜がグラビアロール表面を覆う領域では 0.4~0.5 と高くなることがそれぞれわかる。グラビアロール表面上の液面位置と転写率の間には定量的な相関関係が存在していることは、ドクタリングプロセス後の液体表面状態が転写プロセスにおける転写率を決定していることを示唆している。

4. 塗布外観の管理技術

　塗布膜厚の管理と共に、塗布膜の外観を管理することも重要である。グラビア塗布における塗布欠陥は多岐にわたる（表 2）。これらの塗布欠陥は、流体力学的な不安定性から発現するリビ

表 2 グラビア塗布における欠陥

欠陥分類	状態	呼称	原因
縦方向のスジ （基材進行方向）	規則正しいスジ	縦筋・リビング	流体バランス
	ランダムスジ	ドクタースジ	ブレード汚染・摩耗
横方向のムラ （基材幅方向）	規則正しいムラ	横段	装置精度、送液脈動
	規則正しいムラ	さざ波・カスケード	流体バランス
凹凸 膜形成不良	液垂れ	垂れ・ドリッピング	重力
	幾何学模様	セル目・版目	レベリング不足
	ドット状	気泡・クレータ	泡・異物

ングおよびカスケード欠陥（表 2 の灰色部）、塗布部の流体力学的には安定であるが塗布後の重力やレベリング不足で発現する垂れやセル目、およびブレードのセッティングや装置の不良から生じるスジや横段の三つに分けられる。

　上述した流体力学的不安定性を原因とする欠陥は、セルを持たない一般的なロール塗布では、キャピラリ数が増加するとロールと基材間に形成される液架橋（以下、塗布ビード）が不安定となり安定な塗布膜が得られないことは実験的に広く知られている[17]。グラビア塗布においても同様であると想定されるが、グラビア塗布における研究報告はほとんど無く、我々としても体系的なデータが無い状態であったため、欠陥が形成する条件および均一な塗布膜が安定に得られる条件を調査することとした。複数の操作パラメータで整理した図は一般にコーティングウィンドウと呼ばれ、塗布条件を決定する上で有益な指針を与える物であるため、グラビア塗布におけるコーティングウィンドウを描くことを目的とした。

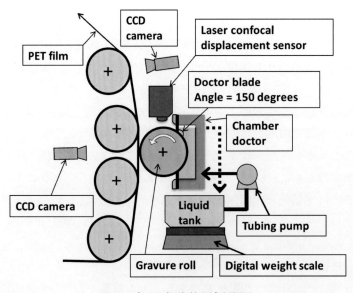

図 11 転写実験装置概略図

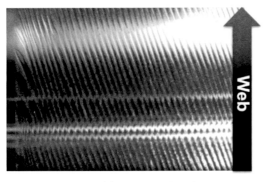

図 12(a) リビング欠陥

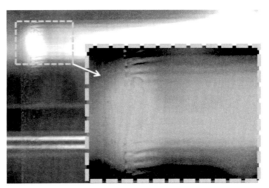

図 12(b) カスケード欠陥

図 12 流体力学的不安定性による欠陥写真

4.1 コーティングウィンドウの調査実験

図 11 に実験装置概略図を示す。前章と同様にグラビアロールには転造彫刻された V 溝斜線型グラビアを用い、回転速度 1~50 m/min において、3 種の濃度の PEG 水溶液を用い、$Ca_{gravure}$ を求めた。ドクタリング装置には密閉型のチャンバードクタを用い、ブレードにはステンレス製の先端厚みを変えた 3 種のブレードを使用した。塗布基材には、厚み 25 μm、幅 100 mm の PET フィルム（東レ製、T-60）を用い基材全幅にかける張力を 40 N とした。基材の速度(U_{web})は 0.1~50 m/min の範囲で変更し、基材速度基準のキャピラリ数（$Ca_{web} = \mu U_{web}/\sigma$）を算出した。また、塗布外観および塗布ビードを CCD カメラで観察した。

4.2 結果と考察

実験の結果、流体力学的不安定性によるリビングおよびカスケード欠陥が観察された。リビング欠陥の例としては、$Ca_{gravure} = 10^0$、$Ca_{web} = 10^{-1}$ の条件で確認された安定条件より Ca_{web} を増加させた場合に基材進行方向に対し若干傾いた筋状の欠陥が発生し、さらに基材が高速になると、ビード上流より空気が同伴されることが観察された（図 12(a)）。尚、筋状欠陥が回転方向に対し傾斜している理由は、V 溝斜線セルの回転による剪断力が作用する結果として、幅方向の流れが誘起されるためであると考えられる。次にカスケード欠陥は、安定条件から Ca_{web} を減少さ

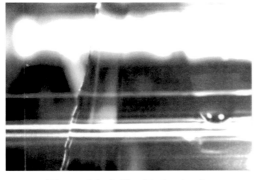

図 13 垂れ欠陥（Dripping）

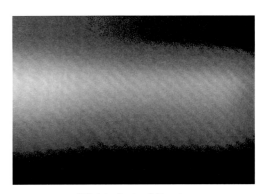

図 14 セルパターン

せた場合に観察された（図 12(b)）。この状態では塗布ビード上流部に均等な筋が発生し、塗布ビード下流部が上下に振動する様子が観察された。塗布ビードの流体力学的不安定性に因らない欠陥としては、$Ca_{gravure}$ および Ca_{web} が低い場合に液垂れ欠陥が（図 13）、$Ca_{gravure}$ および Ca_{web} が高い場合にはセルパターンが観察され（図 14）、さらに高 Ca では塗布ビードの液がほぼ無くなり塗布が不可能となる現象が観察された（以下ビード破壊）。

　以上を踏まえ、4 種のグラビアロール、2 種のドクターブレードを用いて観察を行った結果、図 15 に示されるコーティングウィンドウが得られた。調査の結果、流体力学的不安定性による欠陥が確認される領域はほぼ不変であるが、垂れ欠陥およびビード破壊が発生する領域がグラビアロールおよびブレードの仕様により異なることが確認された。例として 0.3mm 厚のブレードを用い、70 Lines/inch にて深さを変えたグラビアロールを用いた場合の比較を示す。図 15 の実線は深さ 158 μm、破線は 68 μm における垂れ欠陥とビード破壊の境界を示している。グラビアセルが深い場合、浅い場合と比較して垂れ欠陥が生じる境界が上にシフトしコーティングウィンドウが狭くなっていることがわかる。しかしビード破壊については境界が右へシフトしコーティングウィンドウが広くなっている。

　ここで、ドクタリング後のグラビアロール表面液膜を考えると、低 $Ca_{gravure}$、つまりグラビアロール表面に過剰な液が保持されている場合、塗布膜が厚いため重力による垂れが発生しやすくなり、高 $Ca_{gravure}$ ではドクタリング後のグラビアセル内に凹んだメニスカスが形成されるため、液量の不足によりビード破壊が生じたと考えられる。つまり、前章のドクタリングプロセスの評価は塗布膜外観の管理にも適用可能であると言える。

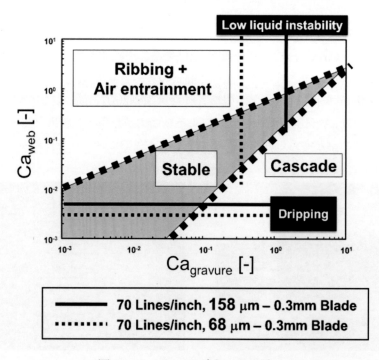

図 15　コーティングウィンドウ

5. おわりに

　グラビア塗布の概要、および管理手法について述べたが、本方式は自己計量型であることに加え、ブレードのセッティングやグラビアロールの品質管理に経験的な手法が求められることがあるため、敬遠されがちである点は理解している。しかし、乾燥前の塗布膜厚で 1μm 未満（我々の経験値としては最薄≒0.2 μm）という薄膜塗布性に優れた数少ない方式であり、本稿で紹介した密閉型のチャンバードクタの適用、ドクタリングプロセスの評価技術による塗布膜厚の予測、およびコーティングウィンドウの管理による生産条件の決定、以上を行うことでプロセスをより安定化出来ると考えている。今後もグラビア塗布技術の高性能化、安定化を達成すべく開発を行う所存である。

＜参考文献＞

1) D. J. Coyle; LIQUID FILM COATING, 12a, 539-571 (1997)

2) 三浦 秀宣; 最近の化学工学 60, (2009)

3) Pulkrabek, W. W. and J.D. Munter; Chemical Engineering Science, 38, 1309-1314 (1983)

4) Powell, C. A., M. D. Savage and P. H. Gaskell; Chemical Engineering Research & Design, 78, 61-67 (2000).

5) Yin, X. and S. Kumar; Chemical Engineering Science, 61, 1146-1156 (2006).

6) Hoda, N. and S. Kumar; Physics of Fluids, 20 (2008).

7) Dodds, S., M. D. Carvalho and S. Kumar; Physics of Fluids, 21 (2009).

8) Campana, D. M., S. Ubal, M. D. Giavedoni, F. A. Saita and M. S. Carvalho; Chemical Engineering Science, 149, 169-180 (2016).

9) Sankaran, A. K. and J. P. Rothstein; Journal of Non-Newtonian Fluid Mechanics, 175, 64-75 (2012).

10) Chuang, H. K., C. C. Lee and T. J. Liu; International Polymer Processing, 23, 216-222 (2008).

11) Huang, W. X., S. H. Lee, H. J. Sung, T. M. Lee and D. S. Kim; International Journal of Heat and Fluid Flow, 29, 1436-1446 (2008).

12) Benkreira, H. and R. Patel; Chemical Engineering Science, 48, 2329-2335 (1993).

13) Kapur, N.; Chemical Engineering Science, 58, 2875-2882 (2003).

14) Hewson, R. W., N. Kapur and P. H. Gaskell; Chemical Engineering Science, 61, 5487-5499 (2006).

15) Hewson, R. W., N. Kapur and P. H. Gaskell; Chemical Engineering Science, 65, 1311-1321 (2010).

16) H. Miura, M. Yamamura; Journal of Coatings Technology and Research, 12(5), 827-833 (2015)

17) Coyle, D. J., C. W. Macosko and L. E. Scriven; AIChE Journal, 36, 161-174 (1990).

第9章　電子線の産業利用

武井　太郎

（岩崎電気株式会社）

1．はじめに

　EB（Electron Beam：電子線）を利用した技術はコンバーティングの手段として広く認知されてきた．EBを利用したアプリケーションはコーティング，プラスチックフィルムの架橋といった主にコンバーティング，素材の二次加工の分野で利用されており，様々な産業分野においてEB独自の付加価値を与え，特徴のある製品生産に寄与している．本稿では塗布・塗工・乾燥にかかわるプロセスで利用されている「低エネルギー型」に分類されるEB装置の技術的な概要と，EBを利用した産業分野，応用例を概説する．またEBと同様の分野で利用されている紫外線（UV）と比較する．

2．低エネルギーEB装置の技術概要

　低エネルギーEB装置は電気的に電子線（EB）を発生し，加速する装置で，加速されたEBをエネルギー源として，フィルム・紙に印刷・塗工された塗膜を硬化する，あるいは基材フィルムを改質する目的で使用される．EBで硬化できるインキ・塗料はラジカル重合タイプのものであるが，これはUV硬化プロセスで利用されているものと同一の系統である．またフィルム素材の種類によっては，EBを照射しただけで物性の変化をもたらすことができ（架橋反応），フィルムの強度や耐熱性などを向上させることができる．印刷の硬化装置として，またフィルム・紙の二次加工向けの装置として多くの低エネルギー型EB装置が利用されている．

　EBは放射線の一種であるが，電気的にEBを発生させるため，電気を止めれば即座にEBも停止し，またEBが照射された対象物（製品）が放射能を帯びること（放射化）は全くない．EBの対象物（製品）への浸透深さは浅く（飛程が短く），製品の表層付近にとどまり，かつその範囲においては高線量率，つまりエネルギーを多く与えることができる．EBは幅を持ったビームとして発生できるので，大面積を高速で処理するのに適している．これが印刷やコンバーティングなどの産業利用に適した装置である理由である．

　工業的に利用されているEBは表1のように加速電圧により「高エネルギー」，「中エネルギー」，「低エネルギー」と区別される場合が多い．どのタイプでも産業で利用される装置は，基本的に真空中で電子を加速する．加速され

表1　EB装置の加速電圧による分類

分類	加速電圧 [kV]
高エネルギー型	1 MV 以上
中エネルギー型	1 MV 未満, 300 kV 以上
低エネルギー型	300 kV 以下

た電子は真空と大気側（製品側）を仕切る金属箔（窓箔）を通過して，大気側へ取り出され，製品へ照射される（図1）．低エネルギー型EB装置の場合，二次的に発生するエックス線のエネルギーも低く遮蔽が容易で，EB装置のみで遮蔽構造が完結できるため，装置がコンパクトにで

き，生産現場においては印刷・塗工ライン
の機器装置の一つとして使用することが容
易である．

　製品へ EB が照射される雰囲気は窒素ガ
スで置換されていることが多い．主として
2つの理由があり，①オゾンガスの発生を
抑制するため，また②ラジカル重合するタ
イプの塗料やインクを硬化させる際の硬化
阻害（酸素阻害）を防ぐためである．通常，
EB 装置の加速電圧は設計の範囲で可変す
ることができる．

　低エネルギー型EB装置により照射される
EB のビームは幅を持っており，ロール状の
紙，フィルムを連続的に処理するのに適して
いる．ビーム幅は装置の製作次第で自由に設
計できる．工業的に利用されるフィルムの幅
に合わせて，1-2 m 程度の照射幅の EB 装置
が多く利用されているが，実用機としては幅
2.5 m を超えるものも製作されている．

　低エネルギーEB での，製品中への電子の
浸透深さは図 2 に示す通り，高々数 100µm
の範囲である．図 2 の横軸は EB の浸透深さ
で坪量（g/m²）で表している．密度 1 の対象物
の場合は，そこ軸の数値をそのまま µm に読み

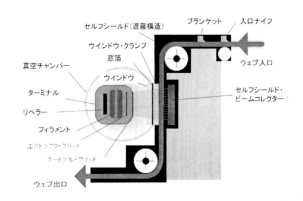

図 1　EB 装置のモデル図

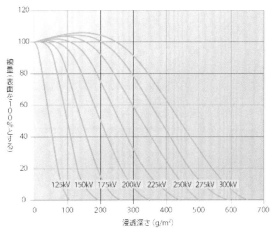

図 2　EB の浸透深さ

替えて、EB の浸透深さを推測することができる。対象物の密度が例えば 2 の場合は、横軸の数
値を 2 で割った値を、電子線の実際の透過厚み(µm)として読み取ることができる。EB 照射され
る製品の組成（元素の構成）が異なると浸透深さも異なるが，低エネルギーEB で対象となるポ
リマー，樹脂などについては，この図でおよその浸透深さの見当がつけられる．印刷やコーティ
ングなどの利用では，EB で硬化する樹脂（インキ，塗料）層の厚みは数〜数 10 µm の範囲なの
で，EB の加速電圧としては 100-150 kV 程度で十分である．加速電圧が低くなれば，装置が小型
化でき消費電力も低くできるので，工業的に有利になる．

　EB による印刷やコーティングの硬化を従来の熱乾燥，UV（Ultraviolet：紫外線）硬化法と比
較したものを表 2 にまとめる．UV 硬化法と同じく無溶剤での硬化が可能であるが，UV と異な
り光重合開始剤が不要である．これは EB が直接ラジカル反応を起こすエネルギーを持っている
ためである．光重合開始剤を使わないことで，硬化後の塗膜の臭気が低減され，また残存モノマ
ー（低分子成分）が低いことから，安全性の高い食品パッケージ用印刷技術，コーティング方法

として利用されている．また，従来方法に比べて，エネルギーコストが低いことも特徴である．表中の「エネルギー効率」は3つの硬化方で同等の仕事をした場合に必要となるエネルギーの量を、EB法を1として比較したものである。

表2　EB，UV，熱硬化の比較

	EB硬化	UV硬化	熱硬化
溶剤	なし	なし	必要
塗料のポットライフ	長い	EBより短い	短い
硬化時の温度上昇	常温＋α	40〜80℃	80〜250℃
硬化時間	瞬時	数秒	数10秒
硬化対象の色	顔料、フィラー系 OK	インキにより制限	—
硬化厚み	加速電圧で調整できる	—	—
On／Off運転	連続可変	制限あり	困難
エネルギー効率	1	3〜30	40〜200

　図2で示した通り，EBは加速電圧により浸透深さが変化するが，これは対象物の色には依存しないことをご理解いただきたい．UV硬化では顔料の多く入った濃色で厚みのある塗膜（印刷）を硬化するのが難しいが，EBの場合は，EBの浸透（透過）できる範囲であれば，色に関係なく硬化が可能である．加速電圧を適切に設定するなら，家庭用アルミホイル程度ならEBは透過でき，アルミ箔越しに塗料などの硬化も行うことができる．

3．印刷・コーティング分野での利用
　食品包装などに代表されるパッケージング分野で，EB硬化技術は印刷面へのトップコーティング，紙，フィルムへのハードコート，そして印刷そのものが無溶剤のEB硬化方式で実用化されている（図3）．北米およびヨーロッパでは軟包装材料，カートンのトップコーティングが従来のフィルムラミネーションに代わる手法として数多く導入されている．近年ではアジア圏での印刷，コーティングでのEB技術導入が多くなっている．EB硬化型インキを使った印刷，およびEB硬化型のコーティングは，従来方法に比べて，溶剤（VOC：揮発性有機化合物）を全く使用しない，あるいは最小量に低減することで，環境負荷の低い生産ができることが大きな特徴である．また紫外線（UV）硬化型のインキを使用したものと異なり，インキ中に光重合開始剤を含まないことから，健康への安全性，低臭気性にも優れており，軟包装，カートンなどの食品パッケージに利用されている．今日ではEBを用いた印刷は主にウェブオフセット印刷，CIフレキソ印刷で利用されている．

3−1.　EB オフセット印刷

　EB 硬化型の無溶剤インキを使用したウェブオフセット印刷は，すでに 30 年以上前からアメリカ，ヨーロッパで使用されてきた．主な用途は，飲料用カートン（牛乳パックなど），また食品用パッケージのカートン（外箱など）の分野であった．2000 年頃から EB 装置のさらなる低エネルギー化と小型化が達成されたこと，またウェブオフセットで可変スリーブが採用され，リピート長が変更できるようになったことがきっかけとなり，ウェブオフセットの EB 印刷が軟包装，ラベル印刷の分野でも利用されるようになった．また近年，EB 硬化を前提として CI 型のオフセット印刷機がスペイン Comexi（コメキシ）社から発売されており，マーケットはさらに広がりを見せている．

　図 3 は硬化手段として EB 装置（手前）を付加したウェブオフセット印刷機の例である．EB 装置に ESI（米国 Energy Sciences, Inc.）製「EZCure CR」が写っている．EZCure CR は印刷，コーティングなどのアプリケーションに適した冷却ドラム（Cooling Roll）を装備した EB 装置である．EB オフセット印刷は，新規印刷機と EB 装置がセットで納入されるケースのほか，既存のオフセット印刷機に後付け（レトロフィット）で EB を最終ステーションの後に付加する方法もある．EB 印刷の場合，各色のステーション間には硬化装置がない．インキは「ウェット・オン・ウェット」で印刷され，最終段で EB 硬化される．これは次節で説明する EB フレキソ印刷でも同様である．

図 3 EB 装置とオフセット輪転印刷機　　　　図 4 Comexi 社 EB オフセット印刷機「CI8」

　図 4 は Comexi 社の CI オフセット印刷機「OFFSET CI8」である．CI ドラムを採用することで，薄手フィルムへの印刷においても，さらに見当合わせの精度を高め，高品質な印刷ができるようになった．印刷機の上部に EB 装置（EZCure DF タイプ）が設置されているのが見える．印刷機に比べるとインキ硬化用の EB 装置は非常にコンパクトである．最後の 1 ステーションはフレキソヘッドになっており，白色ベタ，あるいはクリアワニスをコーティングできるようになっている．オフセット印刷の特徴である高精細デジタル製版ができるため，短納期，小ロットの印刷ジョブに非常に有利である．Comexi 社の CI8 については韓国，フィリピンなどへの導入があり，新規の導入も計画されているとのことである．EB オフセット印刷用インキは北米，ヨーロッパにおいては複数のメーカーから提供されている．Sun Chemical（DIC），Flint，INX International,

Toyo Ink，Wikoff Color などから販売されている．日本国内において EB 用オフセットインキは通常の流通商品としては販売されていないようだが，日本の大手メーカーでは EB オフセットインキ技術は十分に確立していると考えてよい．

3－2．　EB フレキソ印刷

　グラビア印刷が主体の日本の印刷業界であるが，水性，油性のフレキソ印刷も分野によっては一般的になっている．北米においてはコンバーター，印刷の分野の 60％以上がフレキソ印刷を利用している．この傾向はヨーロッパ，中南米でも同様と思われる．その中で印刷品質と印刷速度，同時に VOC 低減などの環境適応性を追求する技術として EB フレキソ印刷技術が注目されている．EB フレキソ印刷は Sun Chemical 社の「WetFlex」技術に始まった．WetFlex は無溶剤の EB フレキソインキである．一方，低溶剤型の EB フレキソインキとして「Gelflex」が TechnoSolutions（TS）社から提供されている．これはコストを下げつつ，印刷品質においては同等あるいはそれ以上としている．TS 社はインキの開発元であり，ヨーロッパ市場では Siegwerk，INX International 社がライセンス製造を行っている．EB フレキソのインキ供給元として，さらに drupa 2016 で東洋インキが EB 用フレキソインキ「ELEX-One FL」を発表している．

　近年特にデジタル印刷への EB 技術の適用が注目されている．EB 硬化性のインキを使用した印刷は以前より食品パッケージなどで利用されている．その特徴は，①溶剤を使用しない，②UV 硬化型と異なり，光重合開始剤を使用せず，安全性，低臭気の点で優れている，という点であった．上述のように EB 印刷はこれまでオフセット印刷，フレキソ印刷で実用化されている．インクジェット印刷に代表されるデジタル印刷は，製版が不要なので小ロットの印刷に向いており，またデジタルデータを直接印刷に反映できることから，印刷製品毎に情報をカスタマイズする，いわゆる「バリアブル印刷」に向いている．EB 硬化型のデジタル印刷が実用化されると，食品包装など市場規模の大きい用途が広がると予想されている．そのためにはデジタル印刷に適した組み込み型の EB 装置と市場用途に適した EB 硬化型インキの開発が不可欠で，EB 硬化型のデジタル印刷プロセスを構築する必要がある．

3－3．　EB コーティング

　EB トップコーティングはフィルムのラミネーションの代替として，同等の印刷保護性，意匠性を保ちつつ，包装材料生産プロセスの単純化，包材コストの削減に役立っている．用途によっては，EB コーティング面に，光沢／マットの選択，あるいは表面の摩擦係数の調節などの付加機能を持たせることができるという特徴を有する．低臭性から食品パッケージにも利用されている．また，嗅覚の敏感なペット向けには，ペットフードの風袋印刷，コーティングでも利用されている．パッケージ分野での EB コートは米国，ヨーロッパで広く利用されているが，近年ではインド，中国などでも軟包装材への EB 印刷，コーティングの EB の導入がかなり進んでいる．

　日本および北米，ヨーロッパなどでは建材に使用する化粧紙，化粧フィルムの製造に EB が用いられている．古くは木板，あるいは合板上に，仕上げの上塗りニスとして直接 EB コーテ

ィングする事例があったが，最近は EB トップコートを施した化粧フィルム，あるいは化粧紙を製造してから，木板，あるいは合板などに貼り付けて，家具，建築材料などに使用する例が多い．EB コーティングを利用した化粧フィルム，化粧紙の利点は，

・エネルギーの利用効率が高く，省エネルギーの環境対応型処理システムであること
・無溶剤塗工が可能な環境配慮型硬化システムであること
・瞬時に硬化するため高速多量生産に優れているとともに品質の安定性が高いこと
・透過性が高いため，厚い塗膜や着色した塗膜の硬化が可能であること
・使用する基材（紙・フィルム）へのダメージを与えにくいこと

などである（文献 1,2）．最近では UV と EB の両方の硬化方法を合わせて利用している事例がある．建材表面に塗工されたコーティング剤をまず短波長 UV 光で表層のみ硬化し，それによって意匠性を作り出し，その後コーティング層全厚を EB で完全に硬化させる方法である．いくつかの建材メーカーによって実用化され，独特の風合いのある表面を実現している．

　磁気テープの記録（磁性）層は，磁性体と添加剤とそれらを分散させたバインダーからなり，バインダーが硬化することにより，磁性体が基材フィルムに固着する．このバインダーに EB 硬化性の樹脂が使用されている例がある．EB 硬化性の樹脂を利用することで，磁性層表面の強度を向上することが可能である．一般に基材フィルムは非常に薄く，厚み 10 μm 程度のポリエチレンテレフタレート (PET)，ポリエチレンナフタレート (PEN)などの素材が用いられているようである．EB 硬化は加温工程ではないので，基材フィルムが熱の影響を受けにくく，熱による基材フィルムの変形，ひずみ，しわを生じにくい．一般消費者の目に触れる商品として国内メーカーから EB 硬化型のバインダーを使用したフロッピーディスクがかつて発売されていた．現在ではコンピューターデータのバックアップ・ストレージ用として，高密度記録が可能な磁気メディアが EB を利用して生産されている．

４．表面改質
４．１．　グラフト重合

　グラフト重合は繊維，不織布などへの科学的な機能装飾に従来から様々な手法で行われてきた．特にＥＢグラフト重合法ではフィルム，基材などに化学結合の基点となるラジカルを容易に作ることができ，これをスタートに機能性分子を化学的に結合することができる．グラフト重合された機能分子は，化学的に基材に結合されているので，従来の塗布，浸漬といった方法で機能付加されたものよりも，経年の使用に対

図 5 EPIX 微量ガス除去用ケミカルフィルター
（株式会社イー・シー・イー）

し機能の劣化が少なく，製品寿命が長いという特徴もある．EBによるラジカル発生は従来の過酸化物を用いた方法に比べ，ラジカル発生の容易さが特徴である．ラジカル発生後の後工程とあわせた連続グラフト処理も実現しており，工業的には非常に魅力的なプロセスである．

これまでに製品化された高機能製品の例としては，精密機器や半導体の製造工場のクリーンルームなどで使われている，アンモニアや酸性物質等の汚染性ガスを吸着する高機能化学フィルター（文献3-4，および図5），不織布にグラフト重合された細胞皮膜破壊成分であるポビドンヨード製剤がウィルスの細胞皮膜を破壊し，感染力を弱める効果のあるマスク用フィルターなどがある．また衣服の繊維に機能を付加するために，ＥＢグラフト重合法を用いている例もある．ＥＢなどを利用したグラフト重合法については文献6，7などに詳しい．

4−2．　表面濡れ性の向上

ポリマー表面に EB を照射すると，ポリマー表面の状態が変化することが知られている（文献8）．図6はそれぞれ EB を照射した前後のポリエチレン（PE）とポリカーボネイト (PC) の表面状態の変化を原子間力顕微鏡 (AFM) で観察した像である．PE の表面の物理的形状は照射前に比べ，照射後は平坦になっている．PC の場合は逆に微細な凹凸が付与されていることが観察された．プラズマによる処理では，イオンによる表面のエッチング反応，ラジカルなどの活性種による化学反応によって，ポリマー表面にある脆弱層（weak boundary layer）が除去されて，

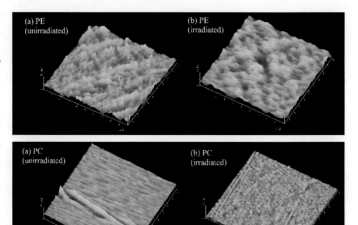

図6 上：(a)EB 照射前，(b)EB 照射後の PE 表面の AMF 像．下：(a)EB 照射前，(b)EB 照射後の PC 表面の AMF 像．

微細な凹凸構造を形成すると考えられているが，表面物理形状の変化は，ポリマーの種類によっても大きく差異があることが知られている（文献9）．EB 処理においてもプラズマ処理と同様に，気相中で生成したイオン，ラジカル種の作用，さらに EB 照射による架橋反応によって，表面物理形態に変化が生じているものと推察される．

同様に EB 照射により濡れ性が向上することが知られている．ポリプロピレン（PP）は包装材料として頻繁に使用されているが，表面の親水性（濡れ性）が低く，インキがのりにくい（印刷適性が悪い）素材であることが知られている．図7は PP 表面の化学結合状態が，EB の照射前後でどのように変化したかエックス線光電子分光法 (XPS) で解析した結果である．C1s スペクトルを解析することにより，EB 照射後に-CH 基に対してカルボニル基 (C=O) やカルボキシル基 (COO-) が増加していることが分かった．これら親水基が増加したことが，PP 表面の親水性（濡れ性）向上に寄与するものと推察された．

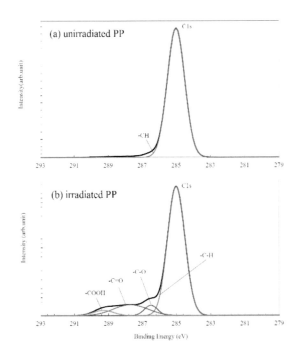

図7 上：PP 表面の XPS（C1s）スペクトル（a)照射前，(b)照射後

5．素材改質（架橋反応）

プラスチックフィルムを EB で架橋し，耐熱性，強度を改善するプロセスは以前から行われている．これは UV（紫外線）では行うことのできないプロセスであり，EB（あるいは他の放射線）で可能なユニークな技術である．

電線被覆の耐熱性向上，タイヤ部材の予備架橋などの EB 架橋プロセスは古くから行われている代表的な実用例で，これらの工業的応用なしにわれわれの日常生活は成り立たないといっても過言ではない．PE などは適度な EB 照射を施した

図8 耐熱ハーネステープ（架橋 PVC）製）

だけで架橋が進み，耐熱性が向上し，引っ張り強度が強くなる．EB で架橋できる素材としては他に PP，ポリ塩化ビニル（PVC），ゴムなどがあり，さまざまなもので実用化されている．架橋反応を十分に促進させるために，素材によっては多官能モノマー等を架橋剤として添加する必要がある．EB 架橋により耐熱性を向上させた PVC の粘着テープが発売されている（図 8）．その他に熱収縮チューブ・フィルムや，半導体製造時にウェハからチップを切り分ける際に（ダイシング工程）ウェハを固定するダイシングテープの基材フィルムの架橋にも利用されている．

ポリエチレンなどのポリオレフィンに発泡剤を加え，シートに成形し，EB 架橋した後に，加熱などの方法でシートを発泡させることで，ポリオレフィンの発泡シートが製作できる．壁紙などの建築資材（文献），包装材料，各種梱包あるいはクッション材料として利用されている．また，ポリビニルアルコール (PVA) のハイドロゲルを架橋し，創傷被覆材として製品化した例も

ある（文献10）.

6. そのほかの利用分野
6.1 殺菌・滅菌
　高エネルギー EB やガンマ線による滅菌技術は医療用具の滅菌などで一般的に利用されている（文献11, 12）. 同様に低エネルギー EB の場合でも滅菌が可能である. 対象物への浸透深さが浅く, 線量率が高いこと, また設備がコンパクトあるメリットを生かしたインライン滅菌が飲

料用 PET ボトルで実用化されている. インライン滅菌とは, 空容器を電子線で殺菌し, 無菌状態を保持したまま, 飲料を容器に充填する技術である. EB による殺菌は紫外線と異なり, 滅菌レベル（いわゆる「6D」）まで達成可能である. また高エネルギーEB やガンマ線による外部委託による滅菌プロセスとは異なり, 殺菌対象物を使用する生産ラインへ滅菌装置を設置できるのが大きな利点である.

　図 9 は PET ボトル飲料充填ラインの一部として設置された EB 装置の例である. 容量サイズ 500-2000 ml の PET ボトルの滅菌に利用されており, ボトルのサイズにもよるが, 一般には毎分 600 本の滅菌処理を行う. 従来の飲料, 食品容器の滅菌では, 過酸化水素, あるいは過酢酸というような化学薬品を使っているが, EB 滅菌の場合このような薬品を使用しないため, 飲料製品中への薬品の残留の心配がない. 薬品滅菌の場合, 滅菌後の薬剤洗浄のための多量の水などが必要とされるが, EB によるドライ殺菌（殺菌用の薬液を使用しない方法）では排水量を 1/2 から 1/3 に低減できた（文献13）.

7. 紫外線（UV）
UV（Ultraviolet: 紫外線）によるコーティングや印刷の硬化は EB 硬化に比べ一般的で広く利用されている. 機能性コーティング（ハードコート, 接着など）においては, 市場で多くのコーティング剤が販売されており, その点では EB よりもすでに確立した技術が容易に手に入る環境にある. EB と UV（および熱硬化）の比較は表2に示したが, さらに EB と UV との詳細な比較を表3に示した.

表 3　EB 硬化法と UV 硬化法の比較

ＥＢ（電子線）	ＵＶ（紫外線）
粒子線(e⁻)	光(波長：250 – 400 nm)
エックス線の遮蔽に注意が必要	紫外線の遮蔽に注意が必要
窒素パージなどの不活性雰囲気での反応が必要	場合によっては，窒素パージを行う（特に薄膜の場合）
初期設備費用が高め	設備費用は安価ものから高価なものまで，広い選択肢から検討できる
照射時のワーク温度上昇が少ない	従来の放電ランプ式の照射機の場合，高出力では高温になる(輻射熱)
硬化(キュアリング)以外の用途にも利用可能（架橋，グラフト，殺菌など）	主としてキュアリングに利用
電子が直接モノマー，オリゴマーにラジカルを生成し，重合反応を起こす	光重合開始剤が UV 光で励起，ラジカルを生成，それがモノマー，オリゴマーに作用し，ラジカル連鎖的に重合反応を進める
EB硬化とUV硬化のプロセスの違いがあるが，具体的にどのように違うのか，硬化物の物性への影響などは，詳細には比較検討されていない	
光重合開始剤(PI)は不要	PIが必ず必要（重合禁止剤を添加する場合もある）
潜在的に，樹脂コストがUVより下がる可能性（UV樹脂の転用？）	すでに多くの樹脂・塗料開発が行われており，選択肢が広い
エネルギーが薄い層に集中し，インキ色に影響されない	光が透過しにくい体操物の場合，色，顔料によっては硬化しにくい
透明な素材であっても厚みがあると，透過できない	透明で紫外光を透過できれば，厚みのあるものでも硬化可能

　UV 硬化では，光源として LED を使用した機器も一般的になってきた．LED の利点としては，消費電力が少なく，光源の寿命が長い点である．図 10 に従来の放電管式の光源（水銀ランプ，メタルハライドランプ）と LED 光源の発光波長スペクトルを示した．

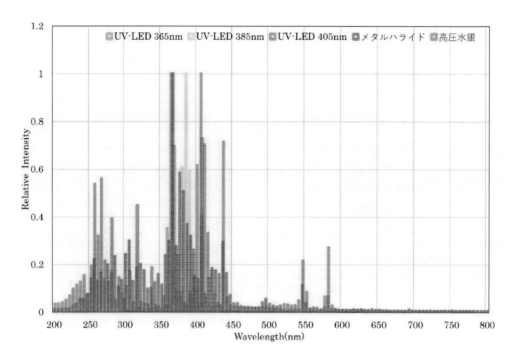

図 10　UV 光源の発光波長スペクトル

　図 10 から分かるように，従来の放電式の光源と異なり，LED 光源はすべて単波長である．ここでは LED 光源として波長 365 nm，385 nm，406 nm が示されているが，すでにさまざまな波長の LED 式の UV 光源が開発されている．ただし，波長が短くになるにしたがって，発行のエネルギー効率が下がる傾向にある．また，放電式の UV 光源の場合，スペクトルが広い範囲をカバーしているため，単一の UV 光源ではそれを再現することができない．そのため，LED 光源用を使用する場合には，従来のコーティング剤とは異なる光重合開始剤の適切な選択を含め，フォーミュレーションを見直さなければならない．一方，複数波長の LED 光源を組み合わせて放電式光源をある程度再現するような試みも行われている．

8．EB 装置の実際
　図 11 は最大加速電圧 300kV，照射幅 1,650mm という低エネルギー型ＥＢ装置のスペックとしては国内最大級の EB 照射ラインの例である（弊社照射センター設備）．EB 照射装置本体の他，付帯設備として，巻き出し，巻き取り，グラビアコーター，マイクログラビアコーター，ラミネーター，コロナ処理装置などを備えた本格的な生産施設である．塗料，コーティングの硬化やフィルムの架橋という一般的なアプリケーションのほか，ラミネーション，EB 転写技術などのさまざまな用途にも使用できる多目的ラインの例である．

図11　EB装置を設置した生産ラインの例

図12はEBを使った試作, 試験に利用される小型の実験用EB装置の例である（岩崎電気製「アイ・コンパクトEB」）. 研究開発の用途で必要とされる仕様パラメータを絞り込むことにより, 従来のEB実験機よりも低価格に設定し, 軽量化, 省設置スペースを達成している.

（文章中の商標マーク等は割愛させていただいた.）

＜参考文献等＞
1) 横地英一郎, 放射線化学, 90 (2010), 31.
2) 横地英一郎, 第 14 回放射線プロセスシンポジウム要旨集, 2012, pp. 39-40.
3) 藤原邦夫, 放射線化学, 88 (2009) 33.
4) 藤原邦夫, エバラ時報, 216 (2007) 11.
5) 須郷高信, 斎藤恭一, コンバーテック「放射線グラフト重合における高機能化最前線」, 加工技術研究会 33(7)〜(10), (12)（2005）
6) 斎藤恭一, 須郷高信, 「グラフト重合のおいしいレシピ」丸善出版（2008）
7) 斎藤恭一, 藤原邦夫, 須郷高信「グラフト重合による高分子吸着剤革命」, 丸善出版（2014）
8) S. Hoshino, H. Matsumoto, M. Ishikwa, Y. Suzuki, T. Iwasaki, S. Kinoshita, RadTech Asia 2011 Proceedings, pp.248–251.
9) Y. Sawada, J. Plasma Fusion Res. Vol. 79, No. 10 (2003), 1022.
10) 磯部一樹, 放射線と産業, 113 (2007), 9.
11) 隅谷尚一, 放射線化学, 94 (2012) 41.

12) 廣庭隆行, 放射線化学, 100 (2015) 77.

13) 西納幸伸, 第 14 回プロセスシンポジウム要旨集, 2012, pp. 7-8.

第10章　赤外線を用いた塗布膜乾燥プロセスの特徴と効果

近藤　良夫

（日本ガイシ株式会社）

1.　はじめに

　本章では赤外線を用いた乾燥プロセスについて記載する．一般的な乾燥メカニズムの解説は他章に譲り，赤外線を用いた場合に特有の手法・現象にフォーカスし，できるかぎり事例も踏まえて解説する．赤外線は，面状のセラミックヒータを用いた通称「遠赤外加熱」という形で，古くから熱処理用途に広く用いられてきた．セラミックヒータは既に完成度の高い技術であり，全赤外波長域に渡って高効率放射が可能であるが，一方で近年特定波長域のみを放射する「熱ふく射波長制御」技術についても各種研究開発が進められている．そうした動きのひとつとして，フィルタリングによる波長選択技術を取り上げ詳しく紹介する．

　また現状，乾燥プロセスにおける主流は赤外線ではなく熱風方式である（その理由は後述する）．各種電池の電極をはじめ，LEDや有機EL等の光学・半導体素子，周辺部材の製造において，コーターやインクジェットでの塗布後の精密乾燥が重要視されてきている．塗布物は主成分(高分子等)と溶媒が混合された通称「分散系スラリー」が主体で，印刷・乾燥により回路パターン等を形成するプリンテッド・エレクトロニクス技術も一般化してきた．こうしたプロセスに対して，熱風方式では効率化の限界が散見される．例えば，初期厚みが$300\mu m$を超えるような厚膜乾燥の場合，強熱風下では膜表面のみが乾燥してしまうスキニング等の乾燥欠陥が顕著になることもあり，新規乾燥プロセスの確立が望まれている．

2.　従来型の赤外線加熱炉

　赤外線とは，概ね$0.75\mu m \sim 30\mu m$波長範囲の電磁波をいう．工業上は$3\mu m$より短いものを「近赤外線」，長いものを「遠赤外線」と呼ぶ．いずれも物質中のランダムな熱振動が起因となって放射される電磁波であり，逆に多くの物質は赤外線を吸収し速やかに熱に変換する．このことから赤外線は通称「熱線」ともいい，こうした熱起因の電磁波が空間を伝搬する現象を「熱ふく射」と呼んでいる．工業的には放射源と被加熱物の間に媒体を必要としない，もしくはコンタミレス等の特色を有する．従来方式における放射源は前述のように，セラミックヒータと呼ばれる面形状のものが主流である (図 1)．ニクロム線をアルミナ等のセラミックでモールドした構造となっており，ニクロム線に電圧印加→ジュール発熱→伝導という過程でセラミック表面が高温化 (150℃〜700℃程度) し，セラミック表面付近で電磁波 (赤外線) 放射にエネルギー変換される．表面の分光放射率は$4\mu m \sim 10\mu m$の波長域で高い水準にあり，平均で0.8を上回るケースも多い．アルミナなどは流通性の高い素材であるが，同時にほぼ理想的な放射材料といえる．

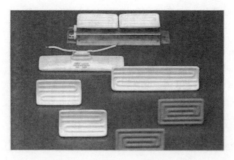

図1 セラミックヒータ

　図2に，任意温度の黒体放射 (理論上の放射エネルギー上限値) スペクトルと，リチウムイオン電池の電極スラリーによく用いられる溶剤 N-メチル-2-ピロリドン (NMP) の吸収スペクトルを示す．図中の釣鐘型のグラフ群が「Planck (プランク) 分布」と呼ばれる黒体放射スペクトルである．横軸は波長，縦軸は単位面積当たり放射エネルギーおよび吸収率である．前記セラミックヒータの放射スペクトルは $4\mu m \sim 10\mu m$ の波長域でプランク分布に準じつつ，ややエネルギーの小さい (灰色体型) 形状となる．ランダムな熱振動起因のため放射の波長選択性および指向性ともに希薄であることが大きな特徴である (あらゆる波長を同時放射可能)．逆には，特定の吸収帯を狙い撃っているわけではない．例えば 図2 に示した NMP の複数の吸収ピークは吸収が強くない波長域も含めすべて放射波長域内に入る．総じてセラミックヒータ方式は，多波長赤外線の同時吸収による被加熱物の急速昇温性能が最大のアドバンテージとなる．

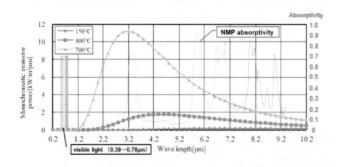

図2 黒体放射の温度依存性

　一方，プランク分布によれば放射エネルギーは放射体温度に非線形依存し，温度上昇につれて放射ピークが短波長側に移行するともに，単位面積当たり総放射エネルギーが飛躍的に増大する．溶剤や高分子等は $5.5\mu m$ より長い領域に多くの吸収帯を有しているため，完全に合致させるのは困難だとしても，概ねこの領域を照射するのが効率的であるように思える．例えば $7\mu m$ をメインとする放射体温度は 150℃程度で比較的安全温度に近いのだが，当該温度では図2からも明らかなようにエネルギー密度が小さすぎ，多くの場合加熱効果が顕著化しない．逆にヒータ温度上昇は溶剤発火のリスクから実ラインでは敬遠される．こうしたトレードオフ関係が乾燥プロセスへの赤外線導入を阻んできた．

図 3 に，セラミックヒータを用いた従来型赤外線加熱炉の縦断面図を示す．ロールツーロール型のフィルム搬送をイメージしている．

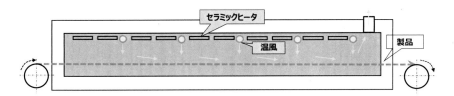

図3　従来型赤外線加熱炉

比較的厚い断熱壁で密閉した空間内にセラミックヒータを大面積で設置する．ヒータは上面設置が多いが下面設置されることもある．昇温・定率・減率の各乾燥区分に従ってヒータ温度設定は分割制御可能である．また揮発蒸気の掃気上給排気は必須で，給気エアは吹出前に配管内で予熱されているケースが多い．吹出方式はシャワー管・スリット等多種多様である．気密性が高く，一定時間経過後に各部が均一温度化してしまう傾向があり (それを狙っている)，最終的に炉内赤外スペクトルはプランク分布に漸近する (後述)．赤外線加熱はふく射と対流熱伝達という2種類のエネルギー伝達方法を用いられる点も特徴の一つだが，図3の構造では炉内が温度的に均一化することもあり区分は明確化しにくい．炉内高温化が避けられないため乾燥目的には限定された状況でしか用いられないが，昇温能力は突出しているため，発火性溶剤を伴わない耐熱樹脂の高速アニーリング等にむしろ積極的に用いられる．

3．近赤外選択ヒータの原理

特定波長放射を鑑みた場合，前節のようにセラミックヒータでは困難である．一方で，いくつかの波長については赤外線レーザーが存在し，近年では金属面に微細加工等を施したメタマテリアルやフォトニック結晶等を用いた「熱ふく射波長制御」の報告事例等も増加してきてはいる [1-3]．だが残念ながらいずれも高コストかつ大面積放射体の製作が困難な状況である．ここでは大量生産ラインを考慮して，光フィルタリングによる赤外波長選択技術を紹介する (やや広帯域波長を扱うという意味で「選択」と記載する)．

図2中，NMP吸収スペクトルの中で近赤外域の3μm付近のピークに着目する．これも溶剤や高分子に広く見られるものだが，主として分子中のO-HおよびN-H伸縮振動に起因する．この振動モードは液相溶剤の分子間水素結合に強く相関する場合がある．特に極性溶剤においては，水素結合の解消＝乾燥，という見方もできるため，当該波長域のエネルギーは吸収後，速やかに相変化エネルギーに緩和される可能性も考えられる．ただ3μmをメインとする放射体温度は700℃程度と高く，そのままでは乾燥工程で使えない．そこでヒータについて，複数の放射面 (放射上の表面/構造上の表面) という概念を導入する．図4に新たなヒータの基本構造を示す [4] (以下近赤外選択ヒータと表記する)．フィラメント状の放射体を複数の石英管で封止し，その石英管間の一部をエアで冷却する構造である．

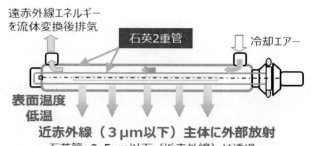

図 4 近赤外選択ヒータ

　図4において，フィラメントが前述の放射上の表面，石英管面 (最外部のもの) が構造上の表面となる．ここで，放射体がタングステンで石英管が単管かつ冷却がないものは「近赤外線ランプヒータ」の名で既に広く市販されている．まず，フィラメント (1000℃以上に昇温) より近赤外域にピークを持つ灰色体型放射が生じる．封止する石英管は赤外フィルタリング性能を持ち，概ね 3.5μm より短波長側は 90%以上透過，長波長側は大部分吸収する．したがって，フィラメントからの放射のうち 3.5μm 以短 (近赤外線主体) は石英管を透過し外部に伝搬する．逆に長い領域 (遠赤外線主体) は石英管が吸収するが，その結果従来市販品では (セラミックヒータ同様昇温性能は高いが) 管温度が数百度程度まで上昇してしまう．加えて高温化した石英管からの遠赤外域 2 次放射が炉内や製品を過加熱するリスクも高まる．多くの場合，乾燥炉内温度は安全上最高でも 200℃以下に制限される．

　ここで近赤外選択ヒータでは，(放射上の表面温度は高くとも) 構造上の表面温度は低温に維持することができる．すなわち一旦石英管が吸収した遠赤外域のエネルギーを冷却エアにより系外に除去することで，石英管の低温化と 2 次放射解消の双方が実現する．結果的に炉内も低温化し，かつそこに近赤外域赤外線のみが選択される．図 5 に近赤外選択ヒータと従来型セラミックヒータの，同等総放射エネルギー時における放射スペクトルの相違を示した．近赤外選択ヒータの放射波長の狭帯域化が明確である．

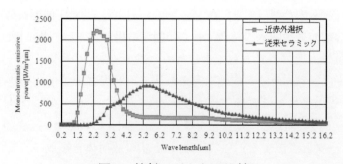

図 5　放射スペクトル比較

4. 空間構成と物理学的解釈

近赤外選択ヒータは乾燥炉内に所定間隔で設置される．ヒータ1本あたりの投入電力を増加すればフィラメント温度上昇に伴い放射ピーク波長が短波長側に移行するが，同時にヒータ1本あたり総放射エネルギーも増大するため，ヒータの設置密度で調節する．適切な設定下では投入電力を一定にしたまま，空間内放射のメイン波長を1.5〜3.5μmの範囲で調整可能である．図6左に近赤外選択ヒータを設置した連続搬送型乾燥炉の実例を示す (加熱長6m)．また図6右に示したように，近赤外選択ヒータを炉外設置する技術も確立している．

 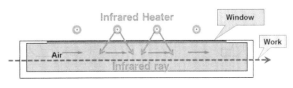

図6　近赤外選択ヒータ乾燥炉

物理学的には，乾燥炉内のような断熱壁に囲まれた閉空間内部はエネルギー平衡状態 (炉内各部の温度が均一である状態) に移行しやすい．もとより多くの遠赤外線加熱炉は，その性質を利用して炉内の温度均一性を追求してきた．あまり意識されない事象だが，この放射平衡となった閉空間内では，キルヒホッフの法則が導かれる過程の考察 [5] に基づけば，その波長分布は(均一な) 壁面の温度のみに依存し壁材質や空間の形状に依存しない．すなわち波長制御が不可能になる．逆に言えば閉空間内の波長制御実現には空間の非平衡性が必要条件となる．非平衡とは閉空間内に温度差が生じている状態と同値である [6,7] ．

図6右の構造は図3の構造に比較して，断熱壁は薄くかつ強冷風を炉内導入する等開放性が強い．一種のエネルギーロスである反面，フィラメント；1000℃超，炉内壁；100℃以下といった極端な温度差を生ぜしめることが可能になる．この強い非平衡性が起因となって空間内に定常的な非プランク分布スペクトルが実現する．たとえば平均温度が 150℃の空間内は通常メイン波長が7μm弱となるはずだが，本システムでは2μm以下の近赤外線に満たされた同等温度の空間を構成することも可能になる．

5. 近赤外線選択による乾燥効果検証例

前節で紹介したシステムは，まずは従来赤外線炉で実現困難であった「乾燥空間の低温化」をめざしたものである．加熱能力がいかに高くとも，被加熱物が低耐熱性の場合は検討俎上に乗らない．さりとて加熱効果が生じなければいかに低温であっても意味がない．そこで近赤外選択システムの効果検証実験をいくつか実施した．

5.1. 冷風との併用

近赤外選択ヒータと冷風を併用したシステムにて，少なくとも水やアルコール系溶剤の乾燥

過程で興味深い現象が確認されている．具体的には，熱風方式に対する同等塗布膜温度での乾燥促進傾向である．メカニズム詳細はまだ検証中だが 3 節で考察した O-H 伸縮振動の選択励起が要因として考えられる．水系スラリーの乾燥実験例を図 7 に示す．

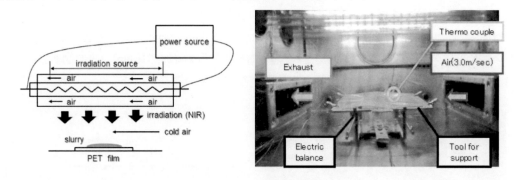

図 7　近赤外選択ヒータ実験装置

スラリーはリチウムイオン二次電池の負極材を想定，塗布厚みは Wet 状態で約 500μm である．
　・基材：ポリエチレンテレフタレート (PET) フィルム
　・スラリー：カーボン粉末＋水
下記乾燥条件 1, 2 によって乾燥傾向を比較検証した．
　・条件 1　(熱風のみ)　：　熱風約 75℃　；　電力 800W 相当
　・条件 2　(近赤外選択ヒータ)　：　冷風 25℃　；　ヒータ 750W
系への投入電力および塗布面上風速について両条件で概ね一致させた．またそれぞれ炉下部に設置した電子天秤によりスラリー重量変化を測定した．さらに，スラリーと基材の温度変化を熱電対で測定した．実験結果を図 8 に示す．実線が重量減少，点線が基材温度推移を示す．

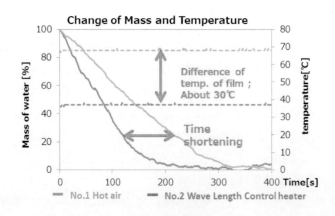

図 8　実験結果

　図 8 によれば，条件 2 は条件 1 に比べて乾燥速度が 1.5 倍程度早くなっている．それにも関わらず，基材である PET フィルムの温度は 30℃ 程度も低下した．図示していないが定率乾燥期間中のスラリー温度測定値は下記の通りで，こちらも条件 2 において低下している．

・条件1 (熱風のみ)　　：　約45℃
・条件2 (近赤外選択ヒータ)　　：　約40℃

実験結果は近赤外選択システムによる低温乾燥プロセス構築の可能性を示すものであり，被加熱物のダメージレス等に効果が期待できる．

5.2.　自然対流下

塗布厚みWet状態で $500\mu m$ 以上の分散系スラリー乾燥プロセスにおいて，対熱風比1.5倍以上の乾燥促進効果事例がいくつか見出されている．ここではそうした厚膜乾燥プロセスを想定した近赤外選択ヒータ方式と熱風方式との比較実験を紹介する (図9).

図9　実験装置

図10に実験結果の一例を示す．①はカーボン水溶液をガラス板に塗布して乾燥開始後一定時間経過時に塗布膜をガラス裏面から見たものある．熱風では内部に未乾燥部が残っているが近赤外選択ヒータ(NIR)を用いると未乾燥部が解消している．②はPVA水溶液を同様にガラス板に塗布後乾燥したものであるが，NIR を用いて塗布膜表面の円滑化が実現した．実験条件詳細は省略するが，①・②ともに熱風およびNIRで乾燥時間については概ね一致させている．

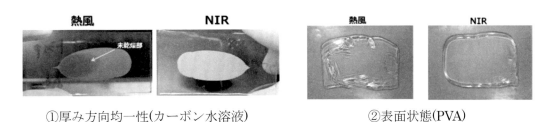

①厚み方向均一性(カーボン水溶液)　　②表面状態(PVA)

図10　実験結果（東京農工大学稲澤研究室との共同研究）

乾燥後の膜状態は主として，溶剤の蒸発速度 (膜収縮速度) と膜内部における物質拡散速度との相関により決定される．膜内部→表面への溶剤供給量を支配する「拡散係数」は膜温度と正の相関があるが，対流熱伝達 (熱風方式) のみでは気液界面付近におけるルイスのアナロジー (熱伝達と物質伝達) により，膜温度と蒸発速度との間に高い正の相関があるので，強熱風下では表面の過乾燥を防ぎきれず，スキニング等の乾燥欠陥が顕在化する．ここでふく射と対流熱伝達双方を用いて塗布膜への供給エネルギーを調整すると，膜温度推移と蒸発速度推移とある程度

独立に制御することが可能になる．また，「ある瞬間の熱・物質移動バランス」だけではなく「その時間変動および積分値」が重要である．赤外線ヒータの導入による乾燥ゾーンの精密制御が最適化への近道となるであろう．

6. 遠赤外選択

　以上は主として近赤外選択について記載したが，遠赤外域に関しても同様の考え方で選択的に取り扱うことが可能である．ただし，たとえば $6\mu m$ の波長域をメイン放射波長とする黒体の温度は約 200℃と比較的低温の放射体が必要であるため，フィラメント形状ではなく面形状であることが望ましい．フィルタリングについても石英とは逆の透過特性を要求される．図 11 に灰色体型スペクトルを持つヒータからの放射を赤外選択透過性材料（ここでは窓材と呼ぶ）によって選択した後のフーリエ変換赤外分光光度計（以下，FTIR）測定値を示す．

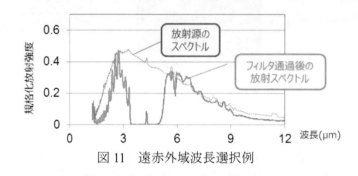

図 11　遠赤外域波長選択例

　ここでは，$3\mu m$ 付近および 5.5～$9\mu m$ の 2 領域の赤外線を選択している．分光透過率は窓材の構造設計によって任意に変更可能である．窓材質としては高屈折率を有する薄膜積層構造が有効であることが判明しているが，耐熱性等まだ解決すべき問題は多い．波長選択後のエネルギー定量把握にはやや複雑な数値計算が必要となる．

7. 赤外線乾燥過程に関する解析技術

　赤外線乾燥プロセスの効率はヒータ単体性能のみならず，ヒータ配置等空間構成に大きく依存する．特に近赤外選択ヒータについては，「定常的な非平衡状態」を実現する空間構成法が本質ともいえ，設計標準化には数値解析が必須となる．一方で赤外線は波長が μm オーダーと小さく，実炉スケールではメッシュサイズが巨大化しすぎ Maxwell 方程式に基づく電磁界解析が不可能な場合もある．ここではその代替手法も含め少し詳しく記載する．

7.1. ふく射要素法

　乾燥効率を考えるうえで被加熱物の吸収スペクトル把握は基本であり，その場合 FTIR による分光吸収率測定は確実であるが，測定対象物の厚みに依存するという難点がある．さらには，赤外線は塗布層内部で減衰しながら吸収されるため，本来は厚み方向での波長別吸収位置も決定したい．そうした状況ではふく射要素法が有効になる．図 12 にふく射要素法による塗布層内

の赤外線の吸収の概念を示す. 図中の記号 s が, 塗布層 (例えば前記 NMP) の厚み方向距離に相当し, 簡単のため当該方向の座標 1 次元で考える. $G(s)$は層内部でのエネルギー流束[W/m^2]である. CV は (長さ$\triangle$s の) コントロールボリュームを意味する.

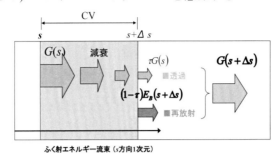

図 12　ふく射要素法の考え方

　$G(s)$は層中での吸収により減衰するが, 同時に層構成物質による再放射が行われ, 両者の和が進行方向への新たなエネルギー流束となる((1)式) [8].

$$\frac{dG_\lambda(s)}{ds} = -\alpha_\lambda G_\lambda(s) + \alpha_\lambda E_{B\lambda}(s) \tag{1}$$

(1) 式はふく射輸送方程式と呼ばれ, 各波長λにおいて成立する. 1 次元解析の場合は (1) 式の s の方向として正負の 2 方向を考えればよい [9]. (1) 式右辺第 2 項が位置 s における自己放射項であり, $E_B(s)$ は黒体放射エネルギーである. 一般的には (1) 式右辺にさらに散乱項が加わる. 式中 α については 図 7 のτ (減衰率) と s 方向の微小距離を$\triangle$s として,

$$\tau_\lambda = \exp(-\alpha_\lambda \Delta s) \tag{2}$$

という関係がある. α を吸収係数[1/m]という. ふく射輸送方程式を解く場合に α の決定が重要であり, 測定値としての吸収スペクトル(例えば図 2, 厚みに依存) から α (厚みに依存せず) を導出するためにやや面倒な計算が必要となる. 手法の一例が報告されている [10]. 厚み方向のエネルギー方程式と(1)式との連成により精度の高いふく射解析が実現する.

7.2. 光伝播解析

　ふく射要素法で必要となる吸収係数算出のためのスペクトルデータは混合物となると皆無に等しい. そこで分散系塗付層内の光伝播解析により当該層の反射・吸収率を求める試みを実施した. 図 13 に解析モデルとそのメッシュ構成を示す. 解析については市販コード COMSOL Multiphysics を用い, Maxwell 方程式の離散化は有限要素法を用いて 2 次元で実施している. モデルは, 基板および $100\mu m$ の厚みの塗布層(直径 $5\mu m$ の球状粒子と溶剤の分散膜)をイメージしている. このサイズでは電磁界解析も十分可能である. 基板は Al 等の金属で, 塗布層中の粒子は金属酸化物, 溶剤は前述のNMPを想定した. 物性値については粒子および溶剤各々の吸収スペクトルのデータより前述の吸収係数を逆算し, さらにそれを, $\alpha_\lambda = 4\pi k_\lambda/\lambda$ の関係より, 消衰係数 k (複素屈折率の虚数成分) に変換している. 式中のλは同様に波長[m]である.

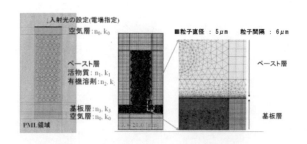

図13　モデル化とメッシュ構成

　塗布層に上部から $1\sim20\mu m$ の赤外線を波長別に照射し，定常状態における層内の紙面に垂直方向の電場分布を解析した．当該解析により入射光強度に対する吸収エネルギーの比も算出されるため，それぞれの波長における層の分光反射/吸収率の推測が可能になる．4 種類の波長に対する解析結果を図14 に示す．また，各波長における分光吸収率の値は下記の通りであった．

$1\mu m : 0.09$,　　$3\mu m : 0.45$,　　$10\mu m : 0.75$,　　$20\mu m : 0.82$

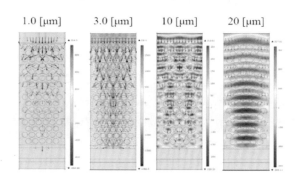

図14　解析結果（電場強度分布）

　解析結果によれば，塗布層内粒子の波長に対する相対粒径によって，層内電磁波の定常状態は大きく異なっている．粒径に対して波長が短い場合は反射の効果が著しい．逆に長い場合には吸収率が高くなっているが，これには粒子による電磁波の前方散乱効果も寄与していると考えられる．これらの傾向は，溶剤と粒子との屈折率比および組成比によっても大きく変動する．プロセスにおける最適波長を決定するにあたって，こうした光伝搬解析を参照するのが望ましいが，計算コストの面から困難な場合が多い．

7.3. 総括的なマクロ乾燥解析

　ふく射場での乾燥解析については報告がある [11] が，境界条件が簡略化されたものがほとんどである．ここでは近赤外選択ヒータを用いた実ライン向け乾燥炉を想定して，ふく射輸送，物質移動，相変化および流体を連成解析するための試みを記載する．図15 に筆者の手法による解析モデル概要を示す．乾燥炉内における被加熱物進行方向中心軸上の垂直断面内（炉壁部含む）を一括計算する2 次元解析である．離散化手法は下記のとおりである．

・空間内ふく射：空間分割法[12]；radiosity(射度)を用いて実用上十分な精度が得られる
・塗布層内ふく射吸収：ふく射要素法；左から7.1項式を用いる
・塗布層内物質移動：有限体積法；蒸発による厚み変化を考慮
・炉内流体：有限体積法；蒸発による蒸気の生成，当該濃度分布を考慮
・炉壁内熱伝導：差分法
・蒸気圧：Antione式，物質移動係数：Chilton式　等

ヒータの多重管構造が定式化上の難点で，複数曲面からの放射の重ね合わせを平均化された平面放射に換算する数学的手法を開発・採用することにより計算精度を確保している.

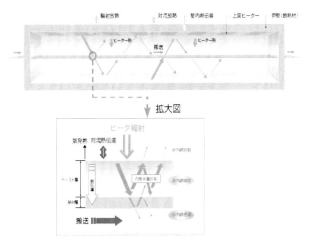

図15　解析空間モデル

図16に塗布膜内部の乾燥過程についてのモデルを示す.

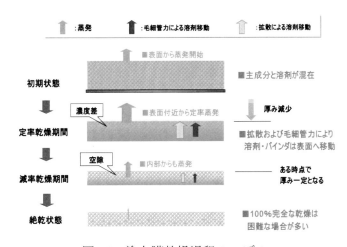

図16　塗布膜乾燥過程のモデル

分散系塗布膜を対象とし，ふく射場での下記諸項目の連成解析を主眼とする.
・温度，溶剤濃度，バインダー濃度/析出，蒸発に伴う膜収縮，主成分沈降，物質拡散，

毛細管力，蒸発速度，等

　塗布層吸収率については光伝播解析との相関も確認している．特に温度推移については,近年,計算結果と実測値との間に良好な一致が見られている．

　図 17 にリチウムイオン電池の正極材乾燥プロセスについての解析例を示す．対象とするスラリーは，主成分のリチウム酸化物に溶媒の NMP，さらにはバインダーを混合分散したもので，乾燥高速化に伴いバインダーが膜表面付近に析出して電池性能が劣化する（マイグレーション）ことが以前より問題視されている．ふく射を伴わない系については詳細な報告がある [13,14]．

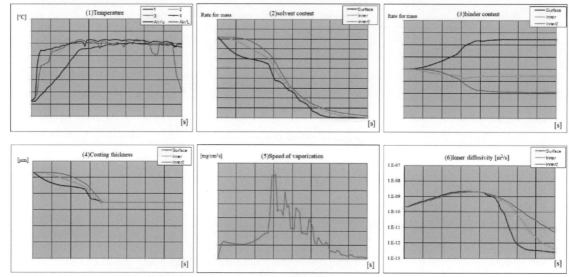

■上段；左から温度推移,溶剤濃度推移，バインダー濃度推移
■下段；左から膜厚み推移,蒸発速度,(主成分と溶剤間の)拡散係数

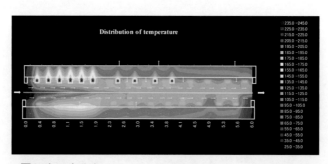

■炉内温度分布

図 17　解析例

図 17 上側の 6 つのグラフは連成解析によって得られた温度,溶剤濃度,バインダー濃度,膜厚み推移,蒸発速度,主成分と溶剤間の拡散係数の時間（炉長さ方向寸法)変化を示す．

　溶剤濃度/バインダー濃度等については塗布膜を厚み方向に 3 分割して位置による差異を表示している．図 17 下図は炉壁含む系全体の断面内温度分布であり，炉内上部のドットに見える部

分が近赤外選択ヒータの位置を示す．ヒータ位置や給排気位置はソフト上でワンタッチ設定可能となっており，様々な条件下における乾燥効果の相違を机上にて容易に比較検討することができる．ただし，各ヒータの適切な出力や，溶剤乾燥速度の定量的な予測には，実験データに基づくパラメータフィッティングが必要となる．近赤外選択ヒータを適切に配置し，かつ乾燥中盤でやや乾燥速度を低下させるとバインダー偏析が抑制される場合があり，その因果関係は図17 に示した物理量の相関により一部説明可能である．ただし，拡散係数の推算式の形が温度依存性を含め極めて複雑で，さらに寄与がトレードオフとなる物理量が複数存在すること等もあり，一般化が困難である．(商品毎に)スラリー組成の違いによっても状況は大きく異なるので，ここでは解析例を掲載するにとどめる．

8. まとめ

本章では，近赤外選択システムを中心とした赤外線乾燥プロセスについて概要を紹介した．以下要旨を簡潔にまとめる．

・従来型セラミックヒータは波長選択性が希薄で放射・吸収の波長合致は簡単ではない．
・一方で，全波長を同時放射するため急速加熱が特徴である．
・製造ラインでの低温度環境要請が乾燥プロセスへの赤外線の普及を阻んできた．
・近赤外選択システムが実用化され，ふく射＋低温乾燥環境の提供が可能になった．
・同システムは対流を適切に併用すると多くの効果が期待できる．
・遠赤外波長選択も可能だが開発途上である．
・赤外線乾燥プロセス効率化には，空間構成がヒータ構造と同程度に重要である．
・波長選択を考慮した乾燥数値解析手法が確立してきた．
・特定波長と分子のインタラクション解明は今後の重要な研究テーマとなりうる．

現在までに近赤外選択ヒータシステムについては，理論体系構築をはじめ適用分野開拓，効果の検証等少なからず進展が見出された．波長選択の側面からは，今回は紙面の都合上詳細を紹介できなかったが，メタマテリアル等を用いた直接的な放射スペクトル制御もいっそう検討されるべきである．従来の赤外線による熱処理は，多くの場合灰色体型のふく射空間のもとで実施されてきたこともあり，赤外域の特定波長における光と分子の相互作用についてはまだほとんど未解明といってよい．被加熱物内部で吸収された後の赤外線エネルギーはすべてが即熱に変換されるとは限らず，蒸発に直接寄与する等，波長によってその役割が異なる可能性は十分に考えられる．発想の転換が必要とされるステージに来ているといえよう．ただし常に波長制御が有効であるわけではなく，各種従来型の高い昇温性能も有効活用する等，用途に応じて各方式を柔軟に使い分けるべきである．加熱，特に乾燥プロセスの効率化を実現する上で，今後熱ふく射がキーテクノロジーとなることを祈念する．

参考文献

1) 「特集：ふく射を放射する，ということ」の各解説論文，
伝熱 Vol.50, No.210, (2011).

2)　戸谷剛 他, 溶剤の 3μm 吸収帯で加熱する赤外線乾燥,
　　54th National Heat Transfer Symposium of Japan, Vol.Ⅲ（2017-5）.

3)　長尾忠明, ナノ・マイクロ構造を用いた熱ふく射制御, サーマルデバイス, pp.103-119,
　　エヌ・ティー・エス, (2019).

4)　近藤, 選択波長赤外線を用いた新規熱処理システム, TED newsletter, No.83（December2017）.

5)　藤原邦男, 兵頭俊夫, 熱学入門,東京大学出版会, pp.166-167, (1998).

6)　Kondo, Y., Yamashita, H., Theoretical Analysis of Thermal Radiative Equilibrium by a Radiosity Method, *Thermal Science and Engineering*, 19, 1 (2011)

7)　Kondo, Y., Theoretical analysis of thermal radiative equilibrium in enclosed system and numerical analysis of temperature of substrate in enclosed system, 名古屋大学学位論文, (2011).

8)　板谷義紀 他, 最新伝熱計測技術ハンドブック, pp.229-235, テクノシステム, (2011).

9)　谷口博 他, パソコン活用のモンテカルロ法による放射伝熱解析, pp.24-28, コロナ社, (1994).

10)　Miyanaga, T., Nakano, Y., Analysis of Infrared Radiation Heating of Plastics, *T.IEE Japan*, Vol.110-D, No9, pp.975-982, (1990).

11)　Miyanaga, T., Nakano, Y., Analysis of Infrared Radiation Heating (Part3), *Komae Research Laboratory Rep*. No. T89073, (1991).

12)　The Japan Society of Mechanical Engineers ed., JSME Data Book : Heat Transfer 5th Edition, (2009), p.3, pp.135 -136.

13)　張躍 他, 乾燥時の PVA 偏析に関する数学的シミュレーション,
　　日本セラミックス協会学術論文誌 101(1170)180-183, (1993).

14)　今駒博信 他, 多孔体の対流乾燥におけるバインダー偏析モデルのスラリー平板への応用
　　化学工学論文集 37(5)432-440, (2011).

第 11 章　最近の学術動向と計測評価手法の進展

山村　方人

（九州工業大学）

1．最近の動向

　乾燥技術、とりわけ乾燥中に塗布膜内に形成される微細構造の評価・制御技術に対する研究の比重が高まっている。例として、塗布プロセス技術を扱う比較的大きな国際会議の一つであるヨーロッパ塗布シンポジウム（European Coating Symposium）について、２００５年および２０１５年における口頭発表件数の割合を、テーマ別に分類した結果を図１に示す。なお重複を避けるため、複数の区分に当てはまる発表はいずれか１つの項目に割り当てられている。２００５年には、ウェット塗布技術を取り上げた発表が全体の８割以上を占めている。特に動的接触線の不安定性に関する報告が多いのが特徴であり、高速塗布時の動的濡れの問題に関心が集まっていたことがわかる。これに対して２０１５年には、乾燥技術に関する発表の割合が大幅に増加している。中でもリチウムイオン電池、有機薄膜太陽電池、燃料電池など機能性粒子を含む塗布膜の乾燥に関する報告が多く、この中には、後述する厚み方向の粒子積層の問題なども含まれる。また有機半導体や液晶など、乾燥中に相転移を伴う物質を含む塗布膜の乾燥に関する報告の数も増加している。材料特性を生かした機能発現とプロセス改善による低コスト化が期待されるこれらの分野は、新素材開発の潮流とも連動して、近年特に注目されている。

　乾燥研究への高い注目は、塗布流動の研究が飽和していることを意味しない。むしろ、近年の数値流体解析技術の発展に相俟って、実プロセスに近い複雑な非定常流れや、実験的な検討が困難な微視的流れに対する厳密な解析の進展が目覚ましい。前者の例として、２層同時スロットダイ塗布流れにおける外乱に対する塗布膜厚みの応答挙動[1] や、パターン塗布における塗り終わりの塗布膜形状制御[2] が、後者の例として動的接触線近傍における気液界面形状の変曲点に着目した空気同伴開始速度の予測[3] などが、それぞれ挙げられる。さらに、塗布流れ場中における球状[4] および非球状粒子[5] の配列予測や、フォワードグラビア塗布における曲面への３次元液体転写過程[6]、並びに、テンションウェブ塗布における塗布可能領域（コーティングウィンドウと呼ばれる）の予測[7] に関する数値解析も進められており、今後も現実的な流れ場への流体解析技術の適用が進むものと期待される。ただし、こうした先端流動解析に注力している研究グループの数は、世界的に見ても限られる。

　以下では、2010-2019 年に学術雑誌に報告された塗布乾燥に関する論文から、注目すべき研究を取り上げ、その概要と新規性を基礎的事項と併せて述べる。2 節では2層スロットダイ塗布の厚み変動、3 節ではパターン塗布の端部膜厚制御、4 節では動的濡れに関する最近の考え方、5 節では乾燥に伴う粒子分散液の自己積層、6 節では相分離塗布膜の計測技術について、それぞれ紹介する。

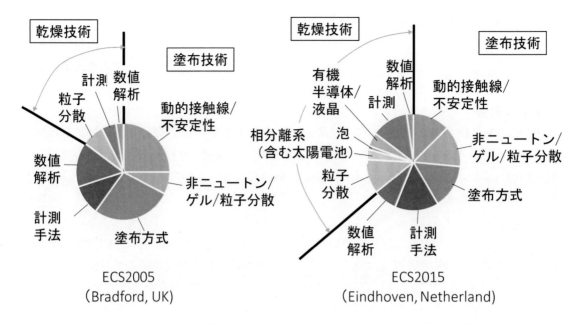

図1 ヨーロッパ塗布シンポジウム（ECS）の口頭発表件数の内訳

２．外乱存在下における２層スロットダイ塗布の厚み変動

　スロットダイ塗布は前計量塗布の一種である。そのウェット膜厚は、定常状態で操作されるかぎり、ダイへの供給液流量と液体が塗布される基材の速さのみで決定され、他の操作変数には依存しない。しかし現実のプロセスでは外乱が少なからず存在する。例えば偏心したバックアップロールが基材を介してダイの反対側にあると、コーティングギャップがロール回転に対応した周期で変動する。この外乱に応答して、上流側および下流側にある気液界面の位置および形状、並びに、ビード内の圧力場が変化すると、ギャップ変動に対してある遅れを持った塗布膜厚の周期的変動が現れる。

　正弦波で表される外乱を入力として与え、出力の振幅や位相から系の特性を解析する手法は、周波数応答と呼ばれる。例としてギャップの時間変動 $H(t) = H_0 + H_m \sin(\omega t)$ を外乱として与えた場合を考えよう。ここで ω は変動の周波数、H_0 はコーティングギャップの基準（設定）値、H_m はその最大変動量である。外乱がない場合の基準膜厚を t_0、膜厚の最大変動量を t_m とすると、外乱に対する膜厚の感度は $\alpha = (t_m/t_0)/(H_m/H_0)$ で定義される増幅係数で評価できる。ギャップ変動が緩慢でその周波数の低いとき、流れは定常状態とほぼ変わらないので $\alpha = 0$ となる。すなわちコーティングギャップの時間変動が存在しても、膜厚は一定値を保つ。また逆にギャップ変動が非常に速い場合も、その変動に流れが追従できないので、増幅係数は低くなる。これに対して変動周波数がある範囲にあるとき、感度 α は極大値を示し、外乱に起因する膜厚変動が現れる。

　Maza ら(2015)は、有限要素法を用いた２層同時スロットダイ塗布の周波数応答解析[1] を報告している。図２に示すように、低周波数領域では上下層共に増幅係数は $\alpha = 0$ であるのに対して、高周波数領域における下層の増幅係数は上層のそれに比べて小さい。すなわち２層同時塗布

におけるコーティングギャップの変動は、上層膜厚の変動として優先的に生じる。増幅係数が10、コーティングギャップの基準値 $H_0 = 100\ \mu m$、変動値 $H_m = 0.5\ \mu m$、基準ウェット膜厚 $t_0 = 25\ \mu m$ の場合を考えると、ギャップ変動による上層の膜厚変動量は $(10)(0.5/100)(25) = 1.25\ \mu m$ となる。

さらに彼らは、外乱に対する膜厚の感度がダイ形状に依存することを報告している。上流側ダイリップ先端位置に対する下流のそれとの間の距離を L とすると、$L = 0$ すなわち両リップが同じ高さにある場合を base 形状と呼び、$L > 0$ の場合を underbite 形状と呼ぶ。キャピラリ数が同一であるとき、underbite 形状の方が上層の増幅係数が base 形状の場合に比べ低く、より外乱に強い。この傾向はコーティングギャップの変動周波数によらず同じである。

この結果は、Romero ら(2008)が報告したニュートン流体の単層スロットダイ塗布[8]の場合と定性的に逆であることに注意しなければならない。Romero らの解析によれば、300Hz 以上の高周波数領域では underbite 形状の方がより高い増幅係数を示し、より外乱に弱い。これは underbite では、ギャップ変動による圧力分布の変化がコーティングビード内で十分に緩和されないためと説明されている。

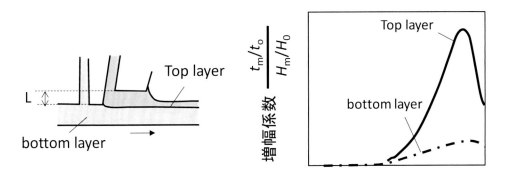

図2　2層スロットダイの
コーティングギャップの周期的変動に対する厚み応答[1]

3．パターン塗布における端部膜厚制御

基材上のある特定の領域のみに塗布液を塗布する手法はパターン塗布（あるいはパッチ塗布、間欠塗布、離散塗布）と呼ばれる。例えばリチウムイオン電池の電極形成プロセスでは、スロットダイへの供給液量を制御することで、スラリーを矩形状パターンとして塗布する場合が多い。簡単のため、ダイへの液供給を断続的に開始—停止させてパターンを形成させる場合を考える。液供給を開始すると、スリット部から出た塗布液は一定速度で走行する基材表面に接触する（図3a）。このときダイリップ表面には2つの静的接触線（図中白丸）が、基材表面には2つの動的接触線（図中黒丸）が、それぞれ形成される。下流側の動的接触線が基材の走行方向へと移動

すると、塗布膜が下流側に形成される（図3b）。供給液量と基材速度がそれぞれ一定であれば、定常状態における塗布膜厚は一定である。液供給を停止すると、スリット出口より下流側では停止前と同様に液体薄膜が形成されるが、上流側ビード内の液体体積は時間と共に減少し、やがて気液界面が下流側へ移動して、2つの静的接触線は共に下流側ダイリップ表面に位置するようになる（図3c）。さらにビード内の液体体積が減少すると、この2つの静的接触線は近づき、trailing edge と呼ばれる液架橋が形成される。この液架橋は時間と共に細くなり、ある時刻で破断する（図3d）。このとき端部膜厚が局所的に厚くなると、後に続く乾燥工程における欠陥形成や、その後の巻き取り不良の要因となる場合がある。

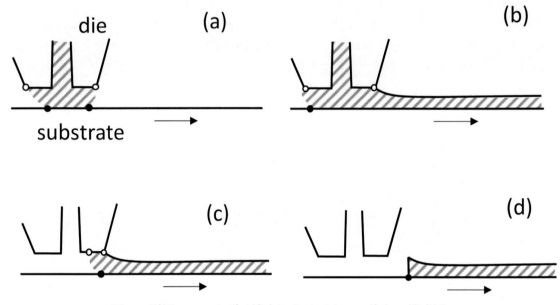

図3　単層スロットダイ塗布によるパターン塗布の模式図

Maza ら(2017)は、図3の(c)から(d)への遷移過程に着目した2次元数値流体解析を行い、破断時の trailing edge 内の液体体積が大きいほど、端部での液膜厚みが増加することを示している[2]。ダイリップ表面上の静的接触角 θ_s が増加するほど trailing edge がより短時間に破断して、塗り終わり端部の厚膜化は抑制される（図4）。これは θ_s が増加するに従い気−液−固接触線がダイリップのコーナーに固定されやすくなるためと説明されている。ただし彼らの解析はニュートン流体を対象としたものであり、電池用スラリーのように非ニュートン性の強い液体に対して、この考察がそのまま成り立つかは厳密には定かでない。

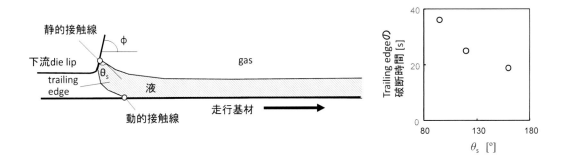

図4　スロットダイへの液供給を停止した場合の液面形状の模式図と trailing edge 破断時間に
与える接触角の影響[2]

4．動的濡れに対する考え方

　一定速度で移動する固体基材と静止した気液界面（あるいは静止した固体基材と一定速度で移動する気液界面）の交線は動的接触線と呼ばれる。例えば気液界面が静止している場合、気液界面に沿った座標上における基材走行方向の流体速度は、動的接触線において 0 から基材速度へと不連続に変化する。このとき速度勾配および応力は動的接触線で無限大に発散するので、動的接触線は力学的特異点となる。この特異性（singularity）を回避するため、基材表面における"すべり（slip）"速度を導入したモデルがしばしば用いられるが、基材に直交する方向のすべり長さ（slip length）を一意に決定できないとの指摘も古くからなされている。すべりの代わりに、気液界面に沿った物性値の変化を導入するモデル[9]も提案されており、動的接触線の力学的扱いには今なお議論がある[10]。

　動的接触線において、液側に対し固体表面と気液界面とがなす角を動的接触角という。一般に、動的接触角は基材速度と共に単調に増加する。Blake and Ruschak（1979）は、ある臨界基材速度で動的接触角が $180°$ に達すると、動的接触線が下流側に頂点を持つ楔形へと変形することを示し、この臨界速度を最大濡れ速度（maximum wetting speed）と名付けた[11]。最大濡れ速度以上の基材速度では、液と走行基材の間に挟まれた楔形空気相が力学的に不安定となり、その先端から分裂した気泡が液中へ混入する。この現象は巨視的空気同伴と呼ばれ、空気同伴が生じる基材速度の下限値を空気同伴開始速度という。空気同伴開始速度を理論的に予測するには、動的接触角と基材速度の間の定量的関係（例えば Cox[12]）を導出することで、動的接触角が $180°$ となる臨界速度を求めればよいとこれまで認識されてきた。

　これに対して Vandre ら（2013）は、動的接触線近傍の微視的流れに関する厳密な 2 次元数値解析を行い、動的接触線が $180°$ となることが空気同伴開始条件ではないことを示している[3]。彼らは、一定速度で走行する基材表面における微視的接触角（$\theta_{mic} = 90°$）を与えて、液中および空気中の 2 次元流れ場および気液界面の形状を算出し、基材表面から離れたある位置において気液界面が変曲点を持つこと、及び、この変曲点における界面と基材表面とのなす角として求められる動的接触角（θ_M）は基材速度基準のキャピラリ数（Ca）に依存することを、それぞれ示している（図5）。彼らの解析結果によれば、ある臨界キャピラリ数（図5中白丸）以上では支

配方程式を満たす定常解は存在しない。臨界キャピラリ数以下では同一の Ca で 2 つの動的接触角が解として存在し、このうちより接触角が大きな解では、変曲点より下流側における気液界面が基材表面に対し凸状に湾曲した capillary ridge が形成される。臨界キャピラリ数における動的接触角は 180° 以下であり、接触角が 180° を超えてはじめて動的接触線が不安定化するとのこれまでの定説を Vandre らの結果は覆している。また空気相の粘度を無限小とした場合では、動的接触線は Ca と共に単調増加し、臨界キャピラリ数は存在しない（図中点線）。この結果は、空気同伴現象を考える上で空気相側の流動を考慮することが必要不可欠であることを示唆しており、気相側の流れ場を無視した過去の数値解析結果の妥当性に疑問を投げかけるものである。空気相が動的濡れに与える影響は物理的に次のように解釈される。空気相の厚みは基材走行方向に狭くなるので、空気相内部の圧力は基材走行方向に増加する。キャピラリ数が増加するほど、空気膜はより下流へと引き延ばされ、より大きな圧力勾配が空気膜内部に生じる。臨界キャピラリ数に達すると、界面応力は空気相内の圧力を支えることができなくなり、気液界面は変形して capillary ridge が形成される。

　最近 Liu ら(2019)は、界面活性剤を含むカーテン塗布流れに対して同様の解析手法を適用し、臨界キャピラリ数と空気同伴開始速度の実測値との間に整合性があること、カーテンの慣性力によって空気同伴が抑制される "hydrodynamic assist" の存在を空気層を考慮した解析によって説明できること、界面上の表面張力分布に起因するマランゴニ応力の存在が臨界キャピラリ数に大きな影響を与えることなどをそれぞれ示している[13]。

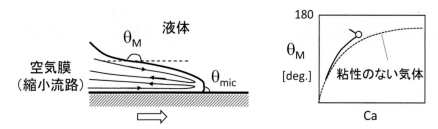

図 5　動的接触線近傍における微視的接触角 θ_{mic} と動的接触角 θ_M[3]

5．粒子分散液の乾燥に伴う自己積層

　固体微粒子が均一分散した分散液を、水平に置かれた非浸透性固体基材上に単層塗布すると、乾燥過程において厚み方向の粒子濃度分布が生じる条件がある。特に異種粒子が共存している分散液において、一方の粒子が塗布膜表面または底面に優先的に分布する現象は偏析（migration）あるいは自己積層（self-stratification）と呼ばれる。

　例えばリチウムイオン電池負極の製造プロセスでは、黒鉛と高分子微粒子をカルボキシメチルセルロース（CMC）水溶液に共分散させた分散液が銅基材上に塗布される。高分子微粒子は黒鉛粒子間および黒鉛粒子―銅基材間の結着材としての役割を果たす。しかし乾燥工程で高分子微粒子が塗布膜表面に偏析すると、塗布膜底面と―銅基材間の結着強度が相対的に弱くなり、電極剥離などの乾燥欠陥の要因となる。一方で触媒粒子を含む塗布膜の乾燥では、自己積層させることがむしろ望ましい場合もある。これは触媒粒子を表面に偏析させることで、塗布膜全体に分布さ

せた場合に比べてより少量の添加量で同等の触媒活性が得られる可能性があるためである。

　積層状態を決定する速度過程として１）粒子のブラウン運動速度、２）乾燥に伴う気液界面の後退速度、３）粒子の重力沈降速度、並びに、４）基材への分散媒の浸透速度などが挙げられる。まず１）と２）について考えよう。熱運動する分散媒（溶媒）分子が分散粒子へランダムに衝突すると、液中の粒子はブラウン運動を示す。ブラウン運動は、粒径が小さいほどまた分散媒の粘度が小さいほど激しい。一方で溶媒の蒸発によって塗布膜は厚み方向に収縮し、気液界面が内部へ向かって後退する。ブラウン運動速度が界面後退速度に比べて十分遅ければ、界面の後退に追随できない粒子は気液界面に堆積し、粒子濃厚層が液体層表面に形成される（図６a）。他方、濃厚層の下に広がる底層中の粒子は、界面後退の影響をほとんど受けることなくブラウン運動を続けるので、均一な粒子分布が保たれる。その結果、乾燥中の塗布膜は粒子濃厚層と底層からなる２層構造を示す。逆に粒子のブラウン運動が膜収縮に比べて十分速い場合には、界面位置の変化に関わらず膜内の粒子の濃度分布は均一となる。この問題はRouth and Zimmerman(2004)らによって初めて理論的に扱われた[14]。彼らは粒子に関する１次元濃度方程式を解き、気液界面の後退速度（E）と粒子のブラウン運動速度（v）の速度比で定義されるペクレ数（$Pe = E/v$）が大きいほど、急峻な粒子濃度分布が膜内に形成されることを示している。粒子のブラウン拡散係数をStokes-Einstein の式で評価すると、ペクレ数は$Pe = 6\pi\mu EHR / (kT)$と表される。ここでHは塗布膜厚み、Rは粒子半径、μは粒子を含まない分散媒体の初期粘度、Tは液の絶対温度、kはボルツマン定数である。

　Cardinal ら(2010)は、上述の Routh らのモデルに３）の粒子沈降の効果を導入している[15]。粒子の比重が分散媒のそれに比べて高いとき、重力によって粒子は鉛直下方へ沈降する。沈降速度が粒子のブラウン運動に比べて十分速ければ、乾燥中に粒子は沈降し、塗布膜底面に粒子濃厚層が形成される。Cardinal ら[15]は粒子と溶媒のみからなる２成分系について、粒子の沈降速度（u）と界面後退速度の比である沈降数（$Ns = u/E$）と上述のペクレ数を用い、粒子の分布状態を蒸発(Evaporation)支配、沈降(Sedimentation)支配および拡散(Diffusion)支配の３つに分類した乾燥マップを提案している。粒子が塗布膜内で均一分散状態を保ったまま乾燥が進行するのは Pe ≪1 かつ Ns ≪1 の拡散支配領域である。蒸発支配（Pe ≫1）および沈降支配（Ns ≫ 1）の各領域では、塗布膜表面と底面にそれぞれ粒子濃厚層が形成される。

　さらに Buss ら(2011)は、溶媒に溶解し且つ粒子表面への吸着量が無視小な高分子成分の影響を Cardinal らのモデルに導入している[16]。彼らの解析では、溶媒として水、高分子としてポリビニルアルコール（PVA）を想定した物性値が用いられており、高分子を含まない場合に比べ、3vol%の PVA を含む水溶液では蒸発支配領域が拡大することが示されている。これは高分子成分が溶解することで水溶液の粘度が増加し、その結果として粒子のブラウン運動がより緩慢となると共に、粒子の重力沈降速度が低下することに起因する。

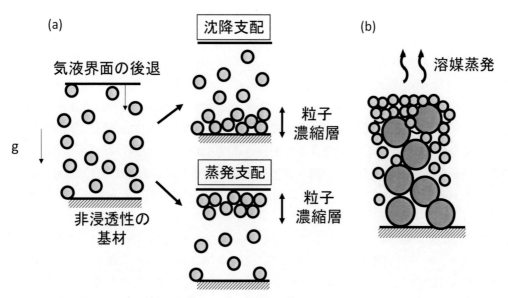

図6 （a）単分散塗布膜の乾燥過程における沈降、蒸発支配、および(b)二峰性分布を持つ塗布膜中の small-on-top（SoT）構造の概念図

　なお蒸発支配と沈降支配の境界では、濃厚層—中間層—濃厚層からなる３層積層構造が乾燥中に現れる。これは粒子のブラウン運動に比べ気液界面の後退速度と沈降速度が共に速いので、塗布膜表面と底面にそれぞれ粒子濃縮層が形成されるためである。

　さらに Sand ら（2011）は、分散媒の基材への浸透を考慮した数値解析を行い、浸透速度が粒子のブラウン運動速度に比べて十分に速ければ、重力の影響が無視小でも基材表面近傍に粒子濃厚層が形成されることを示している[17]。これは乾燥と濾過操作が同時に進行するためである。

　重力沈降の影響が無視でき且つ二峰性分布を有する粒子分散系において、小粒子が塗布膜表面に優先的に存在する small-on-top（SoT）構造が、ある条件下で形成されることが知られている（図６b）。表面に優先的に濃厚層を形成するのはブラウン運動がより緩慢な大径粒子であるはずであるから、上述の乾燥マップの考え方に従う限り SoT 構造の発現を説明できない。この問題はコロイド科学における最近のホットな研究テーマの一つである。SoT 構造の形成機構には様々な提案がなされているが、大別すると I）大小粒子間の静電反発力の差異[18]、II）浸透圧勾配による粒子泳動[19]、III）多成分系における交差拡散[20]、IV）毛管流れによる粒子の移流[21]－[22] に着目したものに分類できる。これらの仮説はいずれも SoT 構造の発現を説明できるものの、厳密には I）～III）は乾燥初期すなわち塗布膜内の最表面に位置する粒子が気液界面から露出する前までの定率乾燥期間にのみ適用可能な考え方であり、乾燥後期における粒子運動を無視していることに注意しなければならない。この点は前述の Routh ら（2004）、Caardinal ら（2010）、Buss ら（2011）の解析も同様である。

　これに対して IV）の仮説は、粒子が気液界面から露出することで発生する毛管力に基づくものであり、乾燥後期に相当する減率乾燥期間に適用可能な考え方である。隣接する粒子表面に接し基材方向に湾曲した曲率半径 r の気液界面があるとき、ここで表面張力を σ とすると、気体と

液体と間にはσ/rで表される圧力差が生じる。この圧力差は毛管圧またはラプラス圧と呼ばれる。大気圧を基準とすると、この毛管圧によって液相の圧力は気相のそれに比べて負圧となる。この負圧によって塗布膜底面から表面へ向かう圧力流れが生じると，充填層を形成する大粒子間の空隙を通って小粒子が移動し、小粒子は優先的に膜表面に偏析する。小粒子の大きさが隣接する大粒子間の空隙サイズよりも大きければ、空隙を通過することができず，SoT構造は生じない。

　SoT構造が減率乾燥期間で発現することを示した例としてTashima and Yamamura(2017)の報告がある[23]。彼らは粒子径の異なる非蛍光（大粒径）、蛍光（小粒径）ポリスチレンラテックス粒子をカルボキシメチルセルロース（CMC）水溶液に共分散させた分散液について、乾燥中における蛍光粒子からの発光強度と、乾燥に伴う分散液の質量減少、並びに、塗布膜表面に対し傾斜されて照射したレーザ光の散乱パターンとを同時計測し、塗布膜表面で光散乱が開始する定率－減率乾燥の遷移領域において、発光強度が急激に増加する現象を捉えている。この蛍光強度の増加は、蛍光粒子である小径ラテックス粒子が塗布膜表面に偏析したためと考えられる。またこの結果は、ランベルトベール則と粒子の物質収支を組み合わせた発光モデルによる蛍光強度の推算値が、実測値とよく一致することによっても裏付けられている。

　さらに最近ではSoT構造に留まらず、塗布膜表面に高分子リッチ層を有する高分子―粒子積層構造[24]や、大粒子―小粒子―大粒子が厚み方向に積層したサンドイッチ構造[25]など、能動的な粒子積層構造の制御へ向けた研究が活発に進められている。

6．相分離塗布膜の乾燥経路計測

　溶質（例えば高分子）成分を共に揮発性の良溶媒と貧溶媒の混合物に溶解させた溶液塗布膜を乾燥させた場合、良溶媒の乾燥速度が貧溶媒のそれに対して高いと、乾燥の進行と共に貧溶媒の濃度が増加する。溶質と貧溶媒は互いに非相溶であると、貧溶媒の濃度が臨界値を超えると溶質リッチな相と貧溶媒リッチな相への自発的相分離が進行する。最終的に貧溶媒の乾燥が完了すると、貧溶媒リッチ相は空隙となり、塗布膜は多孔質となる。しばしば貧溶媒相分離と呼ばれるこの現象を理解し、適切な相構造を塗布膜内に形成させるためには、良溶媒および貧溶媒の乾燥速度を独立に決定し、組成の時間変化を把握することが重要である。異なる乾燥時刻における組成の軌跡を相図上に示した曲線は、乾燥経路（drying path）と呼ばれる。

　乾燥経路を得る手法の一つとして、熱流束―質量同時計測法がある。溶媒成分i（=A、B）の蒸発潜熱をΔH_i、乾燥速度をr_iと書くと、乾燥中に塗布膜厚み方向を通過する熱流束すなわち単位時間単位面積あたりの熱移動量qは式（1）で表される。ここで式(1)の右辺第1、第2項は溶媒AおよびBの乾燥によって塗布膜から奪われる蒸発潜熱の、第3項は膜から空気への対流伝熱の熱流束をそれぞれ表す。hは塗布膜表面における空気の境膜伝熱係数、T_sは膜表面温度、T_bは乾燥雰囲気の境膜外における温度である。また各溶媒の乾燥速度の合計は、電子天秤等で測定した質量減少より得られる乾燥速度r_{total}に等しく、式(2)が成り立つ。

$$q(t) = r_A(t) \triangle H_A + r_B(t) \triangle H_B + h(T_S(t) - T_b) \cdots (1)$$

$$r_{total}(t) = r_A(t) + r_B(t) \cdots (2)$$

従って熱流束qと乾燥速度r_{total}を異なる乾燥時刻で計測し、それらを用いて式(1)(2)を連立して解けば、成分 A、B の乾燥速度が時間の関数として得られる。得られた乾燥速度を時間積分すると、任意の乾燥時刻までにおける各溶媒の蒸発量が得られるので、初期溶媒量からの差を取ることで、異なる乾燥時刻における塗布膜内平均の溶媒濃度を算出することができる。

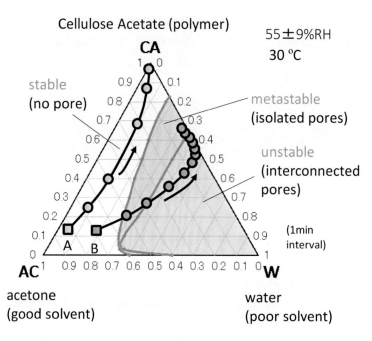

図7　酢酸セルロース―アセトン―水系の乾燥経路の測定例

　一例として、酢酸セルロース(CA)―アセトン(AC)―水(W) 3成分系の乾燥経路の測定結果を図7に示す。図中のプロットはそれぞれ1分毎で計測した平均組成を示す。酢酸セルロースに対し水は貧溶媒であるので、相図上の水分濃度が高い領域で相分離が進行する。初期水分濃度が低い乾燥経路 A の場合、乾燥の進行と共に水分濃度はゆっくりと増加するものの、乾燥経路は相分離領域へ入らず、乾燥後の塗布膜は非多孔質となる。これに対して初期水分濃度の高い乾燥経路 B は、乾燥開始後すみやかに2相領域へと入り、塗布膜内部で相分離構造が形成される。溶液内に含まれる残留アセトンの濃度が低くなると水の乾燥が優先的に進行し、乾燥経路は大きく湾曲して相図上の頂点へ向かって移動する。この乾燥経路 B では、表面に緻密なスキン層を有する多孔質塗布膜が得られる。

　　しかし上述の手法には、厚み方向の局所組成分布を得ることが原理的に困難であること、3成分以上の揮発成分が含まれる場合には新たな方程式が必要となること、両溶媒の蒸発潜熱の差が小さいと式(1)(2)は非独立となり物理的に正しい乾燥速度が算出されないことなどの課題がある。多成分系塗布膜における乾燥過程の in-situ 計測にはラマン分光法がしばしば用いられるが、相分離系では相界面における光散乱が生じるため十分な強度のラマン信号を得ることが一般に難しい。ただし最近では、一

部の成分を置換し相間の屈折率差を低下させることで、相分離膜内の厚み方向の濃度分布の計測に成功した例[26)]も報告されており、今後の計測技術の発展が期待される。

7．今後の展望

　ウェット厚み 1μm 以下の精密塗布技術と、ウェット厚み 100 μm 以上の精密乾燥技術は、いずれも今後のチャレンジングな課題である。特に後者では、濃厚粒子分散液あるいはゲルなど、内部構造を有する塗布液を扱うケースが増加するものと予想される。乾燥後に目的とする膜構造・機能を発現させるには、混合分散工程における塗布液内の微細構造、塗布工程で液体に作用するせん断による液内構造の変形、及び、乾燥工程における構造回復などを評価することが重要である。

　溶剤系の同時多層塗布・乾燥技術も、未だ系統的な検討が不足している分野である。溶剤系では塗布層間の拡散混合がしばしば問題となるが、層間混合を最小限に抑えるべく拡散時間よりも速い時間スケールで乾燥させる技術を目指すのか、あるいは逆に、隣接する層界面に特定の厚みの拡散層を形成させることで塗布膜の機能制御へ繋げるのかなど、検討には複数の方向性がある。

　さらに、高温下で液中の微細構造が崩壊し目的機能が失われるような塗布液の低温高速乾燥技術、柔らかな基材への高速薄膜塗布技術、分散粒子を3次元積層させる塗布乾燥技術なども、近い将来に重要となるものと考えられる。

　上述のいずれの課題に対しても、材料技術者とプロセス技術者の協業が不可欠であり、産学が共同して製品や業種の違いを超えた共通基盤技術としてのプロセスサイエンスを整備することが強く求められる。

参考文献

[1] D. Maza, and M.S. Carvalho; *AIChE Journal*, 61, 1699-1707 (2015)

[2] D. Maza, and M.S. Carvalho; *Journal of Coatings Technology and Research*, 14, 1003-1013 (2017)

[3] E. Vandre, M.S. Carvalho, and S. Kumar; *Physics of Fluids*, 25, 102103 (2013)

[4] D.M. Campana, L.D. Valdez Silva, and M.S. Carvalho; *AIChE Journal*, 63, 1122-1131 (2017)

[5] I.R. Siqueira, R. B. Reboucas, and M. S. Carvalho; *AIChE Journal*, 63, 3187-3198 (2017)

[6] D.M. Campana, and M.S Carvalho; *Journal of Fluid Mechanics*, 747, 545-571 (2014)

[7] J. Nam, and M.S. Carvalho; *Chemical Engineering Science*, 65, 4065-4079 (2010)

[8] O.J. Romero, and M.S. Carvalho; *Chemical Engineering Science*, 63, 2161-2173 (2008)

[9] Y. Shikhmurzaev; *Journal of Fluid Mechanics*, 334, 211-249 (1997)

[10] M.C.T. Wilson, J.L. Summers, Y.D. Shikhmurzaev, A. Clarke, and T.D. Blake; *Phys. Rev. E*, 73, 041606 (2006)

[11] T.D. Blake, and K.J. Ruschak; *Nature*, 282, 489-491 (1979)

[12] R.G. Cox; *Journal of Fluid Mechanics*, 168, 169-194 (1986)

[13] C.-Y. Liu, M.S. Carvalho, and S. Kumar; *Chemical Engineering Science*, 195, 74-82 (2019)

[14] A.F. Routh, W.B. Zimmerman; *Chemical Engineering Science*, 59, 2961-2968 (2004)

[15] C.M. Cardinal, Y.D. Jung, K.H. Ahn, and L.F. Francis; *AIChE Journal*, 56, 2769-2780 (2010)

[16] F. Buss, C.C. Roberts, K.S. Crawford, K. Peters, and L.F. Francis; *Journal of Colloid and Interface Science*, 359, 112-120 (2011)

[17] A. Sand, J. Kniivila, M. Toivakka, T. Hjelt; *Chemical Engineering and Processing*, 50, 574-582 (2011)

[18] A.K. Atmuri, S.R. Bhatia, A.F. Routh; *Langmuir*, 28, 2652-2658 (2012)

[19] A. Fortini, I. Martin-Fabiani, J. L. De La Haye, P.-Y. Dugas, M. Lansalot, F. D'Agosto, E. Bourgeat-Lami, J. L. Keddie, and R. P. Sear; *Physical Review Letters*, 116, 118301 (2016)

[20] J. Zhou, Y. Jiang, and M. Doi; *Physical Review Letters*, 118, 108002 (2017)

[21] H. Luo, L.E. Scriven, and L.F. Francis; *Journal of Colloid and Interface Science*, 316, 500-509 (2007)

[22] S. Lim, K.H. Ahn, and M. Yamamura; *Langmuir*, 29, 8233-8244 (2013)

[23] T. Tashima, and M. Yamamura; *Journal of Coatings Technology and Research*,14, 965-970 (2017)

[24] M.P. Howard, A. Nikoubashman, and A.Z. Panagiotopoulos; *Langmuir*, 33, 11390-11398 (2017)

[25] W. Liu, A.J. Carr, K.G. Yager, A.F. Routh, and S.R. Bhatia; *Journal of Colloid and Interface Science* 538, 209-217 (2019)

[26] H. Yoshihara, and M. Yamamura; *Journal of Coatings Technology and Research*, 16, 1629-1636 (2019)

第 12 章　印刷型有機集積回路と応用展開

時任　静士

（山形大学）

1．はじめに

　分子内に広がった π 電子構造を有する有機分子は固体状態（分子集合体）で優れた発光特性や電子伝導性を示すことが知られており、シリコンを基本とした従来の分野と異なる新しい半導体の学問分野を形成しています。それが有機半導体と称される分野であり、その代表的な出口が有機 EL、有機太陽電池、有機薄膜トランジスタ（TFT）です。一方で、近年、従来の手法に捉われない新しい電子デバイスのものづくりが注目されています。真空環境を用いず、大気中で溶液からの塗布法や印刷法を用いた方法で、国内だけでなく、欧州や米国、アジアの各国で研究開発が精力的に進められています。なぜ、それほど注目されているのかと言うと、従来のものづくりと比較し、大幅に低コストで製造できると言った期待からです。しかし、本質は、それだけでなく、低温プロセスのため、非常に薄く柔軟、さらには伸縮可能なプラスチックフィルムが基板として使えるため、従来に無いフレキシブルあるいはストレッチャブルな電子デバイスが実現できることもある。また、印刷法そのものが、容易に多品種、少量生産や大面積電子デバイスの製造に適していることや、省エネルギーで CO_2 排出を抑えた低環境負荷の製造であることも大きな特徴です。有機材料は分子が基本単位であることから低温で溶媒等に溶けやすく、溶液からの乾燥後に緻密な薄膜を形成することが可能です。つまり、本質的に印刷法を用いたエレクトロニクスに適していると言えます。有機半導体を活性層に用いた印刷型有機 TFT の特性はここ 10 年で大幅に向上し、その安定性や再現性も大幅に改善されています。

　筆者らは長年、有機材料を活用した印刷型電子デバイスの研究を行なってきました。特に、有機 TFT とその集積化の可能性を検討し、印刷法で作製した有機 TFT がアナログ、デジタル集積回路へ応用可能であることを報告しています。応用の具体的な例としては、センサとの組み合わせたセンサシステムの実現であり、この場合、両者を印刷法で基板上に一体的に作製することが可能です。また、フレキシブル有機 EL や電子ペーパーをアクティブ駆動するバックプレーンも注目されている応用です。本稿では、筆者らの研究室で進めている印刷型有機集積回路とその応用展開について最新技術を紹介します。

2．印刷材料と印刷技術

　有機 TFT を印刷法で実現するには、印刷材料、つまりインク（あるいはペースト）、それをパターン形成する印刷プロセス、および電子デバイスの高い専門性が必要となります。この 3 つの分野が連動することで最適な条件が整い、実用化に耐える有機集積回路が実現できると考えています。

　重要な材料の一つが配線や電極に用いる導電材料で、銀インクや銅インク、導電性高分子があります。銀インクには古くから知られているマイクロ銀粉を用いたペースト系に加えてナノ粒子系が開発されています。これらは印刷法でパターンを形成後に 150℃程度で焼成することで低抵

抗化します。通常、銀ペースト系が 50μΩcm の抵抗率であるのに対して銀ナノ粒子インクは 5μΩcm 程度の低抵抗率が実現可能です。現在、ペースト系が主流ですが、低温焼成で低抵抗を求める場合はナノ粒子を使わざるを得ません。半導体としては、酸化物半導体のようなものもあるが、低温プロセス（150℃以下）を必須と想定すると、有機半導体の方が適しています。有機半導体は分子構造の違いから低分子系と高分子系があり、いずれもインク化が可能です。また、有機半導体のもう一つの特徴は、分子構造を工夫することで、P 型と N 型特性の両方を実現できることです。課題として、これらの骨格は平面的で剛直なため、有機溶媒に対する溶解性に限界があり、通常は 1wt%程度が溶解可能な濃度です。

　一方、絶縁材料としては、高分子系が代表的で有機半導体よりもインク化が容易です。実際の電子デバイスはかなり複雑な積層構造となるため、パターン化された薄膜の形成後には溶媒に対する耐性、つまり溶解しないことが必要となります。一般には、性質の異なる溶媒を使い分けるか、あるいは架橋反応によってその薄膜自体を不溶化する方法を取ります。

　印刷法としては、古くから知られているスクリーン印刷法に加えて、グラビアオフセット法、フレキソ印刷法、反転オフセット法（凸版反転法）、インクジェット法があります。これらは図 1 に示すように印刷パターンの膜厚と微細化（解像度）にそれぞれ特徴があります。スクリーン印刷法は最も成熟した印刷法であり、印刷エレクトロニクス分野でもすでにタッチセンサなどの製造に適用されています。グラビアオフセット印刷も徐々にその導入が進んでいます。これらの印刷法は高い解像度は不要であるが厚い膜厚が必要な場合に適しています。　一方、高解像が必要な場合は反転オフセット印刷法が適しています。数ミクロンの L/S のパターン形成が容易に可能で、膜厚は 100nm 程度と有機 TFT の電極に最適です。筆者らはこの方法で、チャネル長がサブミクロンの有機 TFT 用電極の作製に成功しています。インクジェット法は、パターン印刷のための印刷版を作製する必要がないデジタルオンデマンドで、理想的な印刷法とも言えます。その場で即座にパターンを設計し印刷できる手法です。しかし、解像度に限界があり、通常は線幅が 100μm 以上で、厚みは 100nm 以下に制約されます。このインクジェット法の欠点を補う方法として、基板表面の親撥制御があります。撥液性の特殊高分子薄膜表面に紫外光を照射することでその部分を親液化した後、インクジェット法でインクを滴下しその親液部にインクを閉じ込めることで微細パターンが形成できます。現在、銀ナノ粒子インクでは、線幅が 10μm、L/S で 10 /20μm の銀配線パターンの形成に成功しています。有機 TFT の電極を想定したときに重要なことは、印刷パターンの断面プロファイルです。一般には、両端部は明瞭な立ち

図 1　各種印刷法の特徴： 解像度と膜厚

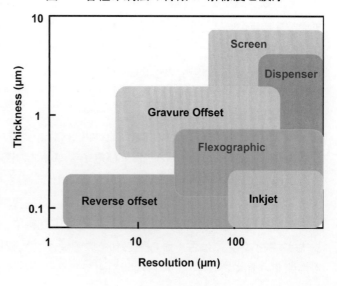

上がりで全体が平坦であることが要求されますが、印刷パターンではなだらかな立ち上がりや両端部がより厚くなる現象が多々見受けられます。この点でも、反転オフセット法は理想的なプロファイルが形成できる方法です。

　実際の集積回路等は非常に複雑な構造をしているため、複数の印刷法を併用して作製することになります。そこで、注意しなければならないのがインクの粘度です。スクリーン法やグラビアオフセット法が 1000mPs かそれ以上の高粘度が必要であるのに対して、反転オフセット法やインクジェット法では 10mPs 以下の低粘度を調製する必要があります（図2）。材料のインク粘度をこの領域に調製できないと印刷することができません。材料の溶解性がその材料によって大きく異なることがこの印刷技術をより複雑にしています。例えば、前述した有機半導体の場合、その溶解可能な濃度は 1wt% 程度で、インクの 99% は溶媒ということになります。粘度を上げるには添加剤を加えるなどのインク調整が必要です。しかし、電子材料であることを考慮すると、その添加物の選択は慎重に行う必要があります。また、精度良くパターーンを形成するには、粘度だけでなく、そのインクの表面張力や溶媒の蒸発速度を調整する必要があります。

図2　各種印刷法の特徴：　適性インク粘度

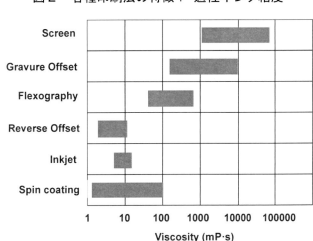

3．印刷型有機薄膜トランジスタ

　有機半導体には低分子系と高分子系があり、どちらかと言えば、低分子半導体がトランジスタの半導体として盛んに適用されています。ここでは、低分子系であるジチエノベンゾジチオフェン系の DTBDT を紹介します。この有機半導体は著しく結晶性が高く、溶液状態から 2 次元的な結晶成長が発生し、極めて大きな板状結晶の薄膜を形成します。シリコン基板上で蒸着金電極を用いることで潜在的には 10cm²/Vs 近い移動度が可能です。ここでは、電極等も印刷法で作製する印刷型有機 TFT での特性を紹介します。まず、インクジェット法でゲート電極、ソース、ドレイン電極を形成します。ゲート絶縁層としては、気相法で容易に形成できるパリレンを用いています。基板表面の濡れ性を制御することで 10μm レベルのチャネル長が実現できる。有機半導体層は低分子有機半導体と汎用高分子、代表的にはポリスチレンを混合したインクを作成して、ディスペンサーで塗布します。図3はボトムゲート・ボトムコンタクト構造でチャネル長が 56μm と 8μm の印刷型有機 TFT のトランジスタ特性です。数 V の非常に低い電圧駆動でも 1 cm²/Vs の移動度が達成できています。また、架橋性 PVP やフルオロ系高分子をゲート絶縁層に

図3　DTBDT を用いた印刷型有機 TFT（P 型）の基本特性：チャネル長が 56μm と 8μm の場合

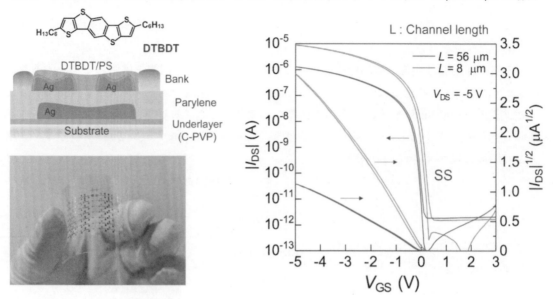

用いることで、全ての作製工程が印刷技術できるため全印刷型有機 TFT を作製可能です。特性もほぼパリレンを用いた場合と同等です。

　一方、高分子系では、分子内ドナーアクセプター相互作用を利用した主鎖共役系高分子、MOP-01 を用いて作製した印刷型有機 TFT で、移動度 0.2cm²/Vs を得ています。高分子系の特徴はやはりその均一性です。印刷法で作製した高分子系薄膜は非常に均一で低分子系で見られる多結晶構造は無く、この薄膜の均一性がトランジスタ特性のばらつきを小さくしていると言えます。

　有機半導体は、N 型の報告例が非常に少ない。筆者らは、長年、新規N型の研究を進めてきた。基本となる分子骨格はアクセプタ性のベンゾビスチアジアゾールであり、隣接するチオフェンとドナーアクセプター相互作用する。N型性の発現と有機溶媒に可溶化のために、分子両端にシアノ基などの電子アクセプタとアルキル長鎖を付加しています。分子構造を反映して LUMO 準位が非常に深いため、酸素の影響を受けにくく大気中でも安定な材料です。図4にトップゲート・ボトムコンタクト構造の印刷型有機 TFT での特性を示す。動作電圧が 5V 領域で良好な特性、具体的には0.4cm²/Vs の移動度と 10⁶ のオンオフ比を示

図4　TU-3 を用いた印刷型有機 TFT（N 型）の基本特性：チャネル長=20μm

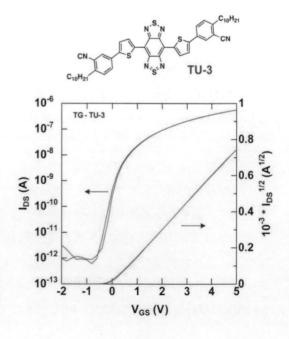

し、印刷型の N 型有機 TFT としてはトップレベルの性能です。

　以上、述べたように、有機 TFT の代表的な特性としては、N 型、P 型ともに、移動度が 0.4 - 1cm^2/Vs 程度、電流 on/off 比は 10^6 - 10^{7}程度で、アモルファスシリコン同等レベルと言えます。特記すべきは、フォトリソグラフィー法を使わずに薄いプラスチック基板上に 150°C 以下の低温で薄膜トランジスタが実現できることが大きな魅力です。

４．印刷型有機集積回路とその応用展開

　筆者らが試作した代表的な集積回路としては、P 型有機 TFT で構成した擬 CMOS インバータ回路、TFT アレイ、リングオシレータ、演算回路などがあります。図５に擬 CMOS インバータの例を示す。このインバータ回路では、5V の動作電圧で非常に理想的なスイッチング特性を示し 200 程

図５　印刷型擬 CMOS インバータ（１５個）の写真と基本特性

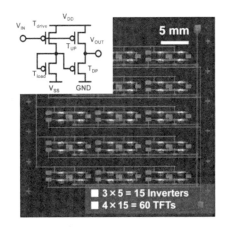

度の利得が得られます。また、非常に低い電圧 0.5V での動作も可能で、その場合でも 70 の利得を示します。

　回路の高集積化、高速化、省電力化を考慮すると、P 型と N 型を組み合わせた CMOS インバータを基本とした回路構成が必要となります。筆者らが開発した N 型有機半導体を用いることで、図６に示すような CMOS インバータ構造が印刷法で実現できます。ここで示すのは代表的な特性で、5V で良好なスイチング特性と利得 20 が得られます。これを基本回路にした D フリップフロップ回路やオペアンプ回路を試作し、同様に良好に動作することを確認しています(図７)。チャネル長が 40μm ほどあるため、動作周波数としては 10Hz 程度ですが、最大で 50 倍の利得が得られています。また、初期段階ですが、2 ビットの AD コンバータも実現できています。

　回路の集積度を高めるとともに性能向上のためには反転オフセット印刷法の採用が重要と考えています。この方法

図６　P 型と N 型有機半導体を用いた CMOS インバータの構造と基本特性

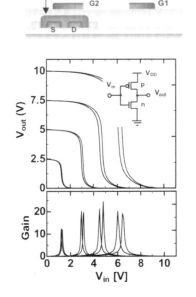

ですと、配線幅とチャネル長を数 μm で形成可能です。図8は多数のデジタル回路やアナログ回路を同一基板上に作製したものです。チャネル長が 10μm の有機 TFT からなる5段のリングオシレータの発振特性も同図に示しています。周波数 2kHz の発振を実現しています。インクジェット法を用いたチャネル長 40μm のものよりも 10 倍以上の高速となっています。現在、反転オフセット印刷法を中心として超微細回路を目指した印刷プロセスの構築を進めるとともに、作製した回路の特性評価を進めています。チャネル長を 10μm から 1 μm に縮小することで、その周波数応答性は 100 倍改善されることになり、また、ソース・ドレイン電極とゲート電極間の重なりを極力小さくすることで寄生容量を減らすことができさらなる周波数応答性の向上が期待で

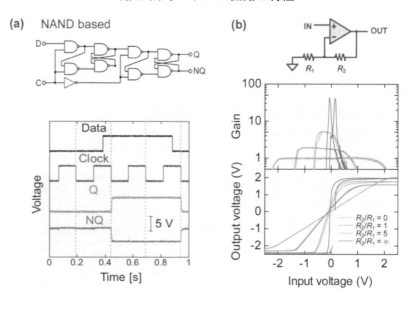

図7　CMOS インバータを用いた　(a)印刷型 D－フリップフロップ回路と(b)オペアンプ回路の特性

図8　反転オフセット印刷法で作製した集積回路の写真とリングオシレータの発振特性

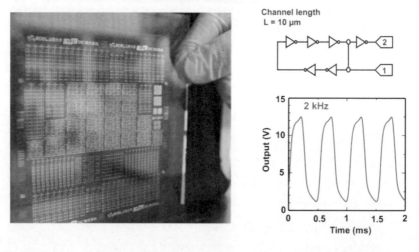

きます。これらの集積回路は、各種センサの信号増幅、電流―電圧変換、インピーダンス変換、A/D 変換などの周辺回路、さらにはフレキシブルディスプレイや2次元光センサへの応用が期待されます。

　具体的な印刷型有機集積回路の応用先として図9に示すマルチセンサシステムを提案しています。バイタル信号を取得する温度センサや圧力センサと汗中のイオンやグルコースを検出するバイオセンサが複数搭載されています。有機集積回路はこのセンサ信号の増幅や電流―電圧変換、インピーダンス変換に用います。信号の周波数としては 100Hz 以下であるため有機集積回路でも

十分に対応できる領域です。ここでは、その応用例を2つほど紹介します。

　まず、図10は圧電性材料である P(VDF-TrFE) を用いた印刷型圧力センサと3つの有機 TFT をダーリントン接続した増幅回路をプラスチック基板上に同時に印刷法で作製し、ウエアラブル脈波センサに応用した例です。圧力に対する圧電信号はこの増幅回路で約 10 倍に増幅されます。その結果、明瞭な波形の検出に成功しています。

　また、図11はバイオセンサに応用した例です。擬 CMOS インバータ回路をプラスチック基板上に作製し、酵素反応を利用した乳酸センサに接続しています。乳酸センサ自体はアンペロメトリックな計測法のため電流信号ですが、擬 CMOS インバータを電位調整回路と信号変換回路に用いることで、電流信号を電圧変換するとともに増幅することに成功しています。乳酸濃度に依存した電圧信号を 1V/mM の高感度で出力することを達成しました。今後、バイオセンサも同一基板に形成した完全フレキシブル

図9　有機集積回路と有機センサを組み合わせた
マルチセンサシステムの概念図

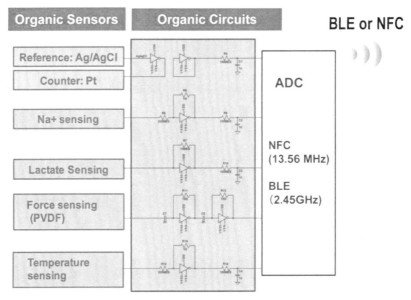

図10　有機増幅回路と圧力センサの一体化
および脈波計測への応用

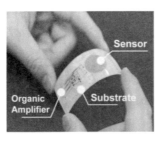

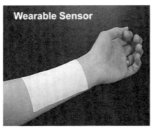

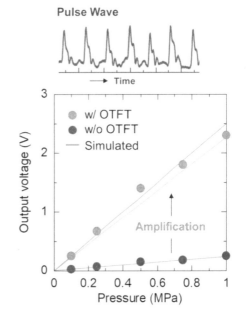

図１１　擬 CMOS インバータ回路の乳酸センサへの応用

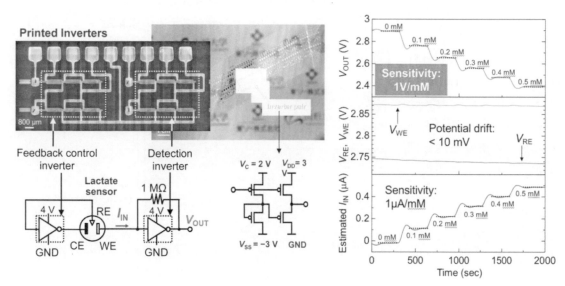

型の作製を予定しています。

　この他の応用としては、有機 EL ディスプレイ、電子ペーパー、圧力センサシートなどのアクティブ駆動のためのバックプレーンがあります。フレキシブル有機 EL ディスプレイでは、一部が印刷法ですが、2T-1C 型からなるバックプレーンでカラー動画表示に成功しています。

５．おわりに

　本稿では、印刷有機エレクトロニクスの魅力の一つとして、低温で汎用プラスチックフィルムに作製できる印刷型有機集積回路の基盤技術と応用について筆者らの研究を紹介した。印刷有機エレクトロニクスを次世代の新しい技術として立ち上げるには、分野を越えた多くの研究者や技術者、および前述した３つの分野がうまく連動して初めて現実化します。有機 TFT の歴史を振り返ると、着実に進化しており、長期的な観点での地道な研究の継続が重要と考えます。

(1)　C. D. Dimitrakopoulos and D. J. Masscaro, J. IBM & Dev., 45, 1 (2001).

(2)　熊木大介、時任静士、未来材料、Vol.12, No.6, 2 (2012).

(3)　D. kumaki, et al., Appl. Phys. Lett., 92, 013301 (2008).

(4)　K. Fukuda, et al., Organic Electronics, 13, 1660 (2012).

(5)　R. Shwaku, et al., Scientific Reports 6, 34723 (2016).

(6)　R. Shiwaku, et al., Adv. Electron. Mater. 6, 34723 (2016).

(7)　Y. Takeda, et al., Scientific Reports 6, 25714 (2016).

(8)　K. Hayasaka, S. Tokito, et al., Adv. Electron. Mater. 3, 1700208 (2017).

(9)　Y. Takeda, et al., Adv. Electron. Mater. 4, 1700313 (2017).

(10) H. Matsui, S. Tokito, et al., Scientific Reports 8, 8980 (2018).

(11) R. Shiwaku, et al., Scientific Reports 8, 3922 (2018).

(12) T. Sekine, et al., ACS Electron. Mater. 1, 246 (2019).

第13章　ウエラブル・デバイスの印刷形成と材料に求められる課題

沼倉　研史

（ＤＫＮリサーチ）

はじめに

　直接人体に貼り付けて使用する、ウエラブル・デバイスやメディカル・デバイスの需要の高まりに伴い、柔軟性のあるサブストレートの上に電子回路や電子デバイスを直接形成したフレキシブル基板やフレキシブルデバイスへの期待が高まっている。一方で、デバイスが直接肌に触れるために、伸縮性や通気性も求められることになり、これまでの標準的なポリイミドフィルムに銅箔をラミネートして作られる銅張積層板をエッチング加工して形成するフレキシブル基板では、必要な性能を実現できない状況が出てきている。これらの新しい要求仕様を満足させるためには、新しい材料のみならず、新しい工法、具体的には印刷プロセスの導入が必要になってくる。それに伴い、新しい回路設計基準も求められている。

１．ウエラブル回路に要求される機能

　これまでモバイル機器などに多用されてきているフレキシブル基板は、ベース材料として、主にポリイミドフィルム、あるいはＰＥＴフィルムが採用されてきている。はんだ付けのような高温処理が必要な場合にはポリイミドフィルム、大型で低コストが要求されるような場合にはＰＥＴフィルム、というような使い分けがなされている。これまでのフレキシブル基板は、あくまで導体回路としての性能向上を目指していたため、より高密度、より高い信頼性などが求められ、回路メーカーも、そのような要求を満足させるような技術、製品の開発を進めてきていた。ところが、今後市場が急拡大されるものと期待されているウエラブル・デバイスやメディカル・デバイスにおいては、使われ方が極めて多様であり、これまでほとんど考慮されなかったような特性が重要になってくる。表1は要求項目を並べてみたものであるが、これらの中にはベース材料の特性として相容れないものが少なからず見受けられる。例えば、従来のフレキシブル基板では、より高密度の回路を作るために、ベース材料に高い寸法安定性が求められていた。ところが、ウエラブル・デバイスにおいては、人体に直接貼り付けられるために、肌の動きに合わせて、デバイスも伸縮することが求められることになる。となると、ポリイミドフィルム、ＰＥＴフィルムなどでは、対応することが難しいので、ウレタンゴムやシリコーンゴムなどが基材としての候補になってくる。また、肌に直接貼り付ける、医療用使い捨てセンサーのような場合には、長時間肌に接していても違和感がないことが求められ、ポリイミドのようなプラスチックフィルムでは、要求項目を満足することは難しい。何分にも、従来のエレクトロニクスでは、基材に対して、吸湿性、通気性をできるだけ小さく抑えることが求められ、肌触りなどは重要ではなかったのに対して、新しいウエラブル・デバイスにおいては、逆に肌触り感は非常に重要で、そのため基材には適度な通気性、吸湿性が求められることになる。また、肌に直接触れるようなデバイスにおいては、人体にアレルギー反応がないことも重要である。このような医療用途においては、絆創膏に使われているような布地や吸水性の高い紙などの伝統的な素材が、要求を満足させる候補とし

て挙げられてくる。伝統的な材料は、すでにウエラブル材料として多くの実績があるが、電子回路、デバイスとしての実績は多くはない。特にプリント基板基材としての実績は皆無に近い。標準的なプリント基板の製作においては、まず銅張積層板を作り、これをフォトリソグラフィ、化学エッチングプロセスを組み合わせて回路を加工する。残念ながら、伸縮性のある材料は銅張積層板を作ることが極めて難しく、吸湿性の高い材料は、そのままエッチングなどの湿式工程を適用することは困難である。したがって、伝統的な素材を電子回路の基材として活用するには、まったく異なる加工プロセス、素材を考えなければならない。

さらに究極の医療用デバイスとして、今後需要が高まってくると考えられるのが、自己崩壊性（分解性）の回路である。それは、肌の上に貼付けられたり、体内に埋め込まれたデバイスが、一定期間を過ぎて不要になると、化学的に分解して、尿や垢のように、体外に排出されてしまうものである。このような目的を達成できる素材としては、オブラート（デンプン）フィルムが挙げられる。

このようなウエラブル、医療デバイスの現実的な回路加工法として、期待が高まっているのが、厚膜印刷回路技術である。以下に、その詳細と具体的な適用例を紹介していく。

表1　従来のフレキシブル基板と、新しいウエラブル回路に要求される特性の比較

従来のフレキシブル基板に要求される特性	ウエラブル回路に要求される特性
高密度配線	生化学的安定性
高い導電性、絶縁性	肌への親和性（肌触り）
高い寸法安定性	伸縮性
高い耐熱性	通気性
化学的安定性	透湿性、吸湿性
長い屈曲寿命	透明性
	機能回路の内蔵
	化学的な崩壊性

２．これまでのフレキシブル回路技術

現在携帯電話をはじめとして、多くのモバイル機器においては、狭いスペースに多くの配線を収容するために、大量のフレキシブル基板が使われている。これらのフレキシブル基板のほとんどは、ポリイミドフィルムに銅箔をラミネートした銅張積層板を化学エッチングプロセスで回路パタンを加工して回路を形成している。図1は、そのプロセスフローを示したものであるが、最新のフォトリソグラフィ装置と精密エッチングラインを使えば、ピッチ５０ミクロン未満の微細回路をRTR（ロール・ツー・ロール）で量産加工することができる。また、最新のレーザードリリング技術、積層技術を使えば、導体層が１０層以上の多層リジッド・フレックスを形成することができるようになっている。また、層構成を適格化すれば、1億回以上の耐屈曲性を持たせることもできる。ただし、適応できる曲げモードとしては、摺動と屈曲（図2）だけで、伸縮や捻れ（図3）に対しては、あまり対応できないのが実情である。これまでのフレキシブル基板に

おいては、相当に複雑な三次元構造であっても、大小の摺動と屈曲を組み合わせて、三次元構造の配線を実現していたのである。

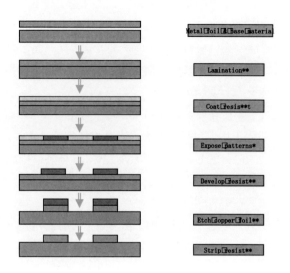

図1　サブトラクティブ（エッチング）法による片面回路の加工

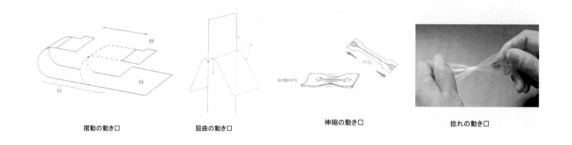

摺動の動き　　　　　　屈曲の動き　　　　　　伸縮の動き　　　　　捻れの動き

図2　フレキシブル基板の曲げモード　　　　図3　フレキシブルデバイスの曲げモード

　一方、多くのフレキシブル基板メーカーのプロセスでは、出発材料が銅張積層板になっているが、専門の材料メーカーから購入して、手当てしている。メーカーが必要とする素材を標準品として持っていなければ、カスタム仕様で作らせることになるが、かなりの手間と時間を要し、現実的ではない。特に、銅箔以外の材料で導体層を構成しようとすると、その難易度は著しく高くなる。例えば、回路に伸縮性を持たせるために、ベース材にウレタンゴムシートを選び、これにアルミニウム箔をラミネートしようとしても、両者の熱膨張特性が全く異なるために、積層板を作ることは至難の業である。仮にできたとしても、エッチングなどの湿式化学工程で、安定した加工を行うことは極めて難しい。

さらに、メディカル・エレクトロニクス回路においては、回路中にセンサーやアクチュエーターなどを直接形成するようなことが必要になってくるが、従来のフォトリソグラフィと化学エッチングプロセスで処理加工することは、不可能とまではいえないまでも、工程は極めて複雑なものになってしまい、経済性を考えると、現実的であるとはいえない。

３．厚膜印刷回路技術とその優位性

　従来のフォトリソグラフィ／化学エッチングプロセスに代わって、ウエラブル・デバイス回路の加工技術として挙げられるのが、厚膜回路印刷技術である。厚膜回路印刷技術自体は決して新しいものではなく、１９７０年代にはすでに基本技術は確立されており、パーソナルコンピュータのキーボード（図４）や電子レンジのタッチパネル（図５）、ハイブリッドＩＣのサブストレートなどに（図６）、大量に使われてきている。一方で厚膜印刷プロセスの要素技術は、この１０年間で長足の進歩をとげ、各種回路形成能力は、従来のそれとは大きく異なってきており、プリント基板の範囲を大きく越えるものになっている。

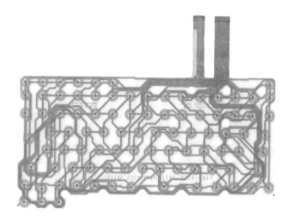

図４　厚膜印刷技術で作られたキーボード用メンブレン・スイッチ

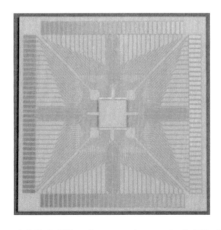

図５　厚膜印刷による電子レンジタッチパネル　図６　厚膜印刷によるセラミック多層回路

厚膜印刷法によるフレキシブル回路形成プロセスは、従来のフォトリソグラフィ／化学エッチングプロセス（図1）に比べると極めて単純で簡単である（図7）。出発原料はサブストレートになるベース基材と印刷インクだけである。銅張積層板のような特別な材料は必要ない。フォトレジストやエッチャント、剥離剤などの副資材も必要ない。加工プロセスとしては、印刷と熱処理（ベーキング）だけで、これも極めて簡素なものである。

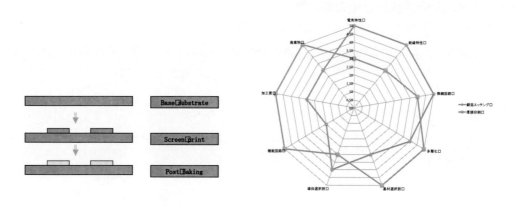

図7　厚膜印刷の基本プロセス　　　図8　厚膜印刷法とエッチング法の比較

　図8は、フレキシブル回路を製作することを想定し、従来のエッチング法と厚膜印刷法とを、観点を変えながら、両者の能力をレーダーチャート上で比較してみたものである。（数値は筆者の経験に基づくもので、蓋然性は高くない。）

　まず、電気特性でみると、厚膜回路の導体抵抗は、銅箔に比べて二桁から三桁大きくなってしまう。近年導体インクの導電性が向上し、導電性が高いインクが開発実用化されているが、それでも導体抵抗でみると、金属である銅箔に比べて一桁劣っている。このような厚膜導体の高い導体抵抗は、その導電機構に起因している。厚膜導体において、電気伝導性を担うのは、インク中に練りこまれている、銀のような金属微粒子、あるいは導電性のグラファイト微粒子であるが、導電性粒子は、マトリックス樹脂の収縮力によって、圧接される形になっており、電気は導電性微粒子の接点を通って移動していくことになる（図9）。導電性粒子の接点は、まさに点であり、銅箔がソリッドの金属であるのに対して、厚膜印刷導体の有効断面積は、１００分の１、１０００分の１にまで、小さなものになってしまう。さらに、金属接触点には酸化物生成などによる、接触抵抗が加わることになり、厚膜導体全体としての導体抵抗を押し上げることになる。

　このような厚膜導体の導電メカニズムを考慮すれば、導体の導電性を向上させる方策は限られたものになってしまう。まず最初に考えられるのは、インク中の導体粒子の体積比率を上げると同時に接触点密度を上げることである。具体的には、導体粒子を小さくする、大きな導電性粒子の空隙を埋められるような微粒子を混入する、接触点を増やすために、導電性粒子の形状を剥片状にする、などの案が試みられている。それでも、導体抵抗を一桁下げることは至難の技である。次いで試みられているのが、導体粒子の接点面積を大きくすると同時に、金属結合を形成する方法である。具体的には、導体材料として銀の錯体化合物を練り込み、還元雰囲気でベーキングを

行い、金属銀を析出させて、金属結合を形成する。このような処方により、厚膜導体の導電性を一桁以上向上することに成功しているが、それでもソリッドの金属銅の導体に比べて一桁劣っている。このギャップを埋めることは、技術的には困難と考えられる。

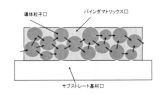

図9　厚膜回路導体に電気が流れるメカニズム

　厚膜印刷回路のもう一つの大きな問題点となるのが、銀インクのマイグレーションに起因する絶縁特性の劣化である。マイグレーションとは、回路間に電位があると、プラス側の導体金属原子が、マイナス側に移動していく現象で、金属では銀のそれが著しく大きい。特に高温高湿の環境では、マイグレーションの速度が大きく、回路間の短絡事故に至る危険性がある。このため、銀を主要な導体材料としている厚膜印刷回路においては、絶縁障害を起こす主要な要因となってくる。厚膜回路の設計者としては、絶縁性を確保するために、マイグレーションを抑える適切な措置をこうじる必要がある。これまでに、グラファイトインクの重ね印刷、カバーレイ保護層の形成、表面への金属めっき処理などの方法が選択肢として提案されているが、いずれの方法でも、適用範囲が限定されており、回路設計において、自由度を制限することになる。

　最近の厚膜印刷回路の微細パタン形成能力の向上には目覚ましいものがある。特に、スクリーン印刷においては、スクリーン版、印刷機、スキージー、インクなどの関連資材の能力の改良が進み、５０ミクロンの導体幅を量産できるようになっている。条件がそろえば、３０ミクロンの線幅を印刷することも可能である。一方で、銅箔をエッチング加工するプロセスの微細パタン能力も継続して向上しており、３０ミクロン未満の導体幅を量産加工できるようになっている。今後、両者の差は縮まっていくものと考えられるが、膜厚の均一性、量産に置ける歩留まりを考慮すると、逆転することは考えにくい。

　まだ実績は少ないが、厚膜回路の多層化は、銅箔導体に比べて、はるかに容易である。通常の銅箔エッチング法で両面スルーホール回路を作ろうとした場合、図１０に示されているように、製造プロセスには、ドリリング、銅めっきなどの工程が加わり、全体としては、１０ステップを越える煩雑なものになってしまう。しかも出発材料として、両面構成の銅張積層板を用意しておかなければならない。一方、厚膜印刷法を使えば、図１１、図１２に示されているように、裸のベースフィルムを出発材料として、両面、あるいは片面２層回路を、３〜４ステップで加工することができる。しかも、加工に必要とする工程は、両面構成の穴開け装置を除けば、印刷機と焼成用オーブンだけであり、小規模生産であれば、装置の兼用が可能で、設備投資は最小限で済ませることができる。導体層が三層以上になる多層回路の加工となると、厚膜印刷法の優位性はさ

らに高まり、部分多層などの特殊構成への対応も容易である（図13）。

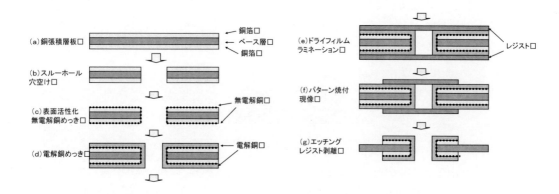

図10　サブトラクティブ法による両面スルーホール回路の加工

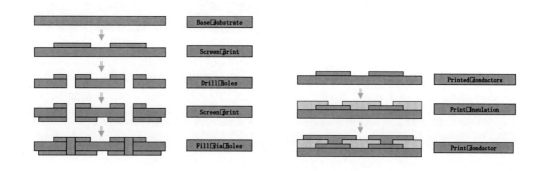

図11　厚膜印刷法による両面TH回路　　図12　厚膜印刷法による片側2層回路

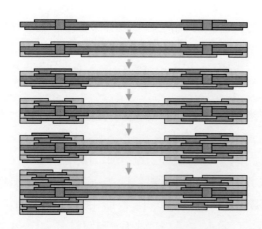

図13　厚膜印刷法による不均一多層フレックスの形成

従来のエッチング法では、出発原材料として銅張積層板を使うのが一般的であるが、基板加工

メーカーとしては、専門のラミネートメーカーから購入している。したがって、新たな素材を回路基材として採用しようとすれば、メーカーに特別仕様の銅張積層板の供給を依頼しなければならない。それには、多くの時間、費用がかかり、少量の試作などには、対応できない。一方、厚膜印刷法では、ベースになる素材がシート、あるいはフィルム状になっていれば、直接回路形成が行われる。（印刷インクの密着性などの確認は別途必要になる。）したがって、ウエラブル・デバイスのように、新しい素材で回路を作ろうとするならば、厚膜印刷法が圧倒的に有利である。

　広い意味での導体の選択肢は、ケースバイケースである。エッチング法では、その金属が箔状になっていれば、銅箔以外の金属で積層板を作ることは可能である。しかし、厚膜印刷法では、あるレベル以上の導電性を確保しようとするのであれば、現実には銀以外の選択肢はないといってよい。一方で、グラファイトインク、導電性透明有機化合物インク、銀ナノワイヤなどの、特殊な性質を持った導体材料は、インク状に調整して、印刷加工するしかない。

　ウエラブル・デバイスやメディカル・デバイスにおいては、センサー、アクチュエーター、発光体、ディスプレイなど、回路中に受動、能動部品の埋め込み形成が求められるケースが増えてくる。これを実現するためには、導電体、絶縁体以外の機能材料を回路中に付加加工する必要性がある。今後必要になってくる機能材料は千差万別であるが、素材を粉体化、インク化できれば、厚膜印刷プロセスを適用できる可能性がある。エッチング法では、このような新素材の処理は、極めて難しいか、実質的にほぼ困難である。

　加工コストについては、プロセスが簡素であるだけに、エッチング法に比べて、厚膜印刷プロセスが優位になる。特に大型回路の加工においては、貴金属である銀を主要導体として使うにしても、厚膜印刷法の方が安価である。加工に必要な主要設備は、印刷機と熱処理用のオーブンだけなので、設備投資は最小限度で済ませることができる。また、厚膜印刷に必要な設備はいずれもコンパクトであり、クリーンルームを設置するにしても、小規模のもので間に合う。

　対環境性についても、厚膜印刷法は優位にある。エッチング法が、原材料から必要な部分を除去していく、いわゆるサブトラクティブ法であり、製品として残る部分に比べて廃棄物として処理される部分の方が多いのが現実である。また、副資材として使われるエッチングレジスト、エッチャント、レジスト剥離剤なども、最終的には廃棄物になる。これらの廃棄物は、最終的に液体の形で排出されるので、なんらかの廃液処理が必要である。一方厚膜印刷プロセスは、必要なところに必要なだけ材料を付着させる、ほぼ完全なアディティブ法であり、基本的に廃棄物は出てこない。それだけに、環境への負荷も小さいことになる。

　図8のレーダーチャートは、項目ごとに厚膜印刷法とフォトリソグラフィ／エッチング法を比べてみたもので、総合点を計算して、採用、不採用を決めるような筋合いのものではない。また、厚膜印刷法が有利だとしても、必要な機能を持ったインク材料が無いのでは検討する価値がない。新しいフレキシブルなデバイスを作るにあたっては、回路の主要部を加工するのに、どの工法が最もふさわしいかを判断し、さらに完成品としてまとめるために、他の項目について確認していくことが必要である。また、場合よっては、異なるプロセスを組み合わせて、互いの欠点をおぎなうような製品設計、工程設計も必要になる。

４．厚膜印刷技術によるフレキシブル機能回路の製作

　厚膜印刷法の特徴は、特殊な機能材料をフレキシブル基材の上に直接パタン印刷できることである。これまでに、この能力を活用して、様々なフレキシブルデバイスが、開発、実用化されてきている。以下に、その例を紹介していく。

＊　受動部品モジュール

　もっとも基本的な電子部品といえば、受動部品（抵抗器、コンデンサ、コイル）であるが、いずれも厚膜印刷プロセスの単純な組合せにより、回路中に形成することができる。抵抗の構造は単純で、高抵抗体であるグラファイトインクを１回印刷するだけで、抵抗体を形成できる。この抵抗体は、パタンを変えることにより、３桁以上抵抗値を作り出すことができる。スクリーン印刷だけで達成できる抵抗体の精度は、±１０％程度であるが、レーザートリミング処理で±１％の精度がえられる。また、適当なインク材料を選べば、±３００ppm／℃の温度安定性がえられることが確認されている（図１４）。

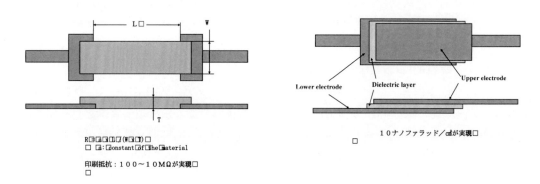

図１４　厚膜印刷法で作る埋込抵抗体素子　　　　図１５　厚膜印刷法による埋込コンデンサ

　印刷コンデンサは３層構造になるので、２回の追加印刷になる。印刷コンデンサの容量は、誘電体の誘電率と電極面積に比例し、誘電体の厚さに反比例する。これまでに得られているフレキシブル印刷コンデンサの容量は１０ナノファラッド／cm²程度である。これを大きくするには、誘電体の誘電率を高めることが鍵になる（図１５）。

図１６　厚膜印刷による４層コイル　　図１７　フレキシブル受動部品モジュール

印刷コイルは、すでに出来上がっている回路の上に、追加形成することができる。しかもいくらでも、層を加えられるので、狭いスペースに大きなインダクタンスを構築することができる（図１６）。

　このように、受動部品はいずれも印刷プロセスだけで形成できるので、同じインクを使う印刷プロセスを共有印刷プロセスとして活用すれば、少ない印刷回数で複数の受動部品を一括して形成する、受動部品モジュールを製作することができる。図１７の例では、音声認識モジュールの受動部品を全てスクリーン印刷で形成している。

＊　医療用センサーモジュール

　医療診断装置に使われるセンサーにおいては、電極部を直接人体に接触させるケースが少なくない。電極モジュールは直接肌に触れるので、肌の動きに追従するべく、基材としてはウレタンゴム、あるいはシリコーンゴムが使われることが多い。電極そのものは、基材の伸縮に追従するために、厚膜印刷プロセスで形成される。図１８は印刷形成された電極部のパタン例を示しているが、センサーモジュールとしては、この上に電解質や酵素溶液などが印刷塗布される。

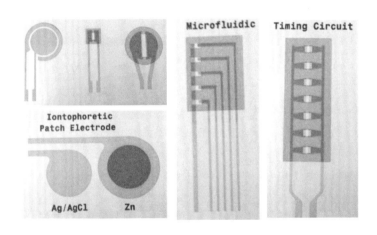

図１８　厚膜印刷法で作るフレキシブル医療用センサーの電極パタン

＊　フレキシブル発光体、ディスプレイ

　すでに有機ELは、ディスプレイ技術として確立されているが、無機（あるいは有機）EL材料を印刷形成することにより、フレキシブルな発光体、ディスプレイを作ることができる。層構成として、いくつかの構成が提案されているが、共通しているのは、透明電極層、発光層、電子需要層で、いずれも印刷処理が可能である（図１９）。透明電極用材料としては、ＩＴＯ、導電性透明有機化合物、銀ナノワイヤインクなどが、使われている。基材全面に印刷を行えば、フレキシブル発光体になり（図２０）、パタン印刷を行えば、フレキシブルなディスプレイとなる（図２１）。これまでに、様々な色の発光体が実用化されているが、汎用性を持たせるためにはまだ改良の余地がある（図２２）。

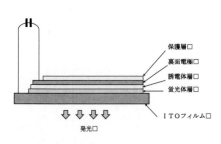

保護層□
裏面電極□
誘電体層□
蛍光体層□
ITOフィルム□
発光□

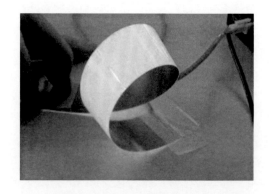

図19　厚膜印刷によるフレキシブルEL構成　　図20　厚膜印刷によるフレキシブル発光体

図21　厚膜印刷によるELディスプレイ　　　図22　厚膜印刷によるカラーELディスプレイ

　自発光ではないが、印刷プロセスで作られるフレキシブル・ディスプレイとして実用化が進んでいるものにeペーパーがある。すでに、eブックやeニュースペーパーなどで量産が始まっている。当初は白黒のみのディスプレイのみであったが、最近では、カラー化が進んでいる。

＊　フレキシブル圧力センサーアレイ

　これまでに、様々な構成の圧力センサー、荷重センサーが厚膜印刷法で実用化されているが、センサーの機構別で分類すると、抵抗値を測定するもの、ピエゾ効果の変化を見るもの、静電容量の変化を計測するもの、などが挙げられる。それぞれ特殊な材料を塗布加工しなければならないが、適切なバインダーを加えてペースト状に調整できれば、スクリーン印刷法でパタン加工できる。

　図23に示されているのは、スポーツ医学用に設計されたセンサーデバイスで、靴の底にしいて、足の裏にかかる荷重分布を連続的に計測する圧力センサーアレイモジュールになっている。この例では、PETフィルムに銀インクをスクリーン印刷することによりセンサーアレイを形成しているが、回路としては両面スルーホール構造になっている。ベース材料として、伸縮性のあるウレタンゴムの薄いシートを使うこともできる。なお、このセンサーモジュールは大きめに作られており、試験を受ける被験者の足に合わせて、ハサミで切りそろえることができるようにな

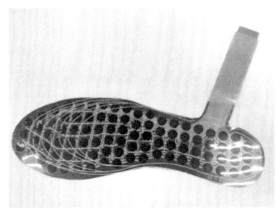

図２３　厚膜印刷による靴底用圧力センサー　　　図２４　厚膜印刷によるベッド用圧力センサー

っている。

　スクリーン印刷プロセスであれば、伸縮性、通気性のある布地への印刷加工も可能である。スクリーン版さえ準備できれば、かなり大きなサイズの二次元圧力センサーアレイを直接印刷形成することができる。図２４に示したのは、ベッドのマットレスにかかる荷重分布を連続的に測定するために設計された大面積センサーアレイモジュールで、全てスクリーン印刷で加工されている。人が寝た状態で、長時間連続的に荷重を測定するために、湿気がこもらないように、基材に通気性のよい布地を採用している。導体には、伸縮性のある銀ペーストを採用している。

＊　フレキシブルな一次電池、二次電池

　薄いフレキシブルな電池が印刷プロセスで作ることができれば大きな用途が見込まれるために、多くのメーカーによって実用化が試みられている。図２５に示されているように、基本構成はほぼ同様で、すでに標準品として商品化されている。技術的には、回路の中に直接埋込形成する形態と、個別にフレキシブル電池を作っておき、必要に応じて、回路に貼り付け、電源とする構成である。これまでのところ、後者が選ばれるケースが多いようである。経済性を考慮すると、まだ改良の余地があると考えられている。特に成功の鍵になるのは、電解質と電極の材料である。

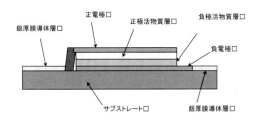

図２５　　厚膜印刷法で形成する一次電池の層構成

＊　フレキシブル太陽電池

　環境問題への関わりから、代替エネルギー源として、印刷形成するフレキシブル太陽電池への注目が集まっている。すでに、日米欧の複数のメーカーが、大規模の製造設備を構築し、量産体制を整えている。残念ながら、大型事業として、フレキシブル太陽電池が成功に至っている例はまだないといって良い状況である。シリコンをベースとする従来タイプの太陽電池の市場価格の下落する速度が著しく大きく、価格競争において劣勢にあるためである。

5．まとめと今後の展望

　ここまで、厚膜印刷法で作られるフレキシブルな回路、デバイスについて紹介してきたが、成功例に共通しているのは、その機能が従来技術では達成することが難しいか、極めて困難で、厚膜印刷が唯一の現実的な加工プロセスになっていることである。今後、ウエラブル分野、メディカル分野に限らず、用途はさらに拡大していくものと考えられるが、実用化のキーになるのは、材料の開発である。印刷エレクトロニクスにおける機能材料は、単体では機能せず、実際には、材料の形態、印刷法、相手の基材材料、治工具（特にスクリーン印刷では版が重要）、プロセス条件などを最適化する必要がある。

第14章　微細印刷のパターニング原理と応用プロセス

日下　靖之
（産業技術総合研究所）

1. はじめに

　印刷技術は古くから文字情報や図形情報を伝達する手段として用いられてきた。印刷技術は、広義にはパターン形成技術とみなすことができるため、色材インクの代わりに機能性インクを印刷することで視覚的情報以外の機能を付与する試みが進められている。フォトリソや真空蒸着プロセスと比して簡便かつ省エネルギーなプロセスとなることから産業界の関心も高い。受動素子、能動素子、電極、実装配線、光学素子、メタマテリアル等の応用先にあわせて最適な印刷手法が選択される。エレクトロニクス用途では、スクリーン印刷、インクジェット印刷、グラビアオフセット印刷および反転オフセット印刷がよく検討されている。各工法の流れと一般的な特徴をそれぞれ図1と表1に示す。

　ここでは各種印刷工法のなかでも特に微細パターンが形成可能な反転オフセット技術について解説する。

2. 反転オフセット印刷の基礎

2.1 プロセス概要

　反転オフセット印刷では、まず表面平坦なシリコーンゴムシートに一様にインクを塗布する。塗布乾燥後、抜き版と呼ばれる凹凸基板にインク膜を押し当てて、抜き版凸部にインク転写し、不要部分を除去する。この受理工程(または OFF 工程)によりシリコーンゴム表面にインクパターンが形成され、これを改めて被印刷基板に押し当てて転写することで印刷を完了する(転写工程または SET 工程)。インクを適度に乾燥させたのちに、受理および転写工程を行うことで、インクは100%転写され、インク残りを発生させない工夫がなされている。到達可能な解像度は一

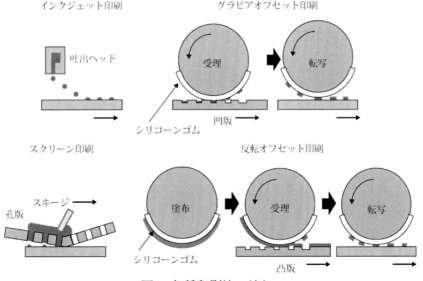

図1　各種印刷法の流れ

般的に 1~5 μm 程度であるが、インク組成や膜厚（アスペクト比）にも依存し、線幅 0.3 μm の
パターンも実証されている。

表 1 各種印刷法の比較

	スクリーン 印刷	インクジェット 印刷	グラビアオフセット 印刷	反転オフセット 印刷
最小解像度 [μm]	50~100	20~50	10~30	0.3~5
広狭混在パターン	可	可	不可 凹部掻き出し	不可 凹部への底当り
インク粘度	100 ~ 8000 Pa s	< 10 mPa s	10 ~ 500 Pa s	< 20 mPa s
印刷速度 [mm/s]	20~100	ヘッド数、液滴 径に大きく依存	10~150	10~100
厚み [μm]	3~30	0.02~1.0	0.5~3	0.02~1
厚み均一性	不均一	不均一	不均一	均一
断面形状	かまぼこ	かまぼこ	かまぼこ	矩形
パターン歪み	大	中	中	小
長寸法誤差	大	中	中	小
シリコーンゴム	無	無	有	有

　抜き版に移ったインクを溶剤洗浄し、抜き版は繰り返し使用される。シリコーンゴムシートは
ブランケットと呼ばれ、印刷時の圧力の平均化およびシリコーンゴム自体の変形抑制のために、
アンダーブランと呼ばれるクッションを裏張りすることが多い。シリコーンゴムとクッションの
ヤング率は、それぞれ 2~3 MPa と数 100 kPa が適当であるとされている。抜き版として最も多く
使われるものはウエットエッチングを施したガラス板であるが、ドライエッチング石英基板、シ
リコンウエハ、電鋳基板、ナノインプリントによって形成したレプリカ樹脂版なども用いられる。
それぞれ基板サイズ、解像度、長寸法精度、コストに一長一短があるため、目的のパターンに合
わせて最適なものが選択される。被印刷基板の材質に特に制限はないが、フッ素系の低表面自由
エネルギー表面や凹凸の激しい紙などには向かない。通常、ブラン胴と呼ばれるロールにブラン
ケットを巻きつけ、抜き版と被印刷基板はテーブルに設置されたロール-to-シート(R2S)方式の印
刷装置が用いられる。
　インクとしては乾燥後の膜厚が 100 nm から 1 μm 程度になるように濃度調整されたナノ粒子分
散インクがよく用いられ、粘度は通常 20 mPa s 以下である。金、銀、銅、Indium Tin Oxide (ITO)、
絶縁膜、量子ドット、有機 EL 材料などこれまで報告された材料は多岐にわたる。

2.2 インクの生乾きとパターニング原理

　先に述べたように、反転オフセット印刷では、受理・転写時にインク膜が凝集破壊（泣き別れともいう）しないようにインクを適度に乾燥固化させることが重要であり、そのためのインク設計がなされている。このような乾燥制御は、低沸点またはシリコーンゴムへの溶媒吸収速度の早い溶媒（高損失性溶媒）と高沸点かつ溶媒吸収速度の遅い溶媒（低損失性溶媒）の混合溶媒を用いることで実現されている（図2）。生乾き時の固体分率は通常 30~60 v/v%の範囲になるように低損失性溶媒を調整し、高損失性溶媒によって粘度と塗布厚を調整する。このようにして、特段の乾燥機構を必要とせず、一定の乾燥状態を長時間保ち、安定的な印刷が可能になる。乾燥不足でインク膜に流動性が残っている場合は泣き別れ（凝集破壊）が起こってしまう。一方、乾燥過多だと転写される側の表面タック性が失われて受理・転写ができなくなってしまう。なお、シリコーンゴム表面は疎水的であり、かつ溶媒を吸収することでインク膜との付着力が低下する性質があること、表面平坦性に優れること、安価であること、弾性ヒステリシスがなく、ヤング率の調整も容易であることなど多くの利点があるため、半乾燥を利用する印刷手法においてよく用いられている。

　さて、最適な乾燥状態になったインク膜は、受理工程において、抜き版凸部の縁部による応力によって歪み、最終的にインク膜との付着力によって膜が破断・転写され、ゴム表面にパターンが形成される。インク膜は固体的であるから転写後もダレることなく一定の形状を保つことができるため、一桁ミクロンにも及ぶ高精細なパターンを形成できる。なお、分子量が高く、造膜性の高い高分子材料やインク膜が厚くなるほど、上記で説明した破断が起こりにくくなり、良好なパターンが得られなくなる。常温時において、ナノ粒子分散系に添加する分散剤が粘性液体である場合は低損失性溶媒として働く。

　通常のグラフィック印刷では、紙や布のようにインクを吸収する素材に印刷するため、液体を液体のままパターニングし、そのまま染み込ませてしまう方法が適切であったのに対し、エレクトロニクス用途では平坦で溶媒吸収性のない基板に緻密なパターンを形成することが求められる。そのため、半乾燥化させたのちに転写するという方式は理にかなったものである。

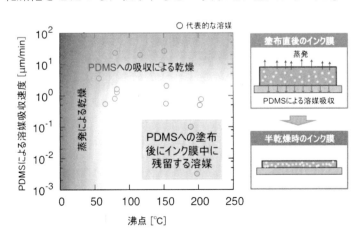

図2　反転オフセット印刷用インクの半乾燥制御技術

2.3 パターニングの簡易モデル

　ここでは反転オフセット印刷のパターニングが成立する条件について、単純化した理論モデルを考える[1]。まず、半乾燥インク膜を粒子層として単純化し、その引張およびせん断破壊強度をそれぞれ σ^{crit} と τ^{crit} とする。法線方向および接線方向に働く粒子間付着力をそれぞれ $F_{cn,p}$ と $F_{ct,p}$ とおくと、Rumpf の式は下記のようになる。

$$\sigma^{crit} \sim \frac{k\phi}{\pi r^2} F_{cn,p}$$

$$\tau^{crit} \sim \frac{k\phi}{\pi r^2} F_{ct,p}$$

ここで ϕ は体積分率、r は粒子半径、k は配位数であり、比較的密にパッキングされた粒子層については $k(1-\phi) = \pi$ が成り立つ。さらに、粒子層のヤング率とせん断弾性率をそれぞれ E と G とおき、応力歪み関係として Hooke の法則を仮定すると、$\sigma^{crit} = \varepsilon_t^{crit} E$ および $\tau^{crit} = \varepsilon_s^{crit} G$ から

$$\varepsilon_t^{crit} \sim \frac{\phi}{1-\phi} \frac{F_{cn,p}}{Er^2}$$

$$\varepsilon_s^{crit} \sim \frac{\phi}{1-\phi} \frac{F_{ct,p}}{Gr^2}$$

が得られる。

　パターニング操作における代表的な不良として、凝集破壊による泣き別れ(図 3a)とパターン縁部の破断不良による解像性悪化(図 3b)について考える。簡単のため、印刷時に凸部を押し込むことよって生じる応力やブランケットの変形は無視し、凸部と粒子層はよく密着しているとする。
　粒子層とブランケットの付着力を

$$\sigma_a \sim \frac{\phi}{1-\phi} \frac{F_{an,p}}{r^2}$$

とすると、厚み h の粒子層に接触した抜き版を距離 δ だけ持ち上げた時に凝集破壊が発生する条件は、$\sigma^{crit} < \sigma_a$ であるから、凝集破壊の発生有無の指標は、

$$A \equiv \frac{F_{an,p}}{F_{cn,p}}$$

と定義できる。ここで $F_{an,p}$ は各粒子とブランケットの法線方向の付着力である。

　つぎに縁部の破断不良について考える。本来ブランケットに残るべきだが、縁部が破断せずに一緒に持ち上げられてしまった粒子層（スカートと呼ぶ）の長さを l とする（図 3b）。この時スカートに生じる引張歪み ε_t とせん断歪み ε_s はそれぞれ、

$$\varepsilon_t = \frac{\sqrt{d^2 + l^2}}{l} - 1 \approx \frac{\delta^2}{2l^2}$$

$$\varepsilon_s = \frac{\delta}{l}$$

となる。引張のひずみエネルギー $U_t = E\varepsilon_t^2 hl$ が支配的な場合、全体のエネルギーは

$$U_{\text{total,t}} = U_t + U_a \sim \frac{Ed^4 h}{l^3} + w_a l$$

一方、せん断のひずみエネルギー$U_s = G\varepsilon_s^2 hl$が支配的な場合、全体のエネルギーは

$$U_{\text{total,s}} = U_s + U_a \sim \frac{Gd^2 h}{l} + w_a l$$

となる。$U_a = w_a l$ はスカートの付着エネルギーで、w_a は粒子層とブランケット間の付着エネルギーである。エネルギー最小を考えると、引張およびせん断支配の条件についてそれぞれ

$$\varepsilon_t \sim \left(\frac{w_a}{Eh}\right)^{1/2}$$

$$\varepsilon_s \sim \left(\frac{w_a}{Gh}\right)^{1/2}$$

となる。先に求めた Rumpf の式を用いると、スカートの破断有無を説明する無次元量

$$B_t \equiv \left(\frac{\varepsilon_t^{\text{crit}}}{\varepsilon_t}\right)^2 \sim \left(\frac{\phi}{1-\phi}\right)^2 \frac{F_{cn,p}^2 h}{4 w_a E r^4}$$

$$B_s \equiv \left(\frac{\varepsilon_s^{\text{crit}}}{\varepsilon_s}\right)^2 \sim \left(\frac{\phi}{1-\phi}\right)^2 \frac{F_{ct,p}^2 h}{4 w_a G r^4}$$

を得る。

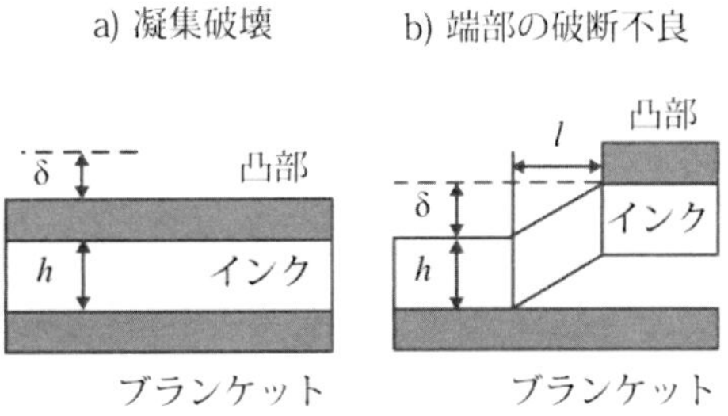

a) 凝集破壊　　b) 端部の破断不良

図3　反転オフセット印刷におけるパターニングモデル
(a)凝集破壊、(b)パターン端部の破断不良

　次に粒子間および粒子とブランケット間に働く相互作用 $F_{cn,p}$、$F_{ct,p}$ および w_a を書き下すことを考える。生乾き状態のインク膜には低損失溶媒や分散剤が残留しているため、本来これらが媒介する接着力も含めた相互作用のモデルを用意する必要があるが、ここでは簡単のため JKR(Johnson-Kendall-Roberts)モデルを仮定して議論を進める。JKR モデルは付着と弾性による反発力を考慮した最も簡単な接触モデルで、付着力は下記の通り与えられる。

$$F_{cn,p} \sim \frac{\sigma_{c,p}^3 r^2}{E_{c,p}^{*2}}$$

$$F_{an,p} \sim \frac{\sigma_{a,p}^3 r^2}{E_{a,p}^{*2}}$$

165

ここで、$\sigma_{c,p}$ と $\sigma_{a,p}$ はそれぞれ粒子間および粒子とブランケットの付着強度である。また、$1/E_{c,p}^* = 2(1-\nu_p^2)/E_p$ および $1/E_{a,p}^* = (1-\nu_p^2)/E_p + (1-\nu_a^2)/E_a$ は実効的なヤング率で、E_p、E_a、ν_p、ν_a は粒子およびブランケットのヤング率とポアソン比である。粒子層とブランケット間の付着エネルギーを

$$w_a \sim \frac{\phi}{1-\phi}\frac{F_{an,p}^2}{\sigma_{a,p}r^3} = \frac{\phi}{1-\phi}\frac{\sigma_{a,p}^5 r}{E_{a,p}^{*4}}$$

と書き直し、さらに $F_{ct,p}$ と $F_{cn,p}$ が比例関係にあるとすれば、先に定義した A、B_t、B_s を次のように書き下すことができる。

$$A_{JKR} \sim \frac{E_{c,p}^{*2}}{E_{a,p}^{*2}}\frac{\sigma_{a,p}^3}{\sigma_{c,p}^3}$$

$$B_{t,JKR} \sim \left(\frac{\phi}{1-\phi}\right)\frac{E_{a,p}^{*4}}{EE_{c,p}^{*4}}\frac{\sigma_{c,p}^6}{\sigma_{a,p}^5}\frac{h}{r}$$

$$B_{s,JKR} \sim \left(\frac{\phi}{1-\phi}\right)\frac{E_{a,p}^{*4}}{GE_{c,p}^{*4}}\frac{\sigma_{c,p}^6}{\sigma_{a,p}^5}\frac{h}{r}$$

A_{JKR}、$B_{t,JKR}$、$B_{s,JKR}$ いずれについても、ある閾値よりも値が小さい条件でパターニングが成功すると考えられる。本簡易モデルでは、粒子およびブランケットのヤング率を斥力のパラメーターとして用いているにすぎず、材料そのもののヤング率に対応するものではない点に注意されたい。

2.4 オーバーレイ精度、面内座標精度、パターン厚みおよび生産性

　反転オフセット印刷の代表的な能力を表2にまとめた。まず LER(Line Edge Roughness)とは、直線パターンの縁がどの程度ガタついているかの指標であり、インク顔料の一次粒径、分散性、乾燥具合、ブランケットの変形、凸部のテーパ角度、抜き版自体の直線性等の影響を受ける。また R2S 方式におけるロールとテーブルの速度が一致していないと(周速差があると)、抜き版凸部の縁によってインク膜が削り取られて LER が悪化することがある。オーバーレイ精度は主に積層パターンを形成する時に重要な指標で、主に機械の繰り返し位置決め精度に依存する。面内座標精度は、一枚の印刷物のなかでパターンがどの程度歪んでいるかを示し、ブランケットの厚みムラ、印圧ムラ、装置の周速差や速度ムラ、直進性等、様々な要因の影響を受ける。厚み精度はインク塗布工程に依存する。印刷パターン断面のテーパ角はインク組成や乾燥具合に依存するが、直角ということはなく、おおよそ 20～30° になることが多いようである。

　反転オフセット印刷では、インクの乾燥や刷版の洗浄が必要になるため、フレキソ印刷やオフセット印刷のようなグラフィック印刷に比べると、印刷速度はさほど早くない。反転オフセット印刷の印刷タクトを 2 分/枚と仮定し、25 日/月、20 時間/日稼働として単純計算すると、5 年総印刷回数は約 100 万回になる。なお、反転オフセット印刷では、設備として塗布・印刷装置、耐久財として抜き版とブランケット、印刷毎に発生する非耐久財としてインク、被印刷基板、抜き版の洗浄液が最低限必要となる。その他のランニング・維持費用も考慮のうえ採算性の見通しを立てておくことが重要である。

表2　反転オフセット印刷によって形成されたパターンの代表値

指標	代表値	測定概要	主な誤差原因
オーバーレイ精度	$3\sigma < 2\ \mu m$	同一条件で重ね印刷を行った時の印刷物パターン座標の差から算出	印刷装置
面内座標精度	$3\sigma < 10\ \mu m$	刷版に対する印刷物のパターン座標の差から算出	ブランケット、印刷装置
ラインエッジラフネス	$R_{rms} < 0.1\ \mu m$	印刷物の直線パターンから算出	インク、抜き版、ブランケット
厚み精度	$\pm 5\ \%$	転写ベタ膜の乾燥後厚みから算出	塗布装置
テーパ角	$20 \sim 30°$	段差計または AFM の高さプロファイルから算出	インク

3.　反転オフセット印刷の応用プロセス

3.1　半乾燥固化を利用した重ね印刷と電極埋め込み

　反転オフセット印刷では、半乾燥状態にあるインク膜を転写してパターン形成するため、積層されたインク膜は層間で混じりあいにくいと考えられる。そのため、印刷後の焼成や硬化を省略し、積層体を一括して焼成することでプロセス時間を短くすることができる。一般的なナノ銀インクは熱焼成に 30 分要するため、印刷自体のタクトに比べて長く、プロセス短縮効果は大きい。このような方法は Wet-on-Wet プロセスと呼ばれる[2]。

　図 4a は反転オフセット印刷で転写した、生乾き状態のポリビニルフェノール絶縁膜の上に銀ナノ粒子膜を積層印刷し、一括熱焼成後の銀ナノ粒子膜体積抵抗率を測定した例である。比較のためガラス基板上に印刷した銀ナノ粒子膜の体積抵抗率も示す。銀ナノ粒子膜の厚みが減少するとともに体積抵抗率は増加することがわかる。この場合、概ね 100 nm 以下では、ガラス基板上の銀ナノ粒子膜の抵抗率と比べても抵抗が大きく悪化しており、これが中間絶縁膜によるコンタミ領域に対応すると考えられる。なお、一括焼成した断面 SEM から、Wet-on-Wet プロセスで形成した積層体であっても、ナノ銀粒子層が絶縁膜中に拡散することなく構造維持できていることがわかっている(図 4a)。

　Wet-on-Wet の考え方を拡張し、ブランケット上にパターン形成した金属ナノ粒子膜の上に絶縁インクを重ねて塗布し、絶縁インクと金属ナノ粒子パターンを一括して転写することで、絶縁膜中に電極が埋め込まれた構造が形成できる[3]。Wet-on-Wet が生乾き膜の重ね刷りであったのに対して、本埋め込み手法は生乾き膜のうえにウエット膜を塗布するため、コンタミの影響は大きく抵抗値が多少悪化してしまう。このような不都合は、フッ素樹脂等、非混和材料を中間層に挟むことで低減できる。図 4b に、印刷埋込電極の断面 SEM を示す。

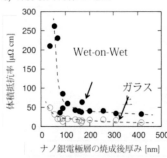
a) Wet-on-Wetプロセス

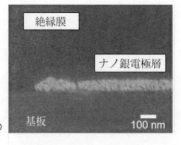

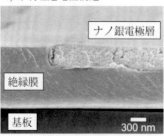
b) 印刷埋込電極構造

図4　反転オフセット印刷における Wet-on-Wet プロセスと印刷埋込電極

3.2 シリコーンゴムの変形

　印刷時に生じる圧力によるシリコーンゴムの変形について考える。シリコーンゴムの厚みは 100 μm から 1mm 程度のものがよく用いられるが、これは抜き版の凸部寸法（すなわち接触領域の大きさ）に対して無視できないほど薄いため、半無限厚みを仮定した接触変形理論を用いることができず、ゴムの厚みを考慮する必要がある。ヤング率 E 、ポアソン比 v、厚み d の弾性体が幅 $2b$ の平坦な圧子（凸部）によって受ける垂直変形は

$$E_r u_z(x) = \int_{-b}^{b} p(x') Y\left(\frac{|x-x'|}{d}\right) dx'$$

$$Y(\xi) = \frac{2}{\pi} \int_0^{\infty} \frac{K_1 \sinh(2\alpha) - 2\alpha}{K_1 \cosh(2\alpha) + 2\alpha^2 + K_2} \cos(\alpha\xi) \frac{d\alpha}{\alpha}$$

で表される[4]。ここで $u_z(x)$ は垂直方向の変形、$E_r = E/(1-v^2)$、$K_1 = 3-4v$、$K_2 = K_1 + 2(1-2v)^2$、$p(x)$ は圧力分布である。非圧縮性 $v = 0.5$ と定圧を仮定して数値計算を行うと、垂直変形プロファイル $u_z(x)$ の得ることができる。図 5a は、シリコーンゴムに幅 $2b = 60$ μm の凸構造を押し当てた時の変形を直上から顕微鏡観察したものと、同条件で数値計算された垂直方向の変形 $u_z(x)$ を示した。図より、本理論により実際のゴム変形をよく説明できることがわかる。なお、接触変形の基本理論である Hertz モデルは半無限遠の弾性体を仮定しているため、図にあるような隆起は表現できない。様々な条件に対して、隆起のピーク位置 x_p-b および圧子によって沈み込んだシリコーンゴムの幅 x_v-b について、実験、理論モデルおよび有限要素法による計算結果をまとめたものを図 5b に示す（x_v については実験による推定が難しいので示していない）。また、凸部幅とゴム厚の比の極限については、下記の近似解が得られる[5]。

$$x_p - b \cong 0.379d \qquad \text{for } b/d > 1$$

$$x_v - b \cong 0.376d \qquad \text{for } b/d < 1$$

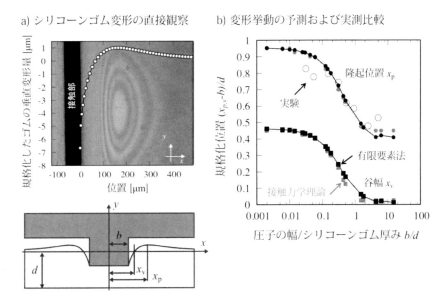

a) シリコーンゴム変形の直接観察　b) 変形挙動の予測および実測比較

図5 反転オフセット印刷におけるシリコーンゴム変形

　ゴムの隆起が発生する理由は、定性的には次のように説明される。シリコーンゴムは非圧縮性のため(体積を一定に保とうとするため)、圧子によって縦方向に押しつぶされたゴムは横方向に伸びる。このため、圧子周辺の自由空間で隆起することで歪みエネルギーを最小化することになる。ゴムが薄いほどその影響は局所的になるため、隆起位置x_pはゴム厚dに依存する。反転オフセット印刷におけるゴム変形の影響として下記を挙げることができる。

(1) 底あたりによるパターン不良：転写工程において、ゴムと抜き版凹部が接触してしまい、本来必要なインクまで除去されてしまう。抜き版をより深く削り、ゴムの変形を抑える必要がある。
(2) 非平面への印刷・層間接続：たわんだ表面や凹凸のある被印刷基板に対する印刷において、ゴムを積極的に積極変形させて表面に追従させる必要がある。
(3) 寸法忠実性の悪化：転写工程において、抜き版凸部との接触によりゴムが水平方向にも変形し、界面ですべりが生じると印刷パターンがいびつになる。

　以下、層間接続と寸法忠実性について説明する。

3.3 層間接続

　下部電極と上部電極の二層間を電気的に接続することを考える。これは層間接続と呼ばれ、多くの積層電子デバイスで必須となる構造である。スクリーン印刷やインクジェット印刷では、孔パターン（コンタクトホール）を有する絶縁膜中にインクを押し込む、または、打滴すれば、比較的容易に層間接続構造を作ることができる一方、グラビアオフセット印刷や反転オフセット印刷では、インクが半乾燥化して流動性を失っているため、孔パターンの中にゴムを追従させて、インクを充填する必要があり、ゴムの変形特性が成否を分けることになる。図6aは、様々な半

径 a の孔パターンを有する厚み 1.3 μm の中間絶縁膜に対して、厚み d = 67 μm のシリコーンゴムブランケットを使ってナノ銀インクを充填させた結果をまとめたものである。図より、印圧が高いほど充填性は向上するものの、孔径 a は大きければ良いというわけではなく、最適な半径が存在することがわかる。これを説明するために、孔内でシリコーンゴムがどのように垂直変形するかを有限要素法で予測した結果を図 6b に示す(d = 50 μm の例。押し込み量、ゴムおよびアンダーブランのヤング率および厚みで垂直変形を規格化して表示)。図からわかるように、孔径が 10～30 μm の範囲では、垂直変形量は単調に増加し、そのプロファイルはお椀型である。一方、30 μm 以上の孔径では、ややフラットなパンケーキ状の変形プロファイルとなる。さらに a = 60 μm 以上では、孔の中心部よりも縁部での隆起量が大きくなり、中心部はほとんど変形しなくなってしまう。これは先述した接触変形理論で予測される隆起の傾向と一致している。インク充填不良モードを改めてみてみると、印圧が低く大きな孔径の場合、孔の縁部のみにインクが転写されており、ゴム変形プロファイルと対応していることがわかる。図 6a の実験結果に対応する条件で、有限要素法により孔の中心部でのゴムの垂直変形量を計算してみると(図 6c)、実験結果と傾向が一致していることがわかる。すなわち、ゴムの変形が孔パターンへのインク充填の成否を

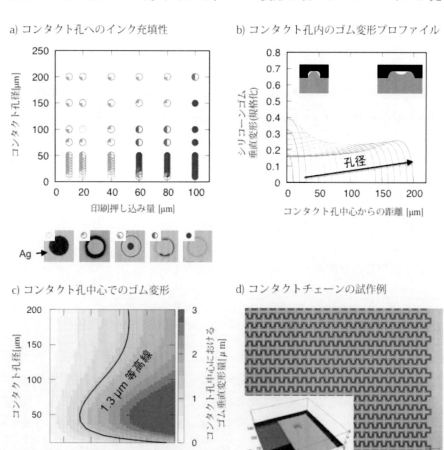

図 6 反転オフセット印刷によるコンタクト孔へのインク転写特性

決定する。

　まとめると、設計された孔径と同程度以上のゴム厚にすることが重要である。また、ヤング率が小さいゴムを使って、印圧を高くするほど、深い孔にインクを充填できる。以上の方針で条件を最適化すると、図 6d に示すように、孔径 a = 5 μm、孔の深さ 1.6 μm のコンタクトホールにもインクを良好に充填させることができ、1300 点連結コンタクトチェーンパターンの導通も確認できている[6]。

3.4 寸法忠実性

　設計パターンの形状と印刷物の形状がどの程度一致しているか、という観点は、デバイスや光学素子の特性ばらつきに直結する問題であり、寸法忠実性や寸法インテグリティと呼ばれる。インクジェット印刷では、しぶきやバルジ、スクリーン印刷では蛇玉やメッシュ痕、グラビアオフセット印刷では掻き出しといったものが、寸法インテグリティの悪化させる原因として知られている。フォトリソグラフィーの分野では光近接効果が有名である。

　ここでは反転オフセット印刷における寸法忠実性の悪化要因について考える[7]。ここまで、印圧によるゴムの垂直変形について述べてきたが、実際には接触によってゴムは水平方向にも歪む。このとき生じる応力が抜き版とゴムの界面ですべりを引き起こす。転写時にすべりが発生すると、ゴム上のインク膜が凸部の縁部に押し付けられ、削り取られることになり、所望のパターンが得られなくなってしまう。このことをみるために、図 7a に直径 200 μm の円形凸部の周囲に直径 20 μm の小円を配置したパターンを用いて、印圧を変化させた印刷結果を示す（ここではパターンの歪みが大きい d = 25 μm の薄いブランケットの例を示す）。図より、低い印圧の場合、小円は円形を保っているが、印圧の増加とともに徐々に卵型に変形し、かつ、小円は中心にある大円に向かって変形することがわかる。また、小円と大円の距離が遠い場合、寸法忠実性は高く、パターン間距離が狭くなるにつれて寸法忠実性は悪化する（図 7b）。このような近接した凸部によ

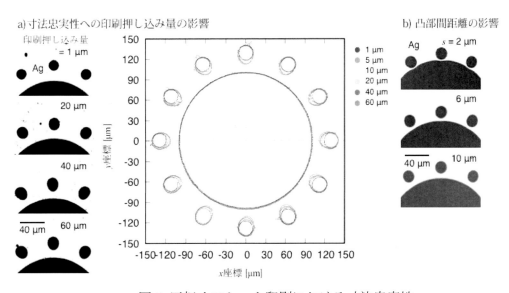

図 7 反転オフセット印刷における寸法忠実性

171

って印刷パターンがいびつになる現象は、印圧に伴うゴムの水平変形と関連づけることができ[7]、この寸法忠実性悪化メカニズムを歪近接効果と呼ぶ。

4. 付着力を利用した印刷技術

反転オフセット印刷では、抜き版として凸版を用い、凹部にはインクを接触させないことによりパターンを形成している。一方、インクが半乾燥化し、固体的に振舞うことに注意すれば、ブランケットとインク膜間の付着力を基準として、付着力の強弱をつけた平版を用いてもパターニングができる。このような方法を付着力コントラスト印刷と呼ぶ。筆者らはフォトマスクを介したコンタクト露光によって原版に付着力の強弱をつけた刷版を作製し、線幅 1 μm 程度の微細パターニングに成功している[8]。パターン例を図 8 に示す。反転オフセット印刷と比べて、この方法では、凹凸微細加工が不要なため製版が簡単であること、凹部への底あたりの心配がなく、パターン設計自由度に制約がないこと、粘着シートを用いて平版の洗浄ができるため洗浄液が不要になり印刷タクトが向上すること、平版とブランケットの全面が接触するため寸法忠実性に優れていることなど利点がある。一方、凸部とブランケットの接触応力による膜の破断が利用できないため、パターニング可能なインク膜厚に制約がある（おおよそ乾燥後膜厚 100 nm 以下の薄膜に限定される）という弱点がある。また、ブランケット構造やインクは反転オフセット印刷と共通しているため、先に応用プロセスとして紹介した Wet-on-Wet プロセスや埋め込み電極、層間接続の技術は付着力コントラスト印刷にも適用できる。

付着力コントラスト印刷による微細パターニング

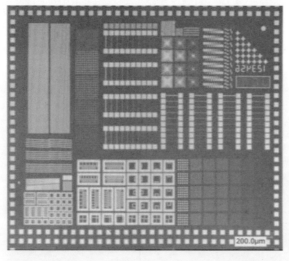

印刷サンプル外観(6インチ)

L/S 1 ～ 10μm

図 8 付着力コントラスト印刷によるパターン例

5. まとめ

本章では、微細印刷技術の手法として反転オフセット印刷および付着力コントラスト印刷につ

いて紹介した。いずれもインクを半乾燥化させてからパターニングすることにより、印刷後の形状が保持でき、微細化が実現できること、また半乾燥化の技術としてシリコーンゴムへの溶媒吸収を踏まえたインクの設計が重要であることを述べ、簡単なパターニングモデルを示した。半乾燥固化したインクは流動性を失っているため、単純に重ね合わせても混じり合わず、Wet-on-Wetプロセスが利用できる一方、非平坦表面への印刷においてはインクの代わりにシリコーンゴムの変形によって表面追従させることが重要であり、その応用例として層間接続技術を紹介した。さらにゴムの変形に由来する界面の摩擦やすべりによって寸法インテグリティが悪化すること、そしてこれは従来の印刷手法でみられるようなインクの流動性に由来するパターン歪みとはメカニズムが異なることを示した。最後に付着力を利用した微細パターニング技術を紹介した。このように半乾燥固化を利用した新しい印刷法では、塗布乾燥に加えて、付着、破壊、弾性変形、摩擦、ずりといった様々な材料・界面現象がプロセスの成立に深く関与しており、プロセス信頼性の担保や応用プロセスの構築においては、これらをうまく取り扱うことが重要である。

参考文献

1. Y. Kusaka, A. Takei, T. Fukasawa, T. Ishigami and N. Fukuda : Mechanisms of adhesive micropatterning of functional colloid thin layers. ACS Appl. Mater. Interfaces Vol.11, No.43, pp.40602-40612 (2019)

2. Y. Kusaka, K. Sugihara, M. Koutake and H. Ushijima : Overlay of semi-dried functional layers in offset printing for rapid and high-precision fabrication of flexible TFTs. J. Micromech. Microeng. Vol.24, No.3, pp.035020 (2014)

3. Y. Kusaka, M. Koutake and H. Ushijima : Fabrication of embedded electrodes by reverse offset printing. J. Micromech. Microeng. Vol.25, No.4, pp.045017 (2015)

4. J. A. Greenwood and J. R. Barber : Indentation of an elastic layer by a rigid cylinder. Int. J Solids Struct. Vol.49, pp.2962–2977 (2012)

5. Y. Kusaka, S. Kanazawa, N. Yamamoto and H. Ushijima : Direct observation of microcontact behaviours in pattern-generation step of reverse offset printing. J. Micromech. Microeng. Vol.27, No.1, pp.015003 (2017)

6. Y. Kusaka, S. Kanazawa and H. Ushijima : Design rules for vertical interconnections by reverse offset printing. J. Micromech. Microeng. Vol.28, No.3, pp.035003 (2018)

7. Y. Kusaka, S. Kanazawa, M. Koutake and H. Ushijima : Pattern size tolerance of reverse offset printing: a proximity deformation effect related to local PDMS slipping. J. Micromech. Microeng. Vol.27, No.10, pp.105018 (2017)

8. Y. Kusaka, M. Koutake and H. Ushijima : High-resolution patterning of silver conductive lines by adhesion contrast planography. J. Micromech. Microeng. Vol.25, No.9, pp.095002 (2015)

第 15 章　二次電池、燃料電池の電極スラリーモデルのレオロジー

中村　浩、石井昌彦、熊野尚美

（株式会社豊田中央研究所）

1．はじめに

　地球環境やエネルギーを考えた場合、自動車においてもガソリンエンジンからモーター駆動に変わり、電動化を進める潮流が起こっている。この電動化を実現する上では、高性能なリチウムイオン二次電池や燃料電池の開発とともに、それを低コストで量産することが必要とされる。このリチウムイオン二次電池や燃料電池のキーアイテムである電極は、電子やイオンの伝導に必要な、活物質や触媒の白金を担持したカーボンなどの粉体をバインダーやアイオノマーなどのポリマーとともに液に分散させたスラリーと呼ばれる粒子分散液を塗工、成膜し、そのあとで液を乾燥、除去して作製している（図 1）。そのため、この電極作製プロセスのスラリーの制御が電池性能を左右すると言っても過言ではない。

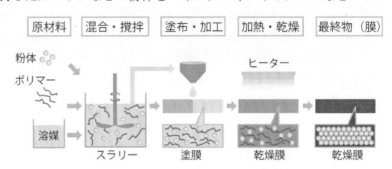

図 1　スラリープロセスの概要図

　そのようなスラリープロセスにおいて、さらに、低エネルギーや低コスト、高生産量など生産性向上のためには乾燥時に蒸発させる溶媒を低減すること、すなわち高濃度化が求められる。しかし、スラリーなどの粒子分散液を高濃度化した場合、粘度が上昇するだけでなく、せん断速度の上昇で粘度が低下する擬塑性流動（Shear-thinning　以下、シアシニング）やせん断速度の上昇で粘度が上昇するダイラタンシー挙動（Shear-thickening　以下、シアシックニング）などのような非ニュートン流動を示すようになり、成膜、塗工などのプロセス制御が困難になる。そこで、プロセス制御のためにはこれらの非ニュートン流動を示す様なレオロジー挙動のメカニズム解明が重要である。特に、ダイラタンシー挙動（シアシックニング）は、塗工時の高せん断下で粘度が高くなってしまってうまく塗工できないなどの問題が発生し（図 2）、その結果、得られる品質や材料性能に悪影響を及ぼすことが知られている[1,2]。そこで我々はシアシックニングの発現メカニズム解明とその制御の

研究を行っている。具体的にはリチウムイオン二次電池の電極スラリーのレオロジー制御を目的として、単分散粒子の高濃度スラリーを用いてシアシックニングの発現メカニズム解明とその制御の研究を行うとともに、実際のリチウムイオン二次電池スラリーについてもシアシックニングの発現に関する特徴的な挙動とその制御について実験、解析を行っているのでその内容について紹介する[3,4]。

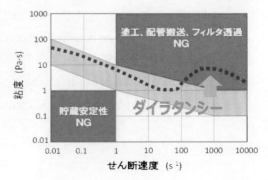

図 2　高濃度スラリーのダイラタンシー発現

一方、スラリーのレオロジー挙動は成膜や塗工などのプロセス制御だけでなく、得られる膜の品質や特性などにも影響することが知られている。例えば燃料電池の触媒インクは、白金担持カーボンとアイオノマーを水-アルコールの混合溶媒に分散したもので、それをシート上に塗布・乾燥することで触媒層を形成しているが、触媒インクの組成によって乾燥中にクラックが生じる場合がある。この触媒層のクラックは、性能や耐久性に影響を与えるため、クラック発生・進展挙動を理解し、制御する必要がある。コロイド粒子の分散液ではクラック発生・進展挙動は、分散液中の粒子の凝集状態に依存すると考えられるが、その分散液中の粒子の凝集状態はレオロジー挙動から明らかにすることができる。そこで我々は、触媒層のクラック発生・進展挙動に影響する因子を明らかにするために、溶媒の組成変化によって、アイオノマーの吸着状態を変化させた触媒インクについて、レオロジー挙動からカーボンの凝集状態を明らかにするとともに、触媒層のクラックの形状と膜厚の関係を調べた。さらに臨界クラック膜厚の異なる触媒層の微細構造の違いから、クラック発生・進展挙動を支配するメカニズムを明らかにしたので紹介する[5]。

２．リチウムイオン二次電池電極スラリーモデルのレオロジー

２．１　単分散粒子を用いた高濃度スラリーのシアシックニング発現メカニズム

　高濃度スラリーのダイラタンシー挙動（シアシックニング）については、これまでに多くの研究者が取り組んできた。まず、澱粉に少量の水を混合させた場合や海辺の水を含む砂地でダイラタンシーが起こることが知られているが、これは、粒子が密に詰まった状態からせん断による力を受けて体積膨張しようとする際に流動場の体積が一定で膨張できない状況下においては大きな抵抗が発現する（硬くなり動きにくくなる、あるいは粘度が上昇する）挙動として知られている[6-10]。一方、同様な現象としてコロイド粒子の高濃度分散液でせん断速度の上昇に伴って粘度が上昇する挙動についても報告されている。Hoffmann らは液中で Order 構造を形成している分散液がせん断速度の上昇に伴って、Order 構造から Disorder 構造への転移を起こす、Order-Disorder-Transition であることを示した[11,12]。これに対して Brady らは粒子のブラウン運動による拡散とせん断による拡散との大小で説明する Stokesian-Dynamics を示し、これを用いてシアシックニングも説明した。具体的には、せん断速度の上昇に伴って粒子同士が近傍を流れる際の粒子間の潤滑（Lubrication）によって形成される Hydro-Cluster 構造によって粘度が上昇することをシミュレーションから示した[13-15]。さらに Wagner らは、実験からもシアシックニング挙動が Hydro-Cluster 構造に起因するものであることを推定した[16-20]。一方で Jager らは、ダイラタンシー挙動は高濃度スラリー中で密に詰まった粒子同士が衝突することによる相転移（ジャミング転移）によって起こり、シアシックニングも同様に説明できることを示した[21-23]。同様に、Seto、Mar らも Hydro-Cluster 構造を形成しなくても、スラリー中に粒子が高濃度に存在する場合、粒子同士の衝突（接触）による摩擦(Friction)によって、粘度が大きく上昇し、シアシックニングを発現することをシミュレーションや実験データの解析結果から示し[24-27]、その他Poon や Cates らのグループの実験やシミュレーションの結果からも実証されている[28-36]。

　我々は単分散なシリカ粒子からなる高濃度スラリーにおいてどのようにシアシックニングを発現するかを検討した。まず、単分散なシリカ粒子は表面に負電荷を有するために、その静電相

互作用によってスラリー中で3
次元的に規則配列してコロイド
結晶を形成する。そのために、コ
ロイド結晶による凝集構造がせ
ん断によって破壊することに伴
って、せん断速度の上昇で粘度が
低下するシアシニングを示す。さ
らに分散媒が高粘度の場合には、
濃度上昇あるいは溶媒の粘度上
昇に伴って高せん断速度領域で
せん断速度の上昇に伴って粘度
が上昇するシアシックニングを
発現する[37,38]。そして、同じ粒
子からなるスラリーの場合、シア
シックニングを発現するせん断
速度は粒子濃度の上昇や分散媒
の粘度の上昇に伴って低せん断
速度側にシフトするが、シアシッ
クニングを発現するせん断応力、
いわゆる臨界せん断応力（σ*）
は粒子濃度や分散媒の組成等に
関わらず、一定で粒子径によって
一義的に決まることを明らかに
した（図3、図4）。このσ*は粒
子径が大きくなるのに伴って小
さくなり（図5）、それらの相関は
σ*が粒子径のマイナス二乗に比
例することがわかった[3,4]。

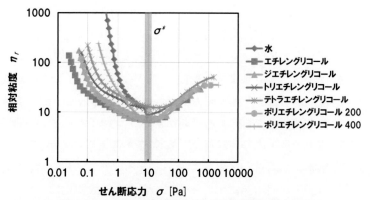

図3 シリカ粒子分散液の粘性挙動に及ぼす分散媒組成の影響

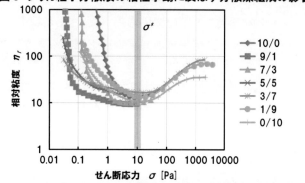

図4 シリカ粒子分散液の粘性挙動に及ぼす分散媒組成の影響
（水/ポリエチレングリコール 400 比が異なる混合溶媒）

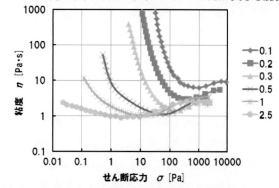

図5 シリカ粒子分散液の粘性挙動に及ぼす粒子径（μm）の影響

このシアシックニング発現の
メカニズムについては Stokesian-Dynamics による粒子間の潤滑（Lubrication）によって形成され
る Hydro-Cluster 構造を前提とした場合には、Pe 数に依存するはずであるが、Stokesian-Dynamics
では粒子がブラウン運動する状態、すなわち低濃度の希薄な状態を前提としており、高濃度スラ
リーに適用することに無理があると考えられる。これに対して、粒子同士の衝突（接触）による
摩擦(Friction)によって発現するという前提では高濃度スラリーに適用できるとともに、σ*が粒
子径のマイナス二乗に比例することも説明できる。すなわち、シアシックニングは粒子同士の衝
突（接触）による摩擦(Friction)で粘度が大きく上昇したことによると考えられ、粒子径と粒子濃
度と溶媒粘度でその発現の有無や発現するせん断領域を制御することができる[3,4]。

さらに最近、粒子間の静電相互作用の制御によってもシアシックニングを制御できることがわかってきた。図6に粒子径が1μmの単分散シリカ粒子を水に60wt%分散させたスラリーにNaClを0.001、0.01、0.1mol/l添加した場合の定常流粘度のせん断応力依存性を示す。その結果、塩濃度が増加するのに伴って低せん断速度域の粘度が低下するとともに高せん断域で発現する

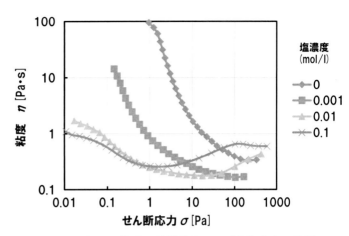

図6 シリカ粒子分散液の粘性挙動に及ぼす塩濃度の影響

シアシックニングがより低せん断速度から発現するようになった。すなわち塩を加えることで電気二重層の厚みを小さくし、粒子間の静電反発を弱めて剛体球粒子のように挙動させた場合、シアシックニングがより低せん断速度、あるいは低せん断応力領域から発現することがわかった。これは粒子間の静電反発が生じている場合には粒子が衝突するのが抑制されていることによると考えられ、このことからも粒子の衝突によってシアシックニングが発現することが裏付けられるとともに、シアシックニングを抑制するためには粒子間の静電相互作用を強めることも重要であることがわかった。

また、大きさが異なる二粒子を混合することによってもシアシックニングを制御できる。図7に粒子径が2.5μmと0.5μmの単分散シリカ粒子を重量比10/0、9/1、7/3、5/5、3/7、1/9、0/10でポリエチレングリコールに60wt%で混合した場合の定常流粘度のせん断応力依存性を示す。粒子径比が5以上の場合、すなわち粒子径が5倍以上

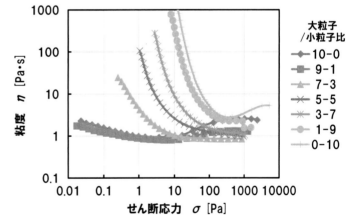

図7 シリカ粒子分散液の粘性挙動に及ぼす粒子混合の影響

異なる場合、小粒子が10〜90wt%混合された場合にシアシックニングが抑制されることがわかった。これは大粒子の間隙に小粒子が入り込むことによって衝突による粘度上昇が抑制されることによると考えられるが、詳細は今後明らかにしていく。

以上のように高濃度スラリーを用いたプロセスに影響を及ぼすシアシックニングは粒子同士が衝突することによって発現すると考えられ、発現するせん断領域は濃度と粒子径で制御でき、粒子間の静電相互作用が強くなる、あるいは5倍以上径が小さい粒子が混合されることによって抑制されることもわかった。

２．２ カーボン/ＣＭＣ高濃度スラリーのシアシックニング発現

リチウムイオン二次電池の負極用スラリーのモデルスラリーとして、カーボンをカルボキシメチルセルロース（CMC）水分散液に分散させたスラリー（以下、カーボン-CMC スラリー）において、濃度上昇に伴うレオロジー挙動の変化が通常の粒子分散液のレオロジー挙動とは異なる特徴的な挙動を示したのでそれらを明らかにするとともにそのメカニズムを考察した。

分子量が異なる2種類の CMC の水分散液にそれぞれ天然黒鉛を粒子濃度が53〜59wt%になるように変化させて分散、撹拌して作製したスラリーについて定常流粘度のせん断速度依存性を調べた。その結果、分子量の高い CMC を用いた場合、測定した全せん断速度領域においてせん断速度の上昇に伴い粘度が低下するシアシニングを示した（図 8）。一方、分子量の低い CMC を用いた場合には、いずれの粒子濃度においても$0.1 \sim 1s^{-1}$ の低せん断領域でシアシニングを示したが、高分子量 CMC の場合とは異なり、53wt%のスラリーが最も粘度が高く、粒子濃度が高くなるに従い粘度が低くなった。また、粒子濃度55wt%以上では、高分子量 CMC を用いた場合には観測されなかった高せん断速度領域において粘度が上昇するシアシックニングが観測された（図 9）。すなわち、高濃度のカーボン-CMC スラリーでは、CMC の分子量が高い場合には、粒子濃度の増加に伴って粘度が上昇するとともに、シアシニングのみを示したが、CMC の分

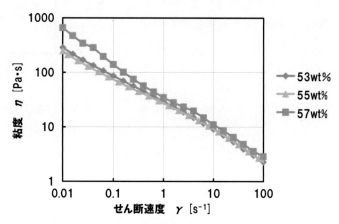

図8 負極スラリーの粘性挙動（高分子量 CMC）

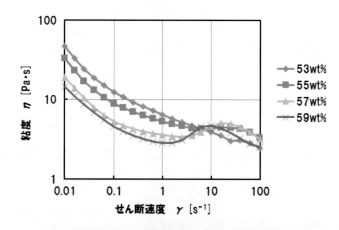

図9 負極スラリーの粘性挙動（低分子量 CMC）

子量の低い場合には、粒子濃度が高いほど低せん断速度域での粘度が低下するとともに、高せん断速度域でのシアシックニングがより低いせん断速度から生じることがわかった。以下に、これらのメカニズムを考察する。

CMC は一般的に増粘剤としても用いられる。この増粘効果は、CMC が水中で水分子を取り込んで膨潤し、ネットワーク構造を形成することにより生じたと考えられ、その結果シアシニングを発現する[39]。このとき高分子量の方がより強固なネットワーク構造を形成するため、低分子量のものよりも粘度が高く、シアシニングの程度も大きくなる。カーボン-CMC スラリー中で CMC（エーテル化度 0.7 程度）は、カーボン粒子に 3wt%程度（黒鉛に対する重量比）吸着する

ことが知られているが[40]、本実験においてはスラリー中のCMC濃度は高くても1wt%以下であり、ほとんどのCMCがカーボンに吸着していると考えられる。この場合、CMCはその主鎖部分がカーボン表面との間の疎水性相互作用によって吸着し、黒鉛に吸着していないカルボキシル基部分が水中で広がっていると考えられる。すなわち、黒鉛に吸着したCMCはカルボキシル基が水中で解離、生成されたCOO⁻のマイナス電荷による静電反発と伸びた分子鎖による立体障害の両方の効果によって分散剤として機能するが、分子量が大きい場合には、立体障害による効果が支配的であることが知られている[40]。よって、高分子量CMCを用いたスラリーにおいて観測されたシアシニングは、カーボン粒子に吸着したCMC分子鎖の立体障害効果で生じたCMC吸着カーボン粒子間のネットワーク構造に由来すると考えられ、低分子量CMCを用いた場合にシアシニングが弱い理由は、CMC分子鎖の長さが短いことによりネットワーク構造の形成が不十分であったことによると考えられる。さらに、低分子量CMCを用いたスラリーでは、粒子濃度が高くなると、カーボン粒子1個あたりのCMC吸着量が少なることで粒子間のネットワーク構造の形成がさらに抑制されたために低せん断速度下での粘度が低下したものと考えられる。

一方、高分子量CMCを用いた場合には観測されなかったシアシックニングが、低分子量CMCを用いた場合に観測され、かつ、粒子濃度が高くなるほど低せん断速度で観測されることについても、上記と同様に、吸着したCMCによる立体障害効果の違いによって説明される。高濃度スラリーのシアシックニングは前述のようにせん断により流動した粒子が衝突した際に生じる摩擦(friction)によって発現すると考えられる。このモデルに

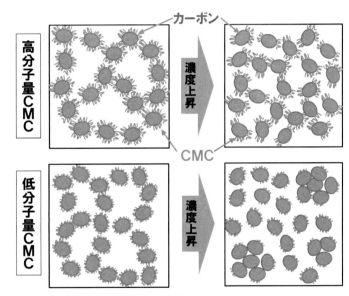

図10 負極スラリー中の液構造
高分子量CMCの場合低分子量CMCの場合

基づくと、高分子量のCMCが吸着した場合には、十分に長い高分子鎖による立体障害の効果によって粒子間の衝突は生じないが、低分子量のCMCの場合には、高分子鎖が短く粒子間相互作用が小さいために、高せん断下での流動により衝突が生じると考えられる（図10）。

以上のように、カーボン-CMCの高濃度スラリーにおいて高分子量のCMCを用いた場合には粒子濃度の上昇に伴って粘度上昇し、シアシニングのみを示すが、低分子量のCMCを用いた場合には、粒子濃度の上昇に伴って低せん断速度域の粘度が低下するとともに、高せん断速度域でシアシックニングを発現することがわかった。そして、これらの現象が、カーボンに吸着したCMCによる立体障害効果が分子量によって異なることと、カーボン1個当たりのCMC吸着量が異なることによって生じると考察した。

３．燃料電池触媒インクモデルのレオロジーとクラックとの相関解析
３．１　触媒インクモデルのレオロジー

　燃料電池の触媒層は、白金担持カーボン、アイオノマーからなるサブミクロンオーダーの細孔を持つ多孔膜である。触媒層は、白金担持カーボン、アイオノマーを水-アルコール混合溶媒に分散した触媒インクを塗工して調製されるが、触媒層を形成する際に、触媒インクの組成によって乾燥中にクラックが生じる場合がある[41-44]。このクラックは、マクロな構造であるため、性能や耐久性に様々な影響を与えることが知られているおり[45-50]、クラック発生・進展挙動を理解し、制御する必要がある。

　触媒層のクラックの発生に関して、触媒インク中のカーボンと溶媒の相互作用[45]や、アイオノマーとカーボンとの相互作用[51]が影響するとも考えられている。実際に Kusano らは、アイオノマーがカーボンに吸着していないが、吸着量が少ない触媒インクを塗工すると触媒層にクラックが生じることを報告しており[51]、アイオノマーの吸着状態の影響は大きいと予想される。

　そこで我々は、触媒層のクラックの発生・進展挙動に影響する因子を明らかにするために、溶媒の組成を変化させることで、アイオノマーの吸着状態を変化させた触媒インクについて、カーボンの凝集状態をレオロジー挙動から明らかにするとともに、それらの触媒インクを用いて、触媒層のクラックの形状と膜厚の関係を調べた。

　ここで、コロイド粒子の分散液では、クラックが起こらない最大膜厚（臨界クラック膜厚）を多孔膜のクラックの指標とすることでクラック発生・進展挙動が理解されている[52,53]。クラックの一番の原因は、凝集体や泡などの欠陥に応力が集中することであるが、これらの欠陥がない場合は、溶媒が乾燥する際に、隣接する粒子間に働く毛管力によって乾燥膜に引張応力が働き、その応力が多孔膜の強度を越えることでクラックが起こると考えられている[54]。このように、粒子分散液中の粒子の分散状態と臨界クラック膜厚には関係があるが、触媒インクの分野ではほとんど調べられていない。

　アイオノマー/カーボン重量比(I/C)が 0.75 で、固形分 10 wt%の触媒インクを、添加するアルコールの種類を変えて 2 種類調製した。以下では、アルコールを加える前の触媒インクを Pre-ink、エタノールを加えた触媒インクを E-ink、1-プロパノールを加えた触媒インクを P-ink と呼ぶ。各触媒インクにおけるカーボンに対するアイオノマーの吸着率をシリンジフィルタで触媒インクをろ過して、ろ液の重さを測ると、Pre-ink が 97%、E-ink が 23%、P-ink が 0% と Pre-ink＞E-ink＞P-ink の順に低くなった。すなわち、混合溶媒の添加によって、吸着率が低下することがわかった。これはアルコールを加えることによってカーボンに吸着したアイオノマーが脱離したためと考える。さらに、E-ink よりも P-ink の方が吸着率が低かった理由は、1-プロパノールの方がエタノールよりも疎水性が高いために、よりアイオノマーを溶解させやすく、より多く脱離したためと考えられる。

　これらの触媒インクの定常流粘度のせん断速度依存性を図 11 に示す。全ての触媒インクにおいてせん断速度の上昇とともに、粘度は低下し、擬塑性流動（シアシニング）の特性を示した。これは、どの触媒インクでもカーボンが凝集構造を形成しており、せん断とともに凝集構造が壊れるためと考えられる。全せん断速度域において、粘度は、Pre-ink が最も低く、E-ink、P-ink の

順に高くなった。この理由は、Pre-inkでは、アイオノマーがカーボンの表面に吸着して立体障害効果を発現することによって、カーボン同士の凝集構造の形成が阻害されて分散するため粘度が低かったが、E-ink、P-inkでは、溶媒の添加によりカーボンからアイオノマーが脱離したためにカーボンが再凝集するとともに、フリーなアイオノマー量が増えたため、粘度が高くなったと考えられる。また、P-inkでは、せん断速度0.1〜1 s^{-1}で擬塑性に対してショルダーが見られた。これは、表面に高分子が吸着していないカーボンにおいて顕著に観察される挙動である[19]ことから、粘度のせん断速度依存性からも、P-inkではカーボンからアイオノマーが脱離した状態であると考えられる。

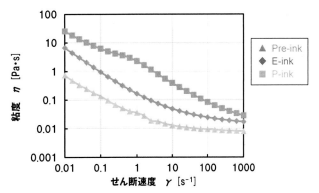

図11 触媒インクの粘性挙動（溶媒による違い）

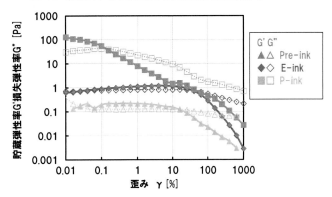

図12 触媒インクの粘弾性挙動（溶媒による違い）

各触媒インクの貯蔵弾性率と損失弾性率のひずみ依存性を図12に示す。貯蔵弾性率は、全てのひずみ領域でPre-inkが最も低く、E-ink、P-inkの順に高くなった。全ての触媒インクにおいて、低ひずみ領域では弾性応答を示すカーボンの凝集体が、高ひずみ領域では壊れて流動することを示した。低ひずみ領域の貯蔵弾性率は、カーボンの凝集構造の強さを反映しており、P-inkが最も強固なネットワーク構造を形成した。P-inkでは、低ひずみ領域で貯蔵弾性率が損失弾性率よりも高く、触媒インク中で、カーボンの3次元ネットワーク構造を形成することがわかった[5]。

3．2　触媒層のクラック発生のメカニズム

　Pre-ink、E-ink、P-inkから得られた触媒層の臨界クラック膜厚はそれぞれ11.9μm、12.0μm、2.8μmとPre-inkとE-inkから得られた触媒層ではほぼ同じで、P-inkから得られた触媒層ではそれらの約1/4に低下することがわかった。E-inkの場合とP-inkの場合で臨界クラック膜厚が異なる理由を、触媒インクの液構造と触媒層の微細構造の観点から考察する。E-inkでは、アイオノマーの一部はカーボンに吸着しているため、カーボンの3次元ネットワーク構造は形成せず、流動性が高い触媒インクであることから、乾燥後の表面が平滑で、空孔の大きさが比較的均一な触媒層となり、クラックが発生しにくかったと考えられる（図13左）。P-inkでは、アイオノマーがカーボンから脱離し、強固なカーボンの3次元ネットワーク構造を形成した状態で、溶媒が蒸発して体積収縮するため、表面には凹凸ができ、比較的大きな空孔が形成されたと考えられる（図13右）。面内に空孔の大きさの不均一があると、応力がかかった場合、大きな空孔に応力集中す

ることで、クラックが生じやすくなると考えられる。また、E-ink では、アイオノマーがカーボンに吸着するため、E-CLs ではアイオノマーがカーボン同士の接着剤のように作用するが（図 13 左）、P-ink では、アイオノマーがカーボンに吸着していないため、乾燥させて触媒層を調製する際に、アイオノマーのみの凝集をつくり、アイオノマーが部分的に凝集した触媒層となると考えられる（図 13 右）。アイオノマーが部分的に凝集した触媒層は、アイオノマーが均一に粒子同士を接着した触媒層よりも、靭性が低く、クラックが生じやすくなると考えられる。

　以上の様に溶媒組成の違いによって臨界クラック膜厚が低下する理由を、触媒インクの液構造と触媒層の微細構造の観点から考察した。触媒インクが 3 次元ネットワーク構造を形成したまま乾燥すると、不均一な大き

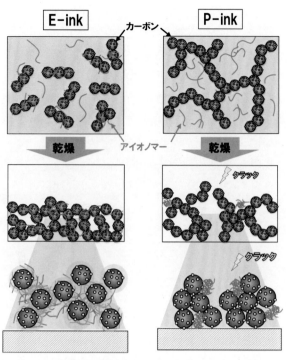

図 13　触媒インクの膜形成メカニズムとクラック発生
（溶媒組成による違い）

さの空孔ができ、応力集中することでクラックが発生しやすくなると考えられる。また、触媒インク中のカーボンに対するアイオノマーの吸着率が低いと、乾燥後の触媒層でもアイオノマーが十分にカーボン同士を接着できず、靭性が低い触媒層となったと考えられる。これらのことから、触媒層のクラック発生・進展挙動は、触媒インクの中でのアイオノマーの吸着状態とそれに起因する液構造に支配されることがわかった[5]。

４．おわりに

　リチウムイオン二次電池や燃料電池のスラリーモデルを用いて、そのレオロジー挙動から電池電極スラリーのダイラタンシー（シアシックニング）発現のメカニズムやその制御方法、さらには燃料電池触媒層インクのレオロジーに着目してクラック発生の要因を解明してきた。この様にレオロジー挙動の解析は、低エネルギー、低コストの高生産性プロセスそのものに影響するだけでなく、製品に求められる品質や性能の向上に影響を及ぼすメカニズムを明らかにする上でも非常に有効である。

参考文献

[1] S. Khandavalli, J. P. Rothstein, "The effect of shear-thickening on the stability of slot-die coating", AIChE J. 62 (2016) 4536-4547.

[2] S. J. Bai, Y. S. Song, "Correlation between internal structure and electrochemical impedance spectroscopy of multiphase slurry systems", Anal. Chem. 83 (2013) 3918-3925.

[3] H. Nakamura, M. Ishii, "Rheological behavior of concentrated monodispersed colloidal suspensions", J Soc. Rheol, Japan 47 (2019) 1-7.

[4] H. Nakamura, S. Makino, M. Ishii, "Shear-thickening behavior of concentrated monodispersed colloidal suspensions", J Soc. Rheol, Japan 47 (2019) 9-15

[5] N. Kumano, K. Kudo, A. Suda, Y. Akimoto, M. Ishii, H. Nakamura, "Controlling cracking formation in fuel cell catalyst layers", J. Power Sources 419 (2019) 219-228

[6] J. Litster, B. J. Ennis, "The Science and Engineering of Granulation Processes", Kluwer Academic, Dordrecht, The Netherlands (2004).

[7] S. M. Iveson, J. D. Litster, K. Hapgood, B. J. Ennis, "Nucleation, growth and breakage phenomena in agitated wet granulation processes: a review", Powder Technol. 117 (2001) 3-39.

[8] J. Mewis, N. J. Wagner, "Colloidal Suspension Rheology", Cambridge University Press (2012) pp. 252-290.

[9] M. M. Denn, J. F. Morris, D. Bonn, "Shear thickening in concentrated suspensions of smooth spheres in Newtonian suspending fluids", Soft Matter 14 (2018) 170-184.

[10] H. A. Barnes, "Shear-thickening (dilatancy) in suspensions of nonaggregating solid particles dispersed in Newtonian liquids", J. Rheol. 33 (1989) 329-366.

[11] R. A. Bagnold, "Experiments on a gravity-free dispersion of large solid spheres in a Newtonian fluid under shear", Proc. R. Soc. A. 225 (1954) 49-63.

[12] R. A. Bagnold, "Shearing and dilatation of dry sand and singing mechanism", Proc. R. Soc. A. 295 (1966) 219-232.

[13] H. Freundlich, H. L. Roder, "Dilatancy and its relation to thixiotropy", Trans. Faraday Soc. 34 (1958) 308-316.

[14] A . Fall, F. Bertrand, G. Ovarlez, "Shear thickening of cornstarch suspensions", J. Rheol. 56 (2012) 575-591.

[15] R. L. Hofmann, "Discontinuous and dilatant viscosity behavior in concentrated suspensions. I. Observation of a flow instability", Trans. Soc. Rheol. 16 (1972) 155-173.

[16] R. L. Hofmann, "Discontinuous and dilatant viscosity behavior in concentrated suspensions. II. Theory and experimental data", J. Colloid Interface Sci. 46 (1974) 491-506.

[17] J. F. Brady, G. Bosis, "The rheology of concentrated suspensions of spheres in simple shear flow by numerical simulation", J. Fluid Mech. 155 (1985) 105-129.

[18] G. Bosis, J. F. Brady, "The rheology of Brownian suspensions", J. Chem. Phys. 91 (1989) 1866-1874.

[19] J. F. Brady, G. Bosis, "Stokesian dynamics", Annu. Rev. Fluid Mech. 20 (1988) 111-157.

[20] N. J. Wagner, J. F. Brady, "Shear thickening in colloidal dispersions", Phys. Today, 62 (2009) 27-32.

[21] J. W. Bender, N. J. Wagner, "Optical measurements of the contributions of colloidal forces to the rheology of concentrated suspensions", J. Colloid Interface Sci. 172 (1995) 171-184.

[22] J. W. Bender, N. J. Wagner, "Reversible shear thickening in monodisperse and bidisperse colloidal dispersions", J. Rheol. 49 (1996) 899-916.

[23] B. J. Maranzano, N. J. Wagner, "The effects of interparticle interactions and particle size on reversible shear thickening: Hard-sphere colloidal dispersions", J. Rheol. 45 (2001) 1205-1222.

[24] B. J. Maranzano, N. J. Wagner, "The effects of particle size on reversible shear thickening of concentrated colloidal dispersions", J. Chem. Phys. 114 (2001) 10514-10527.

[25] E. Brown, H. M. Jaeger, "Dynamic jamming point for shear thickening suspensions", Phys. Rev. Lett. 103 (2009) 086001.

[26] E. Brown, H. M. Jaeger, "Through thick and thin", Science 333 (2011) 1230-1231.

[27] E. Brown, H. M. Jaeger, "The role of dilation and confining stress in shear thickening of dense suspensions", J. Rheol. 56 (2012) 875-923.

[28] R. Mari, R. Seto, "Shear thickening, frictionless and frictional rheologies in non-Brownian suspensions", J. Rheol. 58 (2014) 1693-1724

[29] R. Seto, R. Mari, J. F. Morris, M. M. Denn, "Discontinuous shear thickening of frictional hard-sphere suspensions", Phys. Rev. Lett. 111 (2013) 218301.

[30] R. Mari, R. Seto, J. F. Morris, M. M. Denn, "Nonmonotonic flow curves of shear thickening suspensions", Phys. Rev. E. 91 (2015) 052302.

[31] R. Mari, R. Seto, J. F. Morris, M. M. Denn, "Discontinuous shear thickening in Brownian suspensions by dynamic simulation", Proc. Natl. Acad. Sci. U. S. A. 112 (2015) 15326-15330.

[32] B. M. Guy, M. Hermes, W. C. K. Poon, "Towards a unified description of the rheology of hard-particle suspensions", Phys. Rev. Lett. 115 (2015) 088304.

[33] N. Y. C. Lin, B. M. Guy, M. Hermes, C. Ness, J. Sun, W. C. K. Poon, I. Cohen, "Hydrodynamic and contact contributions to continuous shear thickening in colloidal suspensions", Phys. Rev. Lett. 115 (2015) 228304.

[34] B. M. Guy, J. A. Richard, D. J. M. Fodgson, E. Blanco, W. C. K. Poon, "Constraint-based approach to granular dispersion rheology", Phys. Rev. Lett. 121 (2018) 128001.

[35] M. Wyart, M. E. Cates, "Discontinuous shear thickening without inertia in dense non-Brownian suspensions", Phys. Rev. Lett. 112 (2014) 098302.

[36] M. E. Cates, M. Wyart, "Granulation and bistability in non-Brownian suspensions", Rheol. Acta 53 (2014) 755-764.

[37] L. B. Chen, B. J. Ackerson, C. F. Zukoski, "Rheological consequences of microstructural transitions in colloidal crystals", J. Rheol. 38 (1994) 93-216.

[38] L. B. Chen, M. K. Chow, B. J. Ackerson, C. F. Zukoski, "Rheological and microstructural transitions in colloidal crystals", Langmuir 10 (1994) 2817-2829.

[39] Kulicke, W. M., Kull, A. H., Kull, W., Thielking, H., "Characterization of aqueous carboxymethylcellulose solutions in terms of their molecular structure and its influence on rheological behavior", Polymer, 37 (1996) 2723-2731.

[40] Lee, J. H., Paik, U., Hackley, V. A., Choi, Y. M., "Effect of Carboxymethyl Cellulose on Aqueous Processing of Natural Graphite Negative Electrodes and their Electrochemical Performance for Lithium Batteries", J. Electrochem. Soc., 152 (2005) A1763-A1769.

[41] Huang, D. C., Yu, P. J., Liu, F. J., Huang, S. L., Hsueh, K. L., Chen, Y. C., Wu, C. H., Chang, W. C. and Tsau, F. H., "Effect of Dispersion Solvent in Catalyst Ink on Proton Exchange Membrane Fuel Cell Performance" Int. J. Electrochem. Sci., 6 (2011) 2551-2565.

[42] Therdthianwong, A., Ekdharmasuit, P. and Therdthianwong, S., "Fabrication and Performance of Membrane Electrode Assembly Prepared by a Catalyst-Coated Membrane Method: Effect of Solvents Used in a Catalyst Ink Mixture" Energy & Fuels, 24 (2010) 1191-1196.

[43] Komoda, Y., Okabayashi, K., Nishimura, H., Hiromitsu, M., Oboshi, T. and Usui, H., "Dependence of Polymer Electrolyte Fuel Cell Performance on Preparation Conditions of Slurry for Catalyst Layers" J. Power Sources, 193 (2009) 488-494.

[44] Dixit, M. B., Harkey, B. A., Shen, F. Y. and Hatzell, K. B., "Catalyst Layer Ink Interactions That Affect Coatability" J. Electrochem. Soc., 165 (2018) F264-F271.

[45] Kim, S. M., Ahn, C. Y., Cho, Y. H., Kim, S., Hwang, W., Jang, S., Shin, S., Lee, G., Sung, Y. E. and Choi, M., "High-Performance Fuel Cell with Stretched Catalyst-Coated Membrane: One-Step Formation of Cracked Electrode" Scientific Reports, 6 (2016).

[46] Kundu, S., Fowler, M. W., Simon, L. C. and Grot, S., "Morphological Features (Defects) in Fuel Cell Membrane Electrode Assemblies" J. Power Sources, 157 (2006) 650-656.

[47] Ramani, D., Singh, Y., Orfino, F. P., Dutta, M. and Kjeang, E., "Characterization of Membrane Degradation Growth in Fuel Cells Using X-ray Computed Tomography" J. Electrochem. Soc., 165, (2018) F3200-F3208.

[48] Pestrak, M., Li, Y. Q., Case, S. W., Dillard, D. A., Ellis, M. W., Lai, Y. H. and Gittleman, C. S., "The Effect of Mechanical Fatigue on the Lifetimes of Membrane Electrode Assemblies" J. Fuel Cell Sci. Technol., 7 (2010) 041009.

[49] Wolf, V., Arnold Lamm., Hubert A. Gasteiger., Handbook of Fuel Cells: Fundamentals, Technology, Applications Volume 3 (2003) John Wiley & Sons, Inc.

[50] Wang, W. T., Chen, S. Q., Li, J. J. and Wang, W., "Fabrication of Catalyst Coated Membrane with Screen Printing Method in a Proton Exchange Membrane Fuel Cell" Int. J. Hydrogen Energy, 40 (2015) 4649-4658.

[51] Kusano, T., Hiroi, T., Amemiya, K., Ando, M., Takahashi, T. and Shibayama, M., "Structural Evolution of a Catalyst Ink for Fuel Cells During the Drying Process Investigated by CV-SANS"

Polym. J., 47 (2015) 546-555.

[52]   Chiu, R. C., Garino, T. J. and Cima, M. J.，"Drying of Granular Ceramic Films .1. Effect of Processing Variable on Cracking Behavior" J. Am. Ceram. Soc.,76 (1993) 2257-2264.

[53]   Chiu, R. C. and Cima, M. J.，"Drying of Granular Ceramic Films .2. Drying Stress and Saturation Uniformity" J. Am. Ceram. Soc., 76 (1993) 2769-2777.

[54]   Kiennemann, J., Chartier, T., Pagnoux, C., Baumard, J. F., Huger, M. and Lamerant, J. M.，"Drying Mechanisms and Stress Development in Aqueous Alumina Tape Casting" J. European Ceram. Soc., 25 (2005) 1551-1564.

第16章 クレースト:ソリューションキャスティングによる高付加価値製品開発

蛯名　武雄

（産業技術総合研究所）

はじめに

　エンジニアリングプラスチックの耐熱性及びガスバリア性能を向上させるため、層状ケイ酸塩(粘土)などがフィラーとして用いられてきた。粘土は耐熱性、耐薬品性、安全性、経済性の点で優れた材料であり、フィラーとしての添加効果は顕著である。しかし添加割合が高いと成形性が悪くなり、インフレーション成型などのプラスチックで用いられる成型を困難にする。そのため添加比率が限られ、耐熱性など粘土本来の特性を生かし切れていなかった。我々は、粘土を主原料にすることによって耐熱性およびガスバリア性が飛躍的に向上したフィルムが開発できると考え、粘土とプラスチックからなるハイブリッドコーティング(膜)材の開発を行った。これらの膜の総称として原料の粘土(clay)と弊研究所の略称(AIST; Advanced Industrial Science and Technology)からクレースト(Claist)と名づけた [1]。

　粘土ハイブリッドコーティングは耐熱性、ガスバリア性、寸法安定性などに優れる。さらに着色成分を含まない合成粘土を用いることにより全光線透過率 90 パーセントを超える透明タイプの開発にも成功した。以上のように透明性、耐熱性、ガスバリア性、柔軟性、ハンドリング性等で要求されるいくつかの特性を具備するコーティングを実現することが可能である。ここでは、クレーストのソリューションキャスティングによる作製について解説する。

　この材料は、粘土およびプラスチックの種類、その混合比を変えることによって幅広く特性を制御することができ、コーティング付与高付加価値製品開発についても紹介する。

1.　粘土ハイブリッドコーティングの成分

1.1　無機層(粘土)

　粘土ハイブリッドコーティングに用いられる粘土としては 2:1 型層状シリケート、特にスメクタイトが好適に用いられる [2]。スメクタイトはアルミニウム系シリケート(2-八面体型スメクタイト)、マグネシウム系シリケート(3-八面体型スメクタイト)が代表的であり、前者は天然品、後者は合成品が市販されている。高い透明度を必要とする場合には合成品を用いる。スメクタイト結晶の単位厚みは約 0.95 nm であり、ナトリウム、カルシウムなどの層間陽イオンが存在する(図1)。層間陽イオンは空気中の水分からでも容易に水和し、そのため通常層間隔は 1.26(一水和層)、1.50 nm(二水和層)などに広がる。スメクタイトの層間イオンとしてはナトリウム、リチウムなどの一価イオンであるものが水への分散性が好適で、均一ペーストを作りやすいため、好適に用い

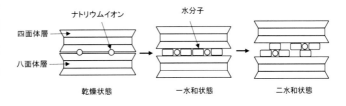

図1　スメクタイトの水和による変化

られる[5]。有機溶剤系ペーストを調製する場合は、層間イオンをアンモニウム、ホスホニウム、イミダゾリウム系有機イオンに交換した有機化粘土を用いる場合がある。スメクタイトのような粘土は自己成膜性を有し、プラスチックなしでも膜を形成する。しかしハンドリング性のある実用可能な品質の膜を得るときには、粘土自身の成膜性を向上させる他、プラスチックの添加を必要とすることが多い。

粘土結晶は、そのすべてが膨潤性ということではなく、むしろ粘り気のない非膨潤性の「粘土」の方が種類としては多い(図2)。マイカなども非膨潤性粘土の一種であり絶縁用フィラー、紙などへの添加剤等として用いられるが、究極の非膨潤性粘土はタルクと呼ばれるものである。タルクは層状マグネシアシリケートであるが、理想組成としては全く層電荷を持たず、そのため層間イオンも含まない。親水性を発現する要素がないため吸水性もない。

粘土鉱物の薄膜材料への応用を促進するため、（1）粘土鉱物の成膜性に影

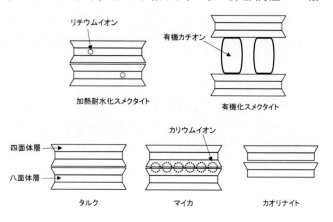

図2　種々の非膨潤性粘土

響を及ぼす諸因子が系統的に検討[2-5]され、さらに（2）成膜性に優れる粘土鉱物の合成技術が開拓されている[5,6]。粘土は産地によりその組成や夾雑物の内容が異なることから、それらの試料を収集し、成膜性を比較することで、粘土の成膜性に関する因子を探ることができる。国内外の約70種類の粘土を用いた成膜性評価は乾燥後の自立膜の均一性や強度などをもとに行われた。その結果スメクタイトであれば、天然品でも合成品でも成膜性に優れており、スメクタイト以外にもいくつか製膜可能な粘土試料があることが分かっている[7]。

成膜性に優れた粘土は水熱法によって合成することができるが、一般に平均粒径が数十ナノメートルであり天然物に比較して小さい。そのため膜形成時に、粘土結晶同士のオーバーラップが十分に取れず、フレキシブルな膜が作りにくいという問題点がある。一旦合成した粘土にさらに追加の水熱処理をかけることにより、平均粒径を大きくできることが分かった[6]。追加の水熱処理温度を150から400℃まで変えて評価したところ、より高温の水熱処理で粒径増大効果が顕著であり、天然の粘土に匹敵する大きさの粘土結晶が得られること(粘土粒子の増大は約300倍に達した)、得られた粒径増大粘土からは柔軟な膜ができること等が分かった。膜断面を電子顕微鏡で観察したところ、粘土積層体が褶曲しており、天然スメクタイト膜と構造の共通点が見られた。追加の水熱処理はバッチ法、流通法のいずれも有効である。

粘土の膨潤性に影響を与える要因は幾つかあるが、粘土の粒径の他、層間イオンの影響も大きい。粘土―ポリマー複合膜に広範に使われている精製モンモリロナイト(山形県月布産、クニミネ工業)の層間イオン、すなわちNa^+およびCa^{2+}をNa^+, Li^+, Mg^{2+}, Ca^{2+}, Al^{3+}, Fe^{3+}のどれかに全交換した粘土を用いた膜を評価した結果、Feイオン置換膜を除くすべての粘土は自立膜を形

成した[3]。その中でも、一価イオン型粘土、すなわち Na あるいは Li 型粘土から作製した膜は非常に柔軟性が高く、直径 2mm のマンドレルを用いた柔軟性の試験でも損傷がなかった。層間イオンの価数が大きくなるほど膜の柔軟性は低下した。これは、層間イオンによって異なる膨潤性/水分散性が得られる自立膜のミクロ構造に影響を与えたためと考えられる。さらに、粘土に残存する過剰な塩の存在も成膜性に影響を及ぼすことが分かっている[4]。粘土に過剰な塩が残存する場合、乾燥時の膜の歪みと成膜性の低下が観察される。

　水熱合成法に合成されるスメクタイトは水ガラスを合成原料としているため、ナトリウムを相当量含む。フレキシブル基板など電子機器用途においては、ナトリウムの含有が嫌われることから、ナトリウムを含まない透明フレキシブル基板等をターゲットとして、水ガラスを原料としない粘土合成が必要となる。これまで水ガラスを出発原料としないスメクタイト合成は種々行われてきた[8]。横田らは、無機薄膜材料を指向したナトリウムフリー粘土鉱物の人工合成に着手し、自立性と透明性を持つ膜を形成可能な、3 八面体型スメクタイトの合成に成功している[9]。

1.2 有機添加物（プラスチック）

　機械的強度、透明性の向上や機能付加の目的で必要に応じ、種々のプラスチックが加えられる。このプラスチックについては、膜の耐熱性、水蒸気バリア性など要求性能に応じて選択される。特に使用温度によってプラスチックの種類と量が制限される。プラスチックは膜の物性向上のために加えられる他、製膜時の製膜助剤としての効果も求められる。これまで、ポリアミド[10]、ポリイミド[11]、セルロース樹脂[12]、アクリル酸樹脂[13]、フェノール樹脂[14]、タンパク質[15,16]などが検討された。膜中でプラスチックは a)粘土結晶層間、b)粘土結晶端面間、c)粘土結晶の褶曲によって作られる空隙、d)偏析した形で膜の上部あるいは下部、に存在する。どこに存在するかは、粘土との相互作用、分散媒への溶解度、添加量によって異なる[17]。また、水蒸気バリア性を付与するために、リチウムイオンの移動のための加熱処理を行うことがあり[18,19]、そのためプラスチックは膜にプラスチックを残しておく形態の場合には、エンジニアリングプラスチック以上の耐熱性をもったものを選択する。

1.3 溶媒と分散法

　溶媒(分散媒)は、プラスチックに対する良溶媒であると同時に、粘土に対する良分散媒である必要がある。プラスチックの溶解度が十分にないと、乾燥時にプラスチック分が偏析し、粘土ハイブリッドコーティング中でのプラスチックの不均一分布をもたらす。また、粘土に対する分散性が十分にないと、成膜が良好に行われないという問題がある。粘土ハイブリッドコーティングの場合には、水が分散媒として用いられることが多い。有機化粘土を用いる場合はトルエンなど非極性溶媒を用いることがある。また、粘土分散液作製のために水を用い、これをプレゲルとし、プレゲルとプラスチックを溶解した溶媒と混合することも行われる。このとき、二種類の溶媒は相互に完全混合する組み合わせが必要である。組み合わせとしては、水-エタノール、水-ジメチルアセトアミドが用いられている。

　分散液の混合プロセスとしては、混練、攪拌、振とう、遠心混合(自転公転型)、各種ミル(ジェ

ットミル、カッターミル)等を用いることができる。

　粘土分散液はチクソトロピー性(流動時と比較して静置時の粘性が高くなるレオロジー特性)が強く、固液比が数%以上で急激に粘性が高くなる。そのためペーストの粘土固液比は 10%以下であることが多い。分散液粘性は高速成膜においては低粘性の数十ポイズから、厚膜用として数千ポイズのものが成膜に用いられる。

２．膨潤性粘土の耐水化

　粘土ハイブリッドコーティングに最も用いられる粘土は、親水性(膨潤性)のスメクタイトであるが、負の層電荷を有するシリケート結晶と層間カチオンから構成されている。この層間カチオンが水和し、その膨潤力によりシリケート層内に水分子が侵入し、層間隔が広がり、シリケート結晶と層間カチオン間のクーロン引力が弱くなり、層間カチオンへの第二水和層以降の水和も連続的に発生し、最終的には無限膨潤と言われる状態まで進行する。逆に言うと、この無限膨潤まで到達する比較的小さな負の層電荷を有する粘土をスメクタイトと称する。さらに水溶性有機高分子と混合し、これを原料ペーストとしたソリューションキャスティングを行うことで粘土ハイブリッドコーティングを得ることができる。この後重合処理や表面疎水化処理を行わない限り、この膜は水溶性であり、湿度により性質が変化し、乾燥条件下と加湿条件下で同じ性能を要求されるほとんどの工業用途には適さない。

　水分散したスメクタイトの層間カチオンは交換性であり、無機カチオンだけでなく、有機カチオンとも交換する(図２)。この交換はイオン平衡に基づくためスメクタイト水分散液に過剰の有機カチオンを溶解混合すると、層間カチオンは有機カチオンが優勢となり、スメクタイトを中心としたミセルのような形状を形成する。このミセルは外面が疎水性になり、水分散液に安定して分散することができなくなり、沈殿を形成する。この沈殿を分離し、洗浄することで有機化スメクタイトを得る。有機カチオンの種類等を変えることにより、種々のポリマーとの親和性を有する異なる有機化スメクタイトを製造することができる。有機化スメクタイトは天然スメクタイト由来、合成スメクタイト由来の製品がある。これらの有機化スメクタイトを用い均一に有機高分子と混合することで、耐水性の粘土ポリマーコンポジット材料を製造することができる[20]。この膜は液体としての水の透過を防ぐことはできる。しかし必ずしも分子としての水を遮蔽することにはならず、防湿材料にならないことも多い。その理由としては、有機化スメクタイトはミセル状構造の外面は疎水性であるが、内側はイオン性で親水性と考えられるためである。内側が密にパッキングされていなければ、内側を自由に水が移動することが可能と考えられる。有機化スメクタイトを用いて防湿材料を作るためには、有機カチオンが存在する層間をいかに密にパッキングするかが重要なポイントである。

　粘土層間に耐熱有機カチオンを挿入した疎水性の有機化粘土からフィルムを作製することができる[20]。第四級アンモニウムイオンを有機化剤に用いると、250℃の加熱によりフィルム自体が着色する。この耐熱性を向上させるため、市販の合成スメクタイト層間に、耐熱性の非常に高いテトラフェニルホスホニウム(TPP)をインターカレートした高耐熱有機化粘土によるフィルム(TPP粘土膜)を試作し、耐熱性評価を行った。

市販の合成サポナイト粘土(SA)、あるいは SA と合成ヘクトライト粘土（HE）の 2 種類の粘土を任意の割合で混合したブレンド粘土（HE-SA）をテトラフェニルホスホニウムブロミド(TPP-Br)による有機化処理後、エタノール/水＝50/50 混合溶液で洗浄を行うことによりそれぞれの有機化粘土ゲルを得た。得られた有機化粘土ゲルを、所定量の N、N-ジメチルホルムアミドに加え分散液を得た後、ポリプロピレンフィルム(PP フィルム)を貼り付けた金属板に塗布し、分散液を室温で自然乾燥することによりフィルムを得た。調製したフィルムを PP フィルムから剥離して、柔軟性に優れた自立フィルムを得た。

　耐水性のある膜を作る別の方法は、非膨潤粘土を用いる方法である。非膨潤粘土としては、タルク、雲母、カオリナイト等がある(図 2)。これらを主成分とする膜には、水が溶解しづらいと考えられ、水あるいは水分子の遮蔽をすることが期待される。事実このような粘土を用いた粘土ポリマーコンポジット膜が一定の防湿性を有する場合が確認されている [21]。

　耐水性のある膜を作る三つ目の方法が、加熱耐水化粘土を利用するものである。Na 型スメクタイトの層間イオンを Li に交換し、加熱処理を行うことでスメクタイトを耐水化することが可能である。この現象は Hofmann-Klemen 効果 [22] と呼ばれ、古くからスメクタイト種の同定(Greene-Kelly 法)に応用されている。この方法は、シリケートの八面体層へのリチウム移動が原因と理解されており、層電荷を低減したスメクタイトを調製する方法としても用いられている(図 3)。このメカニズムは、リチウムイオンがスメクタイト結晶に固定され

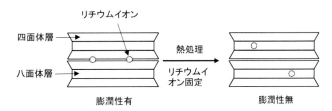

図3　スメクタイトの加熱耐水化

るものと理解されていたが、十分に立証されていなかった。我々は密度汎関数法による理論計算と XPS による分光学的測定を比較することで、このリチウムイオンの固定を証明した [23,24]。

　加熱耐水化粘土を用いた粘土ハイブリッドコーティングの製造はウェットコーティングであり、このガスバリアフィルムはポリイミドフィルムの製造方法と基本的に同じプロセスである。そのため幅広い膜を連続製造することが可能である。しかしながら、加熱時間と水蒸気バリア性の相関があり、高い水蒸気バリア性を実現するためには、高温熱処理が必要である。そのため、プラスチックと基板フィルムはエンジニアリングプラスチック以上の耐熱性のものを用いなければならず低温化が求められる。

　加熱処理の低温化については、2 つの考え方がある。一つは、Li よりも低温における固定化できるイオンの選択である。この候補としては、アンモニウム、プロトンが検討されている。スメクタイトあるいは雲母の層間イオンをアンモニウムに交換し、分散液中でアスペクト比の大きな液晶を形成させた後に、キャスト膜を調製し、これに最高 180℃までの加熱処理を行うことで、高い水蒸気バリア性を有する透明コーティングが報告されている [25]。

　もう一つは事前加熱した粘土を用いるものである。Li 型耐水化粘土を事前に熱処理しておき、その後、これを原料としてソリューションキャスティングによってバリア膜を製造することがで

きる[19]。

3．粘土ハイブリッドコーティングとその作製

3.1 粘土ハイブリッドコーティング

　スメクタイトとプラスチックを含む溶媒分散液を基板表面の上で乾燥させるとキャストフィルムができる。粘土フィルムはキャストフィルムを基板から剥離して、耐熱自立膜として用いることができるが、他方プラスチックフィルムなどのベースフィルムなどの上にコーティング層として多層フィルムの構成層とすることもできる。これは、例えば、PETフィルム等にガスバリア性を付与する場合に用いられる。ただし、層状腹水酸化物はケイ酸塩粘土と比較すると耐熱性に劣る。粘土フィルムのX線回折チャートには高次のものを含め一連のシャープな底面反射が観察され、ナノレベルで粘土結晶片が規則配向して積層していることが分かる[17]。また、粘土フィルム断面の電子顕微鏡像からも粘土の平板結晶が配向し充填していることが分かる。この構造が膜の柔軟性とガスバリア性をもたらしていると考えられる(図4)。

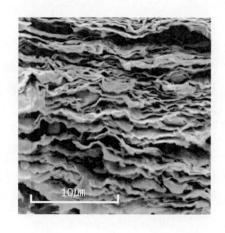

図4　粘土を主成分とする膜の断面SEM像

3.2 コーティング方法

　コーティング方法として、キャスト、ドクターブレード、ダイ、各種印刷法、スプレーコーティング、ディップコーティング、等の従来製膜に用いられてきた方法を用いることができる。連続コーターを用いることにより、ロール状の長尺膜を製造することも可能である。また、基板に平坦のものではなく、曲面のものを用い、剥離することにより曲面状膜を得ることが可能である[26]。この際、粘土分散液は乾燥時に垂れていかないように、十分な粘性を保持しなければならない。一般的には、低固液比の分散液を乾燥濃縮して、より粘性の高いものを用いることで解決できる。実際に9重量%程度まで固液比を上げた分散液を用いた、ガスタンクのガスバリアライナーを構成する目的での曲面状粘土ハイブリッドコーティング膜の試作例がある[27]。乾燥の方法として、強制対流式加熱乾燥の他、赤外線乾燥、真空乾燥、高周波加熱などの乾燥方法、あるいはその組み合わせの乾燥方法をとることが可能である。風を受けることによって、膜表面に肉眼で確認できる大きさの波打ちが発生することがある。乾燥時に粘土ハイブリッドコーティング膜に亀裂が発生する場合には、乾燥速度を遅くすることでその発生を抑えることができることがある。膜を安定化させたり、耐水化させたりするために、プラスチックを硬化することがある。硬化には、加熱プロセスを用いることが多いが、被塗工材料の耐熱性がない場合には、紫外線硬化を採用することもある。プラスチックを用いず粘土だけで機械的な強度をもつコーティング膜を作る場合には、400〜600℃の加熱が必要になる[28]。

4．粘土ハイブリッドコーティングの機能

　粘土ハイブリットコーティングは、粘土をナノレベルの視点から見つめ直し、有機物と粘土の混合比を逆転させ、有機物を少量成分とし、耐熱性、ガスバリア性、柔軟性の三性質を兼ね備えた膜を創成したところに、顕著な新規性と高い独創性があるが [29]、下記に機能性膜としての開発事例を述べる。

4.1 透明ガスバリア膜の開発

　我々は合成スメクタイトを用いて全光線透過率が 90％以上の透明耐熱膜を開発した [12,30]。耐熱性については、350℃、1 時間、あるいは 300℃、30 分 10 回の熱処理においても透明性、ガスバリア性に大きな低減は観察されなかった [13]。この粘土ハイブリッドコーティング膜上にスパッタ法によって ITO 透明導電膜を形成することに成功した。この透明導電膜の絶縁性は $4.2 \times 10^{-4} \Omega\,cm$ であり [17]、同様の方法でガラス上に形成したものと同レベルであった。さらにこのフィルム上に OLED 発光層を設け、11.5V で輝度 $100\,cd\,m^{-2}$ の発光を確認した [31]。

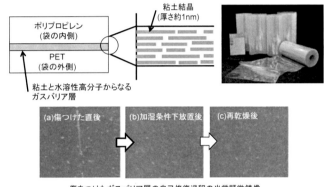

図5　酸素ガスバリア膜

我々はさらにこの材料を応用して合成スメクタイトと有機バインダを PET フィルムの上にドライ膜厚 0.4 μmでコーティングした透明酸素ガスバリアフィルムを開発した (図 5)[32]。ドライ酸素ガスバリアレベルは従来のシリカ/アルミナ蒸着フィルムを凌駕するものである。さらにコーティング層に意図的に傷をつけても加湿条件下に置くことで、コーティング層が吸湿膨潤し、傷が自己修復する現象を発見した。層間イオンがナトリウムであるこの膜は、耐水性が十分でないが、コーティング層上にポリプロピレンフィルムを貼り付けることで実用可能な袋を作製した。

TPP粘土膜の加熱後の透明性変化
（加熱条件：大気下、昇温速度5℃/min、加熱直後室温冷却）

　これまで有機化粘土を用いて製膜する場合、通常用いられる第四級アンモニウム系有機化剤では、250℃程度で Hoffmann 反応により着色するため、高耐熱性を実現するのが難しいという問題点があった。そのため、300℃以上の耐熱性を有する、ホスホニウム、イミダゾリウム系有機化剤に着目し、これを用いた膜形成を試みた(図 6)[33]。この

TPP粘土膜の外観

TPP粘土膜を基板とし、防湿フィルムで封止したフレキシブル有機EL素子

図6　テトラフェニルホスホニウム(TPP)粘土膜

うちテトラフェニルホスホニウム(TPP)を層間カチオンとした合成粘土ハイブリッドコーティング膜は、大気環境下 400℃までの加熱において波長 500nm における透過度 80%程度を維持し、色調変化を示すスペクトル形状の変化もほとんど確認されなかった(図 6)。この透明粘土ハイブリッドコーティング膜は、耐熱性と、耐水性、フレキシブル性を併せ持つことから、フレキシブルエレクトロニクス用基材として有望である。

4.2 加熱耐水化スメクタイトによる水蒸気バリア膜の開発

　前述のように、層間のナトリウムイオンをリチウムイオン[11,18,19]に交換し、これを加熱することにより粘土ハイブリッドコーティング膜を耐水化することが可能である。この知見を用いてリチウム型天然スメクタイト 65 重量部、ポリイミドを 35 重量部混合し、350℃で 24 時間通常空気条件下で加熱処理した厚さ約 20 μm の粘土ハイブリッドコーティング膜において水蒸気透過度 10^{-3}g/m^{2}day オーダーの高いバリア性を実現した[11]。この水蒸気バリア膜を、穴の開いたステンレス薄板に熱プレスにより直接接合して標準ガスバリアフィルムを作製した。40 ℃、相対湿度 90 %条件で測定した結果、標準ガスバリアフィルムの水蒸気透過度は、穴径を 3.5 mm として水蒸気透過度を 3.1×10^{-6} g /m^2 day としたものを含め、設計値通りの水蒸気透過度であることが確認できた。これらの水蒸気透過度は、従来の標準ガスバリアフィルムの 1/1000 以下という微小な値である。本標準ガスバリアフィルムを用いることで得られる信頼性の高い水蒸気透過度の測定は、有機 EL ディスプレイや有機太陽電池などに使われるハイバリアフィルムを評価する基準となり、これら製品の品質管理や長寿命化に貢献すると期待される。

4.3 粘土ペーストに他の素材を均一混合し膜化した機能膜創生

　粘土結晶の端面は正に帯電していることから、負電荷をもつ粒子を引きつけ、複合粒子を形成する。この複合粒子も自己成膜性を有することから、有機修飾により負電荷を帯びたカドミウム-セレン系量子ドット粒子(直径 2-5nm)を合成粘土と混合し、複合粒子含有均一ペーストとし、自己集積したフレキシブル蛍光膜を作製した[34](図 7)。量子ドットの大きさにより異なる蛍光を発現させることができ、膜中で量子ドットが均一分散し、さらに加熱処理によって蛍光発光強度が高くなった。

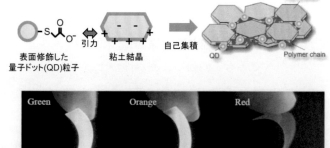

図7　粘土結晶に量子ドット粒子を固定化したフレキシブル蛍光膜

粘土ハイブリッドコーティング膜を電気的に導電性にすることによって、電磁遮蔽特性を有する粘土ハイブリッドコーティング膜を調製した[35]。グラフェンがスメクタイト粘土にインターカ

レートした複合膜は、グラフェン酸化物とスメクタイトを水に混ぜて乾燥させ、大気中で250℃、30分間の熱処理を行うことによって得られた。得られた複合膜は33重量%の炭素を含み、シート抵抗は1036 Ωcm^{-1}であった。複合フィルムのシールド効果は、100MHz、10MHzの電磁波周波数でそれぞれ67%、97%であった。

我々はさらに、バインダ分として木材の構成成分であるリグニンに注目し、森林総合研究所の技術で木材チップから抽出された改質リグニンと天然スメクタイトからなるバイオマス利用粘土ハイブリッドコーティング膜を開発した(図8)[18,19]。リチウム型天然スメクタイトと改質リグニンを8:2の重量分率で混合し、ソリューションキャスティングで製膜し、300℃で2時間熱処理した厚さ 20 μmの膜は1.64g/m^2 dayの水蒸気透過度を示した。これは12 μm厚みのPETの69g/m^2 dayと比較して高い水蒸気バリア性である。この粘土ハイブリッドコーティング膜の耐熱性を活かした用途

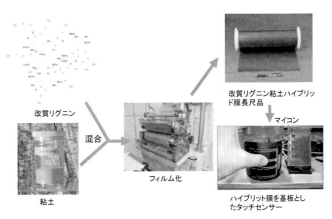

図8 改質リグニン粘土膜の開発

として、フレキシブルプリント基板が検討され[19]、銀ナノペーストを用いてタッチセンサが試作され、健全な動作が確認された。

5．粘土ハイブリッドコーティングの用途展開

　以上のように、粘土ハイブリッドコーティングは、プラスチックフィルムでは実現するのが難しい、高ガスバリア性、高耐熱性、不燃性等を有する膜として注目されている。また、ほとんどの場合単独ではなく、異種材料との複合化、多層化などにより、用途に適した複合部材として用いられている。

　そのような用途の事例として、膨張黒鉛ガスケットの表面に粘土ハイブリッドコーティング付与した製品が挙げられる[36]。このガスケットは420℃の高温まで用いることが可能であり、粘土層は離型層とガスバリア層の両者の役割を果たしている。また、透明なガラス繊維強化プラスチック(GFRP)の表面に粘土ハイブリッドコーティングを付与した構造の不燃透明繊維強化プラスチックを開発した[37]。GFRP表面に合成粘土とバインダを混合した水系コーティング液を塗布乾燥し、15 μm程度の厚みのコーティング層を得た。上記の成形方法にて製作したコーティング済平板を、10cm 角のサイズに切り出し、コーンカロリーメーター発熱性試験(ISO 5660-1：2002)を実施したところ、最大発熱速度、総発熱量、着火時間のすべてで、鉄道車両用材料燃焼試験の「不燃性」の条件をクリアすることを確認した。本プラスチック材は駅や車両用照明カバーとして実用化した。

おわりに

　粘土ハイブリッドコーティングに用いられる粘土は地球表層の化学組成にきわめて近い素材である[27]。天然に産する粘土についても十分にコントロールされた品質の製品がサプライされるのであればこれを積極的に利用する「めぐみものづくり」を推進している。また，包装用途においては，現在分別できないプラスチック-アルミホイル多層材料の代替として期待されている。粘土ガスバリア膜技術に実用化例はあるものの，汎用素材として広く普及しているとは言いがたく，解決しなければならない問題もある。それらは，①低温耐水化，②生産コストの低減，③原料粘土の安定供給などである。これらの問題を解決するために，粘土サプライヤー，粘土ハイブリッドコーティングサプライヤー，加工メーカー，ユーザー，公的研究機関研究者らが連携を持って取り組んでいく産総研コンソーシアム「Clayteam」を設立し，この有機的に連携したネットワークによってスピード感も持った開発を進めている。

謝辞

　本解説に関する成果は、山田竜彦博士、ネー　ティティ博士、高橋史帆博士、高田依里博士(森林総合研究所)、山下俊先生(東京工科大学)、石田隆弘先生(静岡理工科大学)、手島暢彦氏（財団法人岩手県南技術研究センター)、黒坂恵一氏、窪田宗弘博士、篠木進氏（クニミネ工業株式会社)、茂木克己氏、津田統氏、井上智仁氏(株式会社巴川製紙所)、見正大祐氏、坂東誠二氏、川崎加瑞範博士、林坂徳之氏、中田英樹氏、今井幸治氏（住友精化株式会社)、水上富士夫博士、石井亮博士、吉田学博士、小畠時彦博士、吉田肇博士、林拓道博士、相澤崇史博士、和久井喜人博士、棚池修博士、中村考志博士、鈴木麻実氏、志村瑞己博士（以上産業技術総合研究所)、ナムヒョンジョン博士、高橋仁徳博士（以上産業技術総合研究所（当時))他の方々のご協力によりもたらされたものであり、ここに感謝申し上げる。

参考文献

1)　蛯名武雄，FC Report, 23, 3, 109 (2005)

2)　H.J. Nam et al., Clay Science, 13(4,5), 159 (2007)

3)　H.J. Nam et al., Colloid Surf. Sci. A., 346, 158 (2009)

4)　H.J. Nam et al., Appl. Clay Sci., 46, 209 (2009)

5)　H.J. Nam et al., Mater. Lett., 63, 54 (2009)

6)　R. Ishii et al., J. Colloid Interface Sci., 348, 313, 2010

7) 日本粘土学会編、粘土ハンドブック第三版、p.610、技報堂、東京 (2009)

8) 横田弘ほか、日本セラミックス協会 2009 年年会、野田 (2008)

9) 上方康雄、山本和徳、松岡寛、蛯名武雄、石井亮、ナムヒョンジョン、水上富士夫、粘土フィルム及びその製造方法、特開 2008-247719

10) T. Ebina, R. Ishii, T. Aizawa, H. Yoshida, J. Jpn. Pet. Inst. 60, 3, 121 (2017)

11) H. Yoshida, T. Ebina, K. Arai, T. Kobata, R. Ishii, T. Aizawa, A. Suzuki, Rev. Sci. Instrum., 88, 4, 43301 (2017)

12) R. Ishii, N. Teshima, T. Ebina, F. Mizukami, J. Colloid Interf. Sci., 348, 2, 313 (2010)

13) T. Ebina, F. Mizukami, Adv. Mater., 19, 2450 (2007)

14) 蛯名武雄、水上富士夫、多価フェノール複合粘土膜及びその製造方法、蛯名武雄、特開 2005-126316

15) 蛯名武雄、水上富士夫、ペルオキシダーゼ複合粘土膜及びその製造方法、特開 2005-110550

16) 蛯名武雄、水上富士夫、グルコースオキシダーゼ複合粘土膜及びその製造方法、特開 2005-112714

17) H. Tetsuka et al, J. Mater. Chem., 17, 3545 (2007)

18) H. Kaneko, et al. Appl. Clay Sci., 132, 425 (2017)

19) K. Takahashi, et al., Adv. Mat., 29(18), DOI: 10.1002/adma.20166512, (2017)

20) K. Kawasaki et al, Jap. J. Appl. Phys., 50(12) 121601 (2011)

21) 蛯名武雄、コンバーテック、86、 469、 (2012)

22) U. Hofmann, and R. Klemen, Z. Anorg. Allg. Chem., 262, 95 (1950)

23) T. Ebina, T. Iwasaki, A. Chatterjee, M. Katagiri, G.D. Stucky, J. Phys. Chem. B, 1997, 101 (7), 1125 (1997)

24) T. Ebina, T. Iwasaki, A. Chatterjee, Clay Science, 10 (6), 569 (1999)

25) 田中秀康、尾上崇、宮元展義、層状無機化合物分散液、特開 2013-10662

26) 米本浩一、蛯名武雄、水上富士夫、奥山圭一、ガスバリア性の炭素繊維強化プリプレグ及び炭素繊維強化プラスチック並びにそれらの製造方法、特開 2009-120627

27) 蛯名武雄、 工業材料、 57(5)、 31 (2009)

28) Y. Noguchi et al., Clay Science, 21(3), 59 (2017)

29) 蛯名武雄「きちんとわかる環境共生化学-粘土膜クレーストの開発と応用」、p.323-336、白日社、 東京(2010)

30) T. Aizawa, R. Ishii, T. Ebina, Clay Science, 20, 63 (2017)

31) H. Tetsuka, T. Ebina, T. Tsunoda, H. Nanjo, and F. Mizukami, Surface & Coatings Technology, 202, 2955 (2008)

32) 蛯名武雄、表面技術、65(10)、475(2014)

33) K. Kawasaki, T. Ebina, F. Mizukami, H. Tsuda, K. Motegi, Appl. Clay Sci., 48, 111 (2010)

34) H. Tetsuka, T. Ebina, F. Mizukami, Adv. Mat., 20, 3039 (2008)

35) T. Nakamura, H. Nanjo, M. Ishihara, T. Yamada, M. Hasegawa, M. Ameya, Y. Katou, M. Horibe, T. Ebina, Clay Science, 18, 107 (2014)

36) 蛯名武雄、手島暢彦、高圧ガス、44、50 (2007)

37) 蛯名武雄、伊藤佑輝「樹脂/繊維複合材料の界面制御、成形加工と評価」pp. 295-299、 (株)技術情報協会、東京(2018)

第17章　セルロースナノファイバーの調製とフィルム特性

磯貝　明

（東京大学）

1．はじめに

　陸上植物の植物体を支える細胞壁の主成分は結晶性多糖であるセルロースで、乾燥重量の約40%を占めている。残りは非晶性多糖であるヘミセルロースと、ベンゼン環を有し疎水性の高分子であるリグニンからなる。すなわち、セルロースは樹木等の植物体主成分として地球上で最も多量に蓄積されており、また、毎年最も多量に生物生産－蓄積される天然高分子である。化石資源とは異なり、セルロースは CO_2 と水から光合成される再生産可能でカーボンニュートラルな素材であり、適正かつ環境低負荷型の植物生産－変換－利用のサイクルが構築できれば、CO_2 由来の有機高分子原料として未来永劫人類に提供可能な素材である。セルロースを主成分とする住宅、木材、家具、紙、板紙、繊維、増粘剤、光学フィルム、包装容器等の生産－使用の歴史は古く、汎用および先端材料として幅広い分野で使用されてきた。

　一時期、樹木の伐採による木材利用が環境破壊につながるとのイメージがあった。しかし、全ての生物は酸素を吸収して酸化反応することにより CO_2 を放出して生命を維持しているのに対し、唯一植物は成長段階で CO_2 を吸収して有機物に変換し、酸素を放出する「還元反応」が可能であることが広く認識されてきた。すなわち、樹木であれば、植林－育林－伐採－利用－植林の循環を適正に進めることができれば、大気中の CO_2 の植物成分への固定化が進み、汎用および先端材料として CO_2 の固定化物を一定期間保持し、その結果、地球温暖化防止につながる可能性がある。また、化石資源に一部代替することにより、木質由来の生物資源（木質バイオマス）を基盤とした循環型社会基盤の構築に貢献できる。

　しかし、先進国では、人口減少による木造住宅着工率が減少し、電子メディアの浸透による印刷情報用紙の消費量の減少等により、従来型の木質バイオマス利用の循環が進まず、その結果、大気中の CO_2 の固定化が進まなくなっている。日本の国土の66%が森林であり、国内にスギ、ヒノキのような針葉樹木質バイオマスが豊富に蓄積されているが、木材需要の低下と、急斜面の林地からのコンスタントな木材搬出、流通が困難であること、それらによる国内林業の低迷等の課題がある。したがって、国内の間伐材を含む森林資源の多くは利用されずに放置されており、大気中の CO_2 の固定化－削減に寄与していない。

　一方、今世紀に入り、ナノサイズ幅を有する各種「ナノセルロース類」の研究開発が世界レベルで進められている。20世紀後半から研究開発が盛んになったナノテクノロジー素材の多くが化石資源を原料として低分子化合物からボトムアッププロセスで合成されるのに対し、ナノセルロース類は植物由来のセルロース繊維を微細繊維化するダウンサイジングプロセスによって調製される。

2．植物セルロースミクロフィブリル

　陸上の植物細胞壁中では、直鎖状のセルロース分子が20～30本規則的に束ねられた、すなわ

ち結晶性を有し、約 3 nm と超極細均一幅で、長さ数 μm の「セルロースミクロフィブリル」という ナノファイバーを、セルロース分子に次ぐ最小構成単位として共通に有している。セルロースミクロフィブリルの幅は単層カーボンナノチューブとほぼ同等で、弾性率は 100 GPa 以上、破断強度は数 GPa で、密度は約 1/6 g/cm^3 と軽量でありながら鋼鉄以上の高強度ナノファイバーである。植物細胞壁中では、このセルロースミクロフィブリルが鉄筋のような役割を有し、非晶性で親水性と疎水性を両有する不均一な化学構造多糖のヘミセルロース、同じく非晶性でベンゼン環を有する疎水性の不均一な化学構造を有する高分子のリグニンと、分子からナノレベルの複合体を形成し、例えば樹木では重力や風雨に耐え、長寿命を維持している（図 1 ）。

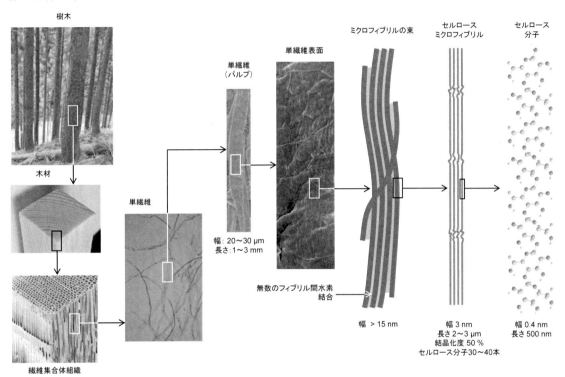

図 1　樹木セルロースの階層構造

　紙パルプ工場では、パルプ化工程によって木材チップから木材セルロース繊維を分離し、さらに漂白処理工程を経て精製木材セルロース繊維を製造している。その繊維長は樹種により 1〜3 mm、幅 0.02〜0.04 mm であり、用途によりセルロース成分を 75〜95%に制御している。残りはヘミセルロースであり、漂白処理後ではリグニン成分はほとんど含まれていない。ヘミセルロース成分の多い木材セルロースは主に製紙用に利用されている。また、ヘミセルロース成分の少ない、セルロース純度の高い木材セルロース繊維はレーヨン製造用、各種セルロース誘導体製造用等に利用されている。製紙用の木材セルロースは連続工程で製造され、洗浄－分離－除去されたリグニン分解物を主成分とする排液は濃縮後、（外部から酸素を供給せずに）還元的に燃焼され、発生したバイオマス熱エネルギーは電力に変換される。また、排液中に含まれるパルプ化薬品成分（ナトリウム、イオウ）は苛性化処理を経てリサイクル利用されるため、パルプ化工程によっ

199

て木材チップから植物セルロース繊維と電力が同時に得られ、ゼロエミッションに近い、環境適合性のあるプロセスといえる。そのために、漂白後の製紙用パルプの価格は 60〜90 円/kg と安価である。

　単離－精製（パルプ化－漂白）プロセスを経て得られる植物セルロース繊維中には無数のセルロースミクロフィブリル、すなわちセルロースナノファイバーを含有している。しかし、セルロースミクロフィブリル間は無数の水素結合で強固に結合しているため、植物セルロース繊維から分子量低下や収率低下等のダメージなしで、効率的に微細繊維化処理してセルロースナノファイバーとして分離し、それをバイオ系ナノファイバーとして利用されることはこれまでなかった。

3．木材セルロース繊維からナノセルロースへの変換

　全ての陸上植物細胞壁セルロースは、繊維形態を有し、さらに約 3 nm 幅で結晶性のセルロースミクロフィブリルをセルロース分子に次ぐ最小単位として共通に含有しているため、農産廃棄物を含む全ての陸上植物がナノセルロースの原料となり得る。しかし、前述のようにパルプ化－漂白工程では木材チップから効率的に、安価に植物セルロース繊維を単離－精製するプロセスを長年の技術の蓄積によって構築しているため、製紙用の木材セルロース繊維を、ナノセルロース原料として用いることが現実的である。

　木材セルロース繊維のフィブリル化によるナノセルロース製造の基本原理は、水中で強い機械的なせん断力を作用させることである。製紙用木材セルロース繊維を水に分散させ、せん断力によって繊維表面および内部を部分的にフィブリル化する叩解処理は製紙工場では日常的な基本技術であり、叩解処理条件を制御することで、用途によって様々な特性・機能を紙に付与することができる。しかし、フィブリル化に多大な電力を要するため、木材セルロース繊維全体をナノレベルにまでフィブリル化することは困難であった。今世紀に入ってこの課題を解決するため、①効率的なフィブリル化－微細繊維化装置の開発、②さらに微細繊維化処理を効率化するための様々な木材セルロース繊維への前処理、が検討された。その結果、幅が 100 nm 以下と定義される多種多様なナノセルロース類とその調製方法、特性解析が報告された。

　報告されたナノセルロース類の優位性、すなわち、再生産可能な木質バイオマス由来であること、カーボンナノチューブやフラーレンに比べて安全性が高いこと等が認められ、ナノサイエンス・ナノテクノロジー分野の多くの研究者、技術者がナノセルロース類の構造解析、特性解析、他成分との複合化等を検討し、多数の論文、特許等として報告してきた。さらに、ナノセルロース材料およびナノセルロースを含む複合材料が単なる混合の効果以上の、光学的、力学的、熱的に優れた物性を発現し、加えて酸素バリア性、触媒機能、物質分離機能等の新しい特性を有することが報告され、植物セルロース繊維由来のナノセルロース類が、先端ナノ材料としても利用可能であることが示された。

4．木材ナノセルロース類の形状による分類

　ナノセルロース関係の基礎研究および実用化研究開発は北欧、北米の森林資源国を初めとして世界レベルで進められている。しかし、現状では日本が基礎と応用両面でナノセルロース分野を

リードしている。ナノセルロースを形状で分類すると 3 種類に大別される。すなわち、1 本 1 本が 5〜100 nm の広範囲な不均一な幅サイズで、形状も部分的に枝分かれ、絡み合いのある不均一なネットワーク構造を有したセルロースナノネットワーク（Cellulose Nanonetwork：CNNeW）、1 本 1 本が約 3 mm と均一幅で、長さが 500 nm〜数 µm に至る高アスペクト比（長さ／幅の比率）のセルロースナノファイバー（Cellulose nanofiber：CNF）、1 本 1 本の幅が 5〜20 nm で、長さが 200 nm 以下の低アスペクト比のセルロースナノクリスタル（Cellulose nanocrystal：CNC）である（図2）。

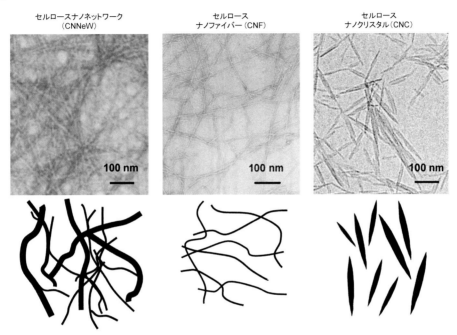

セルロースナノネットワーク
（CNNeW）

セルロース
ナノファイバー（CNF）

セルロース
ナノクリスタル（CNC）

100 nm

100 nm

100 nm

図2　木材セルロース繊維由来のナノセルロース類の形状による分類

　CNNeW は木材セルロース繊維をそのまま、あるいは軽微なエンド型（セルロース分子を中間位から切断する）セルラーゼ前処理、軽微なカルボキシメチルエーテル化前処理後、水中で微細繊維化処理して得られる。完全にセルロースミクロフィブリル単位にまではフィブリル化されていないため、微細繊維化に要する消費電力が少なく、高濃度化が可能である。CNNeW の希薄水分散液中には光の波長以上の大きさの絡み合い部分、凝集体が存在しているため、半透明あるいは牛乳のような白色不透明となる。

　CNF は、木材セルロース繊維を化学的に前処理することで、セルロースミクロフィブリル表面に水中で解離する荷電基を高密度で導入して調製される。これらの荷電基により、水中でミクロフィブリル間に浸透圧効果と荷電反発が効果的に作用するため、軽微な機械的微細繊維化処理で、分子量低下や長さ方向の切断などのダメージを軽減し、植物セルロース繊維中に含まれる幅約 3 nm のセルロースミクロフィブリル単位にまで完全に微細繊維化－ナノ分散化できる。その結果、高アスペクト比の CNF／水分散液が得られる。これまでに報告された CNF 調製のための木材セルロース繊維への化学前処理としては、TEMPO 触媒酸化、リン酸エステル化、亜リン酸

エステル化、カルボキシメチルエーテル化、ザンテートエステル化等が報告されており、いずれも日本発の新技術である。得られた CNF／水分散液は、透明高粘度ゲル状で、直交偏光板間で観察すると液晶状のカラフルな模様が確認される。しかし、高アスペクト比であるために固形分濃度が 2%以下となり、98%以上が水であるため、高運搬コストを要し、キャストー乾燥ーフィルム化、高分子複合化等の加工工程、乾燥工程で多大なエネルギーを要する。

　従来型の CNC は、植物セルロース繊維を 64%硫酸中で加熱処理することにより、実験室レベルでは収率が約 40%で得られる。残りは酸加水分解されて単糖であるグルコース等の水可溶性分として洗浄ー精製過程で除去される。本方法で調製される CNC は紡錘形を有しており、表面に荷電基である硫酸エステル基を 0.3 mmol/g 程度含有する。北米を中心として研究開発が進められており、カナダでは日産 1 トンの CNC 生産能力のパイロットプラントも稼働している。また、最近では前述の CNF／水分散液の微細繊維化処理条件をさらに進めることにより、長い CNF が切断されて CNC に変換できることが報告された。この場合には、従来の硫酸法による CNC の形状とは異なり、CNF と同様約 3 nm と超極細均一幅で長さ 200 nm 以下の針状の新規 CNC となる。

5. 木材セルロース繊維から完全ナノ分散化 CNF の調製

　以上のように、透明水分散液として得られるのは、CNF と CNC で、塗布による透明フィルム作製を想定し、本項では TEMPO 酸化 CNF と TEMPO 酸化 CNC について当研究室の成果を中心に紹介する。なお、リン酸エステル化 CNF、亜リン酸エステル化 CNF、カルボキシメチルエーテル化 CNF、ザンテートエステル化 CNF の水分散液についても、透明高粘度ゲルとして得られ、それぞれ特徴のある機能や特性を有している。しかし、企業主導で実用化を目指した研究開発が進められているために非公開情報も多く、詳細な調製条件、特性については今後徐々に明らかにされていくものと予想される。

　TEMPO は 2,2,6,6-テトラメチルピペリジン-1-オキシラジカルの略名で、水に可溶、市販されている安定ニトロキシルラジカルである。製紙用の針葉樹漂白クラフトパルプ（長さ約 3 mm で、幅は 0.02〜0.04 mm、セルロース含有量は約 90%で、残りはヘミセルロース）を植物セルロース繊維原料として水に分散させ、触媒量の TEMPO と臭化ナトリウムを添加し、常温常圧で pH 10 を保ちながら撹拌下に主酸化剤である次亜塩素酸ナトリウム（NaClO）水溶液を添加する。この TEMPO 触媒酸化反応により、植物セルロース繊維中の結晶性セルロースミクロフィブリル表面に露出している 1 級水酸基（グルコースユニットの C6 位の水酸基）が選択的に酸化され、カルボキシ基のナトリウム塩、すなわちグルクロン酸ユニットのナトリウム塩に変化する。TEMPO 触媒酸化反応の進行とともにカルボキシ基が生成して反応液の pH が徐々に低下するため、連続的に希 NaOH 溶液を添加して反応液の pH を常に 10 に維持する。1.5 時間ほど撹拌するとカルボキシ基の生成が止まり、希 NaOH の消費がなくなるので反応の終点とする（図3）。

　TEMPO 酸化後でも元の繊維形状を維持しているため、簡便な水洗ー圧搾洗浄によって精製した TEMPO 酸化セルロース繊維が収率約 90%で得られる。元のパルプ中に含まれていたヘミセルロース成分は TEMPO 酸化反応過程で分解ー水可溶化し、用いた水溶性の薬品類と共に水洗プロ

セスで除去されるため、精製 TEMPO 酸化セルロース繊維は、グルコースユニットとグルクロン酸ナトリウムユニットのみが構成成分となる。

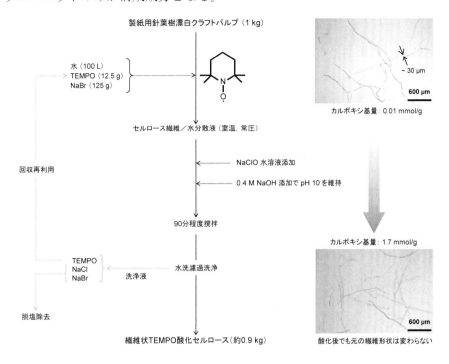

図3　製紙用針葉樹漂白クラフトパルプのTEMPO触媒酸化処理による繊維状TEMPO酸化セルロースの調製プロセス

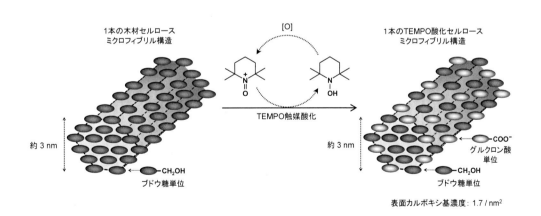

図4　木材セルロースミクロフィブリルの TEMPO 触媒酸化反応による構造変化

　TEMPO 触媒酸化により、最大で約 1.7 mmol/g のカルボキシ基のナトリウム塩が導入される。元の製紙用針葉樹漂白クラフトパルプのカルボキシ基量が 0.01 mmol/g なので、170 倍もの親水性のカルボキシ基のナトリウム塩が導入されたことになる。しかし、得られた TEMPO 酸化セルロース繊維は、元のセルロース I 型の結晶構造、結晶化度、結晶幅サイズを維持している。この

結果および TEMPO 酸化セルロースの表面剥離－構造解析の結果等から、TEMPO 触媒酸化では、結晶性のセルロースミクロフィブリル表面に露出している 1 級水酸基のみが位置選択的に、高密度で酸化され、カルボキシ基のナトリウム塩に変換されたことが証明された。すなわち、植物セルロースの水系媒体での TEMPO/NaBr/NaClO 酸化は極めて位置選択的で特異的な固体／液体間の反応であることが示された（**図 4**）。

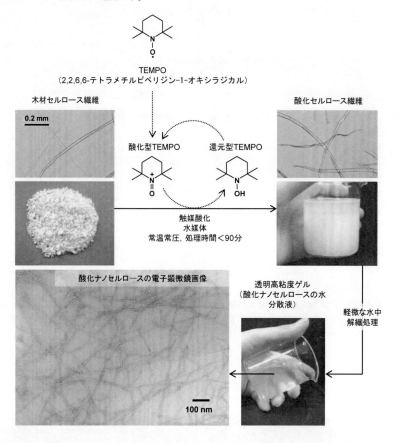

図 5　木材セルロース繊維の TEMPO 触媒酸化と、TEMPO 酸化セルロース繊維の水中微細繊維化処理による TEMPO 酸化 CNF の調製

　続いて、カルボキシ基量を 1 mmol/g 以上含む TEMPO 酸化セルロース繊維を水に分散させ、軽微な微細繊維化処理をすることで、繊維分散液が次第に透明高粘度化し、CNF の水分散液が得られる。微細繊維化処理方法としては、実験室レベルでは家庭用ミキサー、二重円筒型ホモジナイザー、超音波ホモジナイザー、簡易型高圧ホモジナイザーを用いることができる。CNF のアスペクト比が大きいため、高固形分では長時間の微細繊維化処理でも透明分散液が得られないため、0.1～0.5%程度の低固形分濃度での微細繊維化条件を選択する。したがって、実験室レベルで高固形分 CNF／水分散液を得るには、一旦低固形分濃度で得られた CNF／水分散液をエバポレーターで徐々に濃縮することにより、1～2%程度の CNF／水分散液にすることができる。しかし、依然として固形分濃度は低い。それ以上の固形分濃度への濃縮処理では、ゲル化や相分

離が生じて均一分散液が維持されない。

　得られた高粘度透明ゲルを適宜希釈し、乾燥して透過型電子顕微鏡あるいは原子力顕微鏡で観察することにより、3 nm と均一幅で長さ 500 nm〜数 μm に至る高アスペクト比の TEMPO 酸化CNF を確認できる。すなわち、TEMPO 触媒酸化前処理によって、結晶性セルロースミクロフィブリル表面に高密度で、位置選択的に、規則的に、水中で解離するカルボキシ基のナトリウム塩を導入することで（図4）、植物セルロース繊維中に無数に存在するセルロースミクロフィブリル単位の幅にまで完全にナノ分散できることが示された（図5）。顕微鏡画像中には折れ曲がった部分（キンク）がしばしば観察されるが、このキンクが CNF 調製過程の水中微細繊維化処理中にダメージを受けて生成したものか、顕微鏡用の試料調製過程で乾燥によるねじれや応力によって生成したのかは不明である。

6．TEMPO 酸化木材セルロース繊維から多様なナノセルロースの調製

　ナノセルロース類の調製プロセスで最もコストを要するのは、水中微細繊維化処理過程での電力消費と言われている。製紙用パルプ繊維の TEMPO 酸化処理過程では、高価な TEMPO の添加が必要であるが、触媒量であるため、大きなコスト要因にはならず、回収－再利用の方法も提案されている。一方、軽微な水中微細繊維化処理とはいえ、幅約 30 μm の全ての TEMPO 酸化セルロース繊維を 1／10000 の 3 nm の均一幅の CNF に全てフィブリル化処理するには、実験室用の高圧ホモジナイザーでも 3〜4 回のパス数が必要となり、この微細繊維化プロセスの高電力消費量が CNF の価格を上げている。したがって、同じカルボキシ基量を有する TEMPO 酸化セルロース繊維の水中微細繊維化条件を弱めることにより、CNF の形状までには至らないが、他の水中微細繊維化方法で得られるネットワーク状の CNNeW（図2）と同様の形状のナノセルロースを、極めて低い電力消費量で調製することができる。TEMPO 酸化 CNF と同様、水中で解離するカルボキシ基のナトリウム塩を高密度でミクロフィブリル表面に有しているため、化学前処理していない植物セルロース繊維の機械的微細繊維化処理で得られる CNNeW と形状は類似していても、後述するように異なった機能・特性を示す。

　また、TEMPO 酸化 CNF／水分散液をさらに微細繊維化処理して短繊維化することにより、CNF と同じく 3 nm 幅で針のような形状を有する TEMPO 酸化 CNC が得られる。短繊維化すなわち低アスペクト比化によって、CNC の水分散液中の固形分濃度を CNF の限界値の数倍に上げることができる。64%硫酸で得られる紡錘形で 10〜20 nm 幅の従来の CNC と比べると（図2）、幅は 3 nm と均一で高収率で得られる点が特徴である（図6）。しかし、従来の CNC が噴霧乾燥して粉体状で運搬できるのに対し、TEMPO 酸化 CNC が乾燥可能かどうかについては報告がない。何よりも微細繊維化処理に CNF 調製以上に多大な消費電力を要する問題があるため、効率的な TEMPO 酸化 CNC の調製プロセスの開発が求められる。TEMPO 酸化 CNC はアスペクト比が小さいため、水分散液のキャスト－乾燥によって高強度のフィルムを得るのは困難と予想される。一方、TEMPO 酸化 CNC は針状で、高分子中に分散させ、紡糸－延伸処理で繊維方向に配向しやすいため、従来の硫酸法によって検討されてきた用途以外にも、繊維強化用のフィラーとしての利用が期待される。

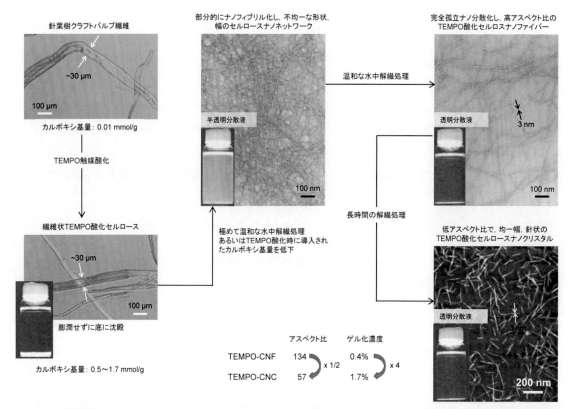

図6　針葉樹漂白クラフトパルプから繊維状 TEMPO 酸化セルロースの調製、およびその微細繊維化処理条件の制御による TEMPO 酸化セルロースナノネットワーク、TEMPO 酸化 CNF、TEMPO 酸化 CNC の調製

7．TEMPO 酸化 CNF から多様なバルク材料への変換と機能

　TEMPO 酸化 CNF／水分散液中では、CNF 表面には解離しているカルボキシ基のナトリウム塩が高密度で存在するために、大きなマイナスの表面荷電（ゼータ電位は約−60 mV）を有して水中で互いに荷電反発している。すなわち、エネルギー的に安定な最密充填構造になるように、微小領域（クラスター）内では CNF どうしが規則的に自己組織化（外部から力やエネルギーを加えなくても自ら配向する特性）挙動を示し、ネマチック状の液晶構造を形成している。CNF エレメントからなる微小クラスター間はランダム配向であるために、最も配向度の低い液晶構造となる。この特徴的な CNF／水分散液から水を除去することにより、元の CNF の自己組織化構造を反映した様々なバルク材料（CNF のみからなる材料）が得られる（図7）。

　CNF の水分散液をキャスト（塗工、塗布）－乾燥させることで、透明フレキシブルな CNF フィルムが得られる。このフィルムの密度はセルロース I 型結晶の密度に近い約 1.5 g/cm³ となり、引張破断強度は 300 GPa 以上、弾性率も数 GPa レベルの高強度を示す。フィルム調製過程で内部に欠陥部分が形成されるため、前述した CNF 1 本単位の強度よりも低い値となる。しかし、それでも結晶性 CNF が微小クラスター内で配向しているため、既存の高分子透明フィルムよりも高強度となる。さらに、この CNF エレメントの最密充填構造、高配向構造によってフィルム

中の空隙が酸素分子程度に極めて小さく、また、空隙が連続していないために酸素の透過速度が著しく低下し、乾燥状態では高い酸素バリア性を発現する。また、結晶性の CNF からなるフィルムのため、ガラス並みの極めて低い線熱膨張率（熱寸法安定性）を示す。これらの特性を利用することで、透明、高酸素バリア、高機能包装用フィルムや、エレクトロニクス用の透明、低線熱膨張ディスプレイ用フィルム等としての利用が検討されている。しかし、例えば植物セルロース繊維の TEMPO 酸化前処理で得られる CNF は表面に親水性のカルボキシ基のナトリウム塩を高密度で有しているため、高湿度下では含水率が増加し、強度も酸素バリア性も著しく低下し、水蒸気バリア性は発現しないなど、耐水性、耐湿性の課題を克服するような複合化技術が必要となる。

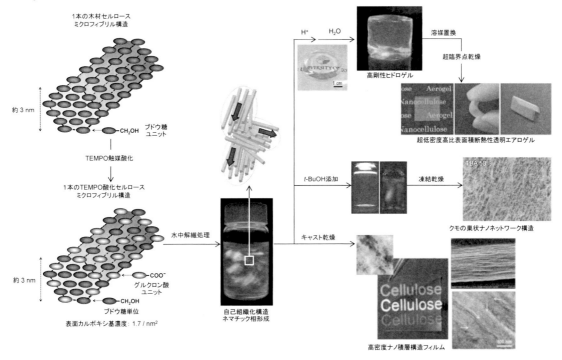

図7　TEMPO 酸化 CNF の水中での自己組織化構造による多様なバルク材料への変換：高剛性ヒドロゲル、透明高強度・高断熱性エアロゲル、クモの巣状ナノネットワーク構造のクライオゲル、透明高強度・高ガスバリア性フィルム

　CNF／水分散液を希酸処理してゲル化し、そのゲルを水洗することで、0.1%程度の低固形分濃度（99.9%が水）でも自立可能な高剛性ヒドロゲルが得られる。さらに水からエタノール、液体 CO_2 に置換し、超臨界点乾燥することで、CNF 間の凝集が抑えられるので、透明高強度 CNF エアロゲルが得られる。この CNF エアロゲルは高い断熱性と透明性を有しているのが特徴である。しかし、エアロゲルに至るまでのプロセスが多段階で、超臨界点乾燥装置によって調製可能なエアロゲルの大きさにも限界がある。低固形分濃度の CNF／水分散液から CNF 間の凝集を抑え、CNF のナノレベル幅を維持したまま、高比表面積の CNF のエアロゲルを調製する効率的な水の除去、乾燥技術の開発が必要となる。

CNF／水分散液を直接乾燥すると透明で高密度のフィルム状となってしまう。一方、超臨界点乾燥によるエアロゲル調製の実用化は困難である。そこで、中間的な水の除去－乾燥方法として凍結乾燥が検討された。CNF／水分散液を直接凍結乾燥した場合には、水の氷晶が形成され、CNF がその氷晶の周りに押しやられて凝集するため、白色ハニカム状の多孔体となり、超臨界点乾燥で得られる透明エアロゲルとは構造が大きく異なってしまう。元の CNF のナノ分散化構造をできるだけ維持したまま、凍結乾燥によって比表面積ができるだけ大きなクライオゲル（凍結乾燥処理によって得られる多孔体）を得る必要がある。そこで、CNF／水分散液に直接 t-BuOH を添加しても CNF がゲル化しない程度の量（最大で 50 重量%）添加し、CNF／水／t-BuOH 混合分散液を急速凍結することで氷晶生成が抑えられ、その状態から凍結乾燥することで、クモの巣状のネットワーク構造を有する、比表面積が 300 m^2/g 程度のクライオゲルが調製できることを見出した。この方法で調製したクライオゲルをガラス繊維上に形成させることで、高性能エアフィルタとしての検討が進められている。フィルタ前後での圧力損失が少なく、高効率で PM 2.5 レベルの微粒子を捕捉でき、高湿度でもその性能がある程度維持される。

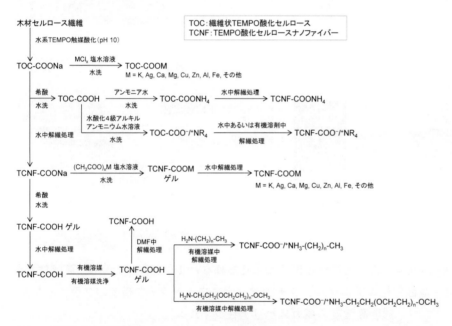

図 8　繊維状 TEMPO 酸化セルロース、TEMPO 酸化セルロースナノファイバーの対イオン交換による多様な対イオンの導入による特性変化、機能付与

8．繊維状 TEMPO 酸化セルロースおよび CNF の対イオン交換

　水中微細繊維化処理によって CNF を調製する前の繊維状の TEMPO 酸化セルロース、TEMPO 酸化 CNF、TEMPO 酸化 CNC ともに、1 mmol/g 以上のカルボキシ基のナトリウム塩を有している。元のセルロースの官能基は水酸基のみであり、水酸基の代表的な化学構造変換反応としてはエステル化、エーテル化等、脱水縮合反応である。したがって、水存在下では反応効率が極めて低くなり、多くの反応薬品を消費し、高温長時間の反応条件を要し、処理すべき多量の洗浄排液

が生じる。一方、カルボキシ基であれば、水系媒体での対イオン交換によって様々な機能を付与することが可能となる。図8にTEMPO酸化セルロース繊維およびTEMPO酸化CNFの対イオン交換の多様性をまとめた。対イオン交換によりナトリウムイオンからアンモニウムイオン、様々な金属イオン、アルキルアンモニウムイオンに交換可能であり、豊富なカルボキシ基を足場として多種多様な機能を有した対イオンを高密度で導入できる。特に、TEMPO酸化CNF、CNC表面に高密度で存在するカルボキシ基のナトリウム塩による高い親水性に対し、対イオン交換によって耐水性、耐湿性の向上、生分解性の制御、消臭機能、ガス分離機能、選択的イオン捕捉機能、疎水化スイッチ機能等が効率的に付与できる。

TEMPO酸化CNF／水分散液をキャストー乾燥して得られる透明フィルムは、20℃、50%相対湿度下では高強度、高弾性率を示す。しかし、水中浸漬するとCNF表面に高密度で存在する親水性のカルボキシ基のナトリウム塩により短時間でフィルム形状が崩壊してしまい、湿潤強度はゼロになる。また、同フィルムは乾燥状態では高い酸素バリア性を有するが、親水性のため、高湿度下では酸素バリア性が失われてしまう。そこで、ナトリウム塩型のTEMPO酸化CNFフィルム（TCNF-COONa）を各種金属イオン塩化物水溶液に浸漬、水洗、乾燥することによって得られる様々な金属対イオンを有するTCNF-COOMを調製して湿潤強度、高湿度下での酸素透過度を測定したところ、著しい特性変化が見出された。すなわち、対イオンをアルミニウム、鉄イオンに交換することで、高い湿潤強度、湿潤弾性率が発現し、対イオンをカルシウム、アルミニウムに交換することで、80%相対湿度下でも十分に低い酸素透過度、すなわち酸素バリア性を発現した（図9）。

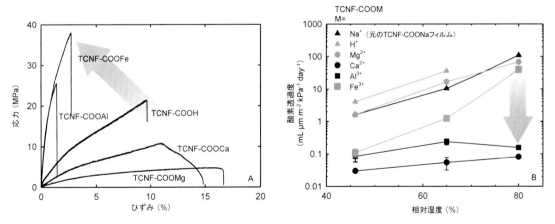

図9　TCNF-COONaフィルムの対イオン交換による湿潤強度変化（A）および高湿度下での酸素透過度の変化（B）

カルボキシ基を1 mmol/g以上有する対イオンがナトリウム型のTEMPO酸化セルロース繊維（TEMPO-oxidized cellulose：TOC）（TOC-COONa）を、希酸浸漬後にろ過水洗すると、対イオンがプロトン型の繊維状のTOC-COOHが得られる。このTOC-COOHを水に分散させ、カルボキシ基量と等モルの水酸化4級アルキルアンモニウム（$R_4N^+OH^-$）を添加して中和反応によって化学量論的にTOC-COONR$_4$型のカルボキシ基のアルキルアンモニウム塩構造に変換し、水中微

細繊維化処理することで透明高粘度の表面疎水化 CNF（TCNF-COONR₄）が得られる。アルキル鎖長をメチル基から n-ブチル基に変化させることで、疎水性の程度を制御することが可能となる。

　そのほか、TEMPO 酸化 CNF 表面のカルボキシ基の対イオンを銀、銅イオンに交換することによる消臭機能を付与、カルボキシ基を足場として金属ナノ粒子を生成させることによる触媒機能付与、カルボキシ基を足場として有機金属構造体（Metal organic framework：MOF）を形成することによる気体の選択透過性機能付与、放射性セシウムの選択的捕捉機能付与等が検討されている。

9．今後の課題

　本稿では CNF の高強度、高弾性率を利用した CNF／高分子複合化および複合化物の特性解析については紙面の都合で割愛した。TEMPO 酸化 CNF については 2006 年に調製法が国際誌に掲載されて 7 年後に国内企業によるパイロット生産が開始され、11 年後に年産 500 トンの本格生産プラントが設置された。しかし、この程度の生産量では CNF の乾燥 kg 当たりの価格は数千円以上と高価である。したがって、現状ではボールペンインキ分散剤、消臭機能剤など、その高価格に見合う高性能、高機能、少量製品への利用分野に限られている。CNF 単独の透明フィルム、CNF 単独の多孔体等、CNF の含有量の高い製品への利用が可能となれば、CNF の生産量の増加とそれによる低価格化が可能となる。特に、フィルム、多孔体の調製においては、CNF 分散液に含まれている多量の水を除去−乾燥しなければならない。したがって、CNF／水分散液の高固形分化、低エネルギーの乾燥方法の開発が不可欠である。同時に、CNF フィルム、多孔体への効率的な耐水化、耐湿化と、耐光性、耐候性、長期の物性の安定性等の付与技術も必要となる。このように実用化の観点からも、また基礎的な構造解析や分析方法の構築など多くの解決すべき課題が山積している。しかし、木質バイオマスを基盤とする循環型社会基盤の構築、大気中の CO_2 の削減、石油系プラスチックの削減という全世界的な課題の解決の一助となり得る CNF の研究開発が分野を超えた産官学連携により、またグローバルな連携により進むことを期待したい。

10．参考文献

1)　A. Isogai et al., *Nanoscale*, **3**, 71 (2011).

2)　A. Isogai et al., *Progress in Polymer Science*, **86**, 122 (2018).

3)　A. Isogai, *Proceedings of the Japan Academy, Series B*, **94**, 15 (2018).

4)　磯貝　明, 化学装置, **60**, 17 (2018).

5)　磯貝　明, 化学工業, **70**, 508 (2019).

6)　磯貝　明, 技術予測レポート, 循環型社会の実現に向けて期待される夢の新素材「セルロースナノファイバー」, 日本能率協会総合研究所編, p.1 (2019).

7)　磯貝　明, 太陽エネルギー学会誌, **45**, 49 (2019).

8)　A. Isogai, Y. Zhou, *Current Opinion in Solid State & Materials Science*, **23**, 101 (2019).

第 18 章　ポリマー溶液塗膜乾燥の理論と計算

今駒　博信

（神戸大学）

1　塗膜の分類と本章の構成

　塗膜とは、μm オーダーの平面基材とその上に形成させた同オーダーの塗布層の複合体である。一般の乾燥過程では、湿り材料内に非一様の含水率と温度の分布を生じるが、材料厚みの小さな塗膜乾燥過程では、温度分布を一様と近似できる特徴と乾燥進行とともに材料厚みが減少する特徴を併せ持っている。

　塗布層と基材の複合体である塗膜は、基材の浸透性の有無で大別できる。塗布層は、乾燥中の反応の有無で大別でき、さらにポリマー溶液系とポリマー微粒子が水中に分散したラテックス系に大別できる。非浸透性非反応性ポリマー溶液塗布層の分類を表 1 に示す。構成成分に着目した分類である。

表1　ポリマー溶液塗布層の分類

A成分	B成分	P成分	塗布層
溶剤		ポリマー	Fick型ポリマー溶液
溶剤		ポリマー	非Fick型ポリマー溶液
溶剤	可塑剤	ポリマー	可塑化ポリマー溶液
溶剤	溶剤	ポリマー	揮発2成分系ポリマー溶液
溶剤	粒子　ポリマー / 粒子/ポリマー<0.5		無孔スラリー
溶剤	粒子　ポリマー / 粒子/ポリマー>1.5		多孔スラリー

　最も単純な塗布層は、揮発性溶剤成分とポリマー成分が各 1 種類の 2 成分系である。溶剤成分が水のとき、層中の物質移動が Fick 型拡散に従わない場合がしばしばである。そこで 2 成分系ポリマー溶液塗布層を Fick 型と非 Fick 型に分類する。Fick 型ポリマー溶液塗布層に、不揮発性可塑成分または揮発性溶剤成分または粒子成分を加えれば 3 成分系塗布層となる。このとき、可塑成分や揮発成分が原因で乾燥中に層中で相分離を生じる場合も多い。不揮発性可塑成分を加えた場合が可塑化ポリマー溶液塗布層、揮発性溶剤成分を加えた場合が揮発 2 成分系ポリマー溶液塗布層、粒子成分を加えた場合がスラリー塗布層である。スラリー塗布層において、粒子成分に比べてポリマー成分の体積が多い場合には乾き塗布層中に空隙を生じず、この場合が無孔スラリー塗布層である。逆の場合には空隙が生じ乾き塗布層は多孔化する。この場合が多孔スラリー塗布層である。スラリー塗膜の最大の特徴は、乾き塗布層中の組成が一様である他の塗布層と

は異なり、塗布条件や乾燥条件が、乾き塗布層中の粒子やポリマー分布に大きく影響を与える点にある。

　そこで本章では、すべての塗膜のベースとなる Fick 型ポリマー溶液塗膜に着目し、その乾燥過程のシミュレーション予測法を紹介する。シミュレーションには、乾燥モデルに加えて、相互拡散係数、水分活量曲線の諸物性が必要である。未知である Fick 型ポリマー溶液塗膜乾燥のシミュレーション予測に至るまでの工程を図1に示す。

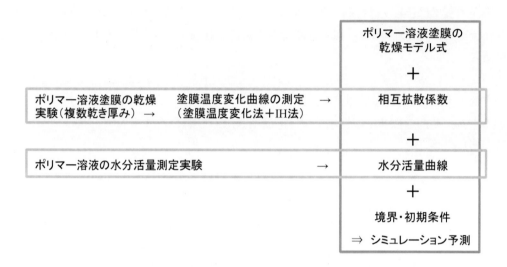

図1　ポリマー溶液塗膜乾燥のシミュレーション予測に至るまでの工程

　工程には 2 種類の実験を含んでいる。第 1 は、ポリマー溶液塗膜の乾燥実験である。複数の乾き厚みに対して実施する。実験より塗膜温度変化曲線を測定する。筆者らの提案した塗膜温度変化法と IH 法を適用して相互拡散係数を決定する。第 2 の実験は、ポリマー溶液の水分活量測定実験であり水分活量曲線を決定する。Fick 型ポリマー溶液塗膜の乾燥モデル式に、決定した相互拡散係数と水分活量曲線を適用し、適当な境界・初期条件の下で数値計算することでシミュレーション予測が可能となる。

　本章では、すべての諸物性が未知である場合を想定し、非浸透性基材上に非反応性ポリマー溶液を塗布した例として、変性ポリビニルアルコール（PVA）水溶液塗膜を取り挙げる。本章の構成を以下に示す。

　相互拡散係数の決定に必要な塗膜温度変化曲線の測定法、およびこの曲線を用いた乾燥速度曲線の算出法について 2 で述べる。この算出法は筆者らのオリジナルレシピであり、塗膜温度変化法と呼んでいる。2 で得た両曲線を用いた相互拡散係数の決定法について 3 で述べる。この決定法も筆者らのオリジナルレシピであり、IH 法と呼んでいる。水分活量曲線の測定法と Fick 型ポリマー溶液塗膜の乾燥モデルについて 4 で述べる。最後に、ポリマー溶液塗布層に対する筆者らの研究進捗状況について、5 で簡単に紹介する。

　ここで、レシピとはアイデアや発想を組み合わせる手順のことであり、本章ではアイデアや発想をアイテムと呼ぶ。

2　高精度乾燥速度曲線と塗膜温度変化法

　乾燥装置メーカーにとって乾燥速度曲線は、乾燥装置設計・操作の指針として不可欠のデータである。さらにこの曲線は、程度の大小はあるものの乾燥過程で生じる現象の多くを反映していることから、乾燥工学に携わる研究者にとって、乾燥メカニズムの解明および乾き塗膜性能と乾燥メカニズムの関係を理解するために不可欠のデータであり、塗料メーカーにとっても塗料設計の指針として重要な役割が期待できる。結局、塗膜乾燥に携わる者はすべて乾燥装置メーカー、研究者、塗料メーカーを問わず、乾燥速度曲線を、乾燥と乾燥に伴う現象を理解しそれを制御するための基本データとして位置付けることが望まれる。また、乾燥速度曲線の潜在能力はこれだけではない。筆者らのオリジナルレシピである IH 法を用いれば、塗膜乾燥シミュレーションに不可欠な相互拡散係数を推定できる。

　しかし、例えば微量の粒子がポリマー溶液中に分散した希薄スラリー塗膜では、粒子の有無が乾燥速度に及ぼす影響がきわめて小さい。したがって、乾燥速度曲線は重要であるが万能ではないことも忘れてはならない。

2-1　塗膜温度変化法の原理

　塗膜とは、平面基材上に形成させた厚みサブミリメートル以下の湿り塗布層と基材の複合体であるため、塗布層厚みが塗膜表面の空気境膜厚みと同オーダーとなる。気体と液体・固体の熱伝導度は大きく異なるので、一般の湿り材料とは異なり、塗膜では乾燥過程を通してその温度を一様と近似できる。ただし、塗膜中の温度勾配を 0 とする近似は正しくない。

　乾燥速度曲線は、程度の大小はあるが乾燥過程で生じるすべての現象を反映しており、塗膜乾燥研究において最重要のデータである。しかし、塗膜乾燥中の質量変化は微量で、しかも高速熱風により短時間で乾燥終了してしまうため、一般的な質量変化法では高精度の乾燥速度測定が難しい。塗膜を囲む伝熱条件が明白な場合、塗膜温度の変化と塗膜のエネルギー収支式から塗膜質量の変化と乾燥速度が算出できる。これまで、塗膜の質量変化からその乾燥速度を求めていたことと比べれば格段の進歩であるし、熱風（対流）乾燥が主流である塗膜乾燥の場合は、質量変化を直接実測する質量変化法に比べて高精度なデータが期待できる。

　塗膜温度変化法とは、断熱材上に静置した塗膜の温度変化から、エネルギー収支式を利用して乾燥速度を算出する方法であり、筆者らのオリジナルレシピである材料温度変化法[1]を塗膜乾燥に対して利用した場合の名称である。この方法を用いることで、乾燥速度曲線と塗膜温度曲線が同時に得られ、これは質量変化法には無い優れた特徴である。

　今駒ら[2]は、この方法を揮発単成分系塗膜に対し利用して、その有効性を実験的に示した。しかし、彼らの塗膜温度変化法では、境膜伝熱係数を決定する目的で、揮発成分の蒸発総質量を実測する必要があったため、その利用には限界があった。そこで、今駒ら[3]は、水性塗料膜に対して塗膜温度変化法と質量変化法を同時に適用して前法の妥当性を実験的に示すとともに、回分式熱風乾燥実験と同条件下で基材のみの加熱昇温実験を実施して得られた境膜伝熱係数が、揮発成分の蒸発総質量から得られた境膜伝熱係数とほぼ一致することを実験的に示した。この結果を受けて山本ら[4]は、乾燥実験とは別に加熱昇温実験を実施して境膜伝熱係数を求める改良塗

膜温度変化法を提案した。また、質量変化法を併用することで、塗膜温度変化法を揮発 2 成分系塗膜へ拡張した報告もある[5]。さらに、熱風乾燥のみを対象とした塗膜温度変化法を赤外線乾燥へ拡張した報告もある[6]。塗膜温度変化法を利用した揮発単成分系塗膜の乾燥速度測定例として、ラテックス塗膜[2][3]、ポリマー水溶液塗膜[4]、乾きバインダー体積に比べて顔料体積の小さなスラリー塗膜（無孔乾き膜）[7]などが挙げられる。

　塗膜温度変化法の原理は、基材上に塗液を塗布した塗膜試料を断熱板上に静置し、塗布面へ熱風を送りながら、乾燥過程を通して塗膜温度を測定するだけの単純なものである。塗膜温度の測定法としては、塗布層の表面温度や断熱材に開けた小孔を通して黒体処理した基材の底面温度を放射温度計などの非接触式温度計で測定する方法[6]や、細い熱電対（線径 < 100 μm）を基材底面に接触させる方法が提案されている。

　今駒ら[2]による塗膜温度変化法の概要を以下に述べる。揮発 A 成分とポリマーP 成分より成る 2 成分系塗膜の場合である。断熱基材上に静置された塗膜の等熱風温度乾燥過程を考える。対流伝熱面積と乾燥面積が一致しており、基材も含めて一様塗膜温度T_mの仮定が成立しているとする。一定温度T_aの熱風を用いた回分乾燥過程でのエネルギー収支より得た関係を式(1)に示す。このとき一様初期塗膜温度T_{m0}における液体と固体の持つエンタルピーを基準として示し、蒸発蒸気は熱風温度まで上昇する場合を考慮している。

$$\Delta w_A = \frac{Ah(T_a - T_m)\Delta t - (w_A c_A + w_P c_P + w_b c_b)\Delta T_m}{-[\Delta h_{A0} - c_A(T_m - T_{m0}) + c_{GA}\{(T_a - T_m)/2 - T_m\}]} \qquad (1)$$

ここでT_mは塗膜温度、T_{m0}は初期塗膜温度、Aは塗布面積、hは塗膜表面の境膜伝熱係数、w_Aとc_Aは塗布層内の揮発 A 成分の質量と比熱容量、w_Pとc_Pは塗布層内の乾きポリマーの質量と比熱容量、w_bとc_bは基材の質量と比熱容量、Δh_{A0}はT_{m0}での A 成分の蒸発エンタルピー、c_{GA}は A 成分蒸気の比熱容量、Δtは微小乾燥時間、Δw_AはΔt間の塗布層内の A 成分質量変化、ΔT_mはΔt間の基材を含めた塗膜の一様温度変化である。ポリマー溶液に粒子などの不揮発 B 成分が混合した 3 成分系塗膜に対するエネルギー収支より得た関係を式(2)に示す。

$$\Delta w_A = \frac{Ah(T_a - T_m)\Delta t - (w_A c_A + w_B c_B + w_P c_P + w_b c_b)\Delta T_m}{-[\Delta h_{A0} - c_A(T_m - T_{m0}) + c_{GA}\{(T_a - T_m)/2 - T_m\}]} \qquad (2)$$

ここで、w_Bとc_Bは塗布層内の粒子など不揮発 B 成分の質量と比熱容量である。式(1)と(2)は、揮発単成分系ならば乾燥メカニズムに関わらず成立する式であり、もちろん湿り塗布層の移動物性値を含んでいない。しかし、乾燥終期で乾燥速度が著しく低下する場合には温度変化も小さくなるので、本方法の精度も低下することを忘れてはならない。塗膜温度変化法の手順を以下に述べる。

　塗膜の温度変化データに加えて、乾燥実験前後における塗膜試料の質量差を測定する。式(1)または(2)を用いて、塗膜温度変化ΔT_mから揮発 A 成分の質量変化Δw_Aを得る。このとき、熱風温度T_aは乾燥実験終了時の塗膜温度T_mで代用する。Δw_Aの合計が乾燥実験前後における質量差と一致するようなhを、フィッティングパラメータとして決定する。最後に塗膜試料を絶乾させ、乾きポリマー質量w_Pを測定し、質量基準平均含有率$W_M = w_A/w_P$を決定する。ここでw_Aは時刻tから乾燥実験終了時までの$|\Delta w_A|$の合計に乾燥実験終了時の A 成分質量を加えた値である。乾燥速

度R_Aを式(3)で定義する。W_Mに対するR_Aのプロットが乾燥速度曲線であり、W_Mに対するT_mのプロットが塗膜温度曲線である。

$$-R_A = (1/A)(\Delta w_A/\Delta t) \qquad (3)$$

2-2 塗膜温度変化法の実際

・試料と塗膜温度曲線の測定

2成分系ポリマー溶液として変性ポリビニルアルコール（PVA）水溶液(含水率$W_0 =$ 1.47 kg-A/kg-P、ポリマー密度 1208　kg-P /m³-P、重合度 200、けん化度 40.8 %、ガラス転移温度 $T_g =$ -13.4 ℃、日本合成化学)、以下変性 PVA 水溶液を用いた。通常の PVA は水酸基とアセチル基のみで構成されているが、変性 PVA ではその一部を-$(CH_2CH_2O)_x$-H に置換することで側鎖が長くなり、自由度が大きくなることで、T_g が低下する。5cm×5cm のポリエステルシート基材(厚さ 100 μm)上の 4cm×4cm の領域を耐熱テープで囲い、この領域内に変性 PVA 水溶液をブレードコートして塗膜試料とした。乾き塗布層厚みの異なる試料を測定するため、テープ厚みを約 300-750 μm に調節した。変性 PVA 水溶液塗膜試料の概略を図 2 に示す。

実験装置の概略を図 3 に示す。塗膜試料を断熱平板（発泡スチロール 10cm 厚）上に静置し、上部から熱風発生機（TSK-10、株式会社竹綱製作所）を用いて熱風（温度約 313 K、風速約 2.0 m・s⁻¹）を供給し、片面熱風乾燥実験を行った。熱風供給口には 2 重の整流金網を設けた。試料の中央部底面に K 熱電対(直径 250 μm)を密着させ、乾燥中の試料温度の経時変化を記録した。その後、温度 333 K で 1 日以上放置し、これを絶乾とした。また、乾燥実験前後と絶乾時の試料質量の測定を行った。実験条件を表 2 に、塗膜温度変化曲線を図 4 に示す[8]。明確な一定温度期間は見られず、すぐに温度上昇期間に移行した。また、乾き厚み L_P が大きくなるとともに温度上昇速度は小さくなった。

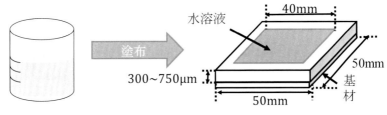

・変性ポリビニルアルコール水溶液：
重合度 = 200、　ケン化度 = 41 mol%
ガラス転移温度 = -13.4℃
初期含水率 W_0 = 1.47 kg-A/ kg-P

・基材：ポリエステルシート
　　(50mm×50mm×100 μm厚)
・乾き厚み：約50 - 180 μm
・塗り面積：16 cm²
・塗布方法：ブレードコーティング

図2　塗膜試料

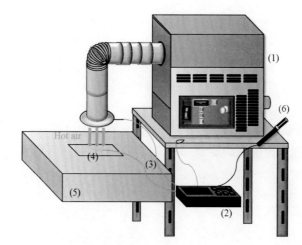

図3 乾燥実験装置

(1)熱風発生機
(2)データーロガー
(3)熱電対
(4)試料
(5)断熱材
(6)湿度センサー

表2 変性PVA水溶液塗膜の乾燥実験条件

W_0 [kg-A·kg-P^{-1}]	L_P [μm]	h [W·m^{-2}·K^{-1}]	T_a [K]	P_{Aa} [Pa]
1.47	54	48.2	314	911
1.47	84	43.5	312	718
1.47	146	42.1	312	730
1.47	175	44.1	313	714

$c_A = 4190$ J·kg-A^{-1}·K^{-1}: $c_P = 1680$ J·kg-P^{-1}·K^{-1}: $c_b = 1500$ J·kg-b^{-1}·K^{-1}: $d_A = 1000$ kg-A·m^{-3}: $d_P = 1208$ kg-P·m^{-3}: $d_b = 1380$ kg-b·m^{-3}:$\gamma=1.6$

・乾燥速度曲線の算出

塗膜温度変化曲線に式(1)を用いて含水率変化曲線を算出した。結果を図5に示す。このとき境膜伝熱係数hとして約45 W·m^{-2}·K^{-1}を得た。含水率変化曲線に式(3)を用いて乾燥速度を算出した。乾燥速度曲線を図6に、塗膜温度を平均含水率に対してプロットした塗膜温度曲線を図7に示す。図6より、乾き厚みL_Pの増加とともに限界含水率も増加し、減率乾燥速度は低下した。

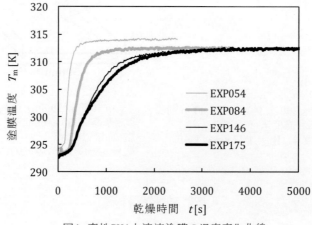

図4 変性PVA水溶液塗膜の温度変化曲線

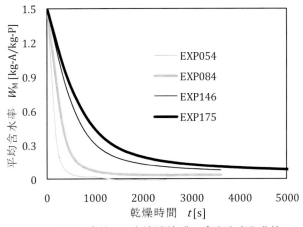

図5 変性PVA水溶液塗膜の含水率変化曲線

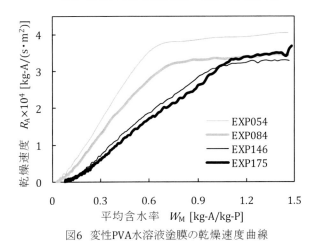

図6 変性PVA水溶液塗膜の乾燥速度曲線

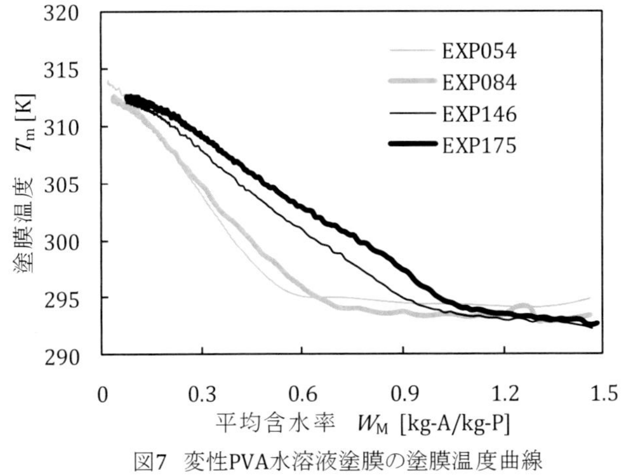

図7 変性PVA水溶液塗膜の塗膜温度曲線

3 相互拡散係数と IH 法

　揮発 A 成分を水分として話を進める。等熱風温度乾燥実験より得た塗膜温度変化データを利用した含水率・温度依存性をもつ相互拡散係数の決定法を IH 法と呼ぶ[9]。IH 法は筆者らのオリジナルレシピである。3.1 では、等熱風温度乾燥実験より得た塗膜温度変化データに塗膜温度変

化法を適用して算出した等熱風温度乾燥速度曲線から、等塗膜温度乾燥速度曲線を経て RR（Regular Regime）曲線を推定する方法を述べる。このとき Fick 型塗膜の判別と相互拡散係数の温度依存性を与える温度パラメータの推定を行う。RR 曲線が得られるとき、その塗膜は塗布層内物質移動が Fick 式に支配される Fick 型塗膜であることを示している。3.2 では、推定した RR 曲線から Yamamoto[10]の推定法を利用して含水率に依存した相互拡散係数値の推定を行う。3.3 では、3.2 で得た相互拡散係数値に基づいて、筆者らのオリジナルアイテムである IH プロットを用いて、相互拡散係数の含水率依存性を与える含水率パラメータの推定を行い、含水率・温度依存性を考慮した全含水率範囲で有効な相互拡散係数の関数化を行う。

3-1 Fick 型塗膜の判別（RR 曲線と RR プロット）

　RR(Regular Regime)曲線とは、Fick 型塗膜の等塗膜温度乾燥速度曲線における減率乾燥期間後半に現れる期間であり、Schoeber[11]によって提案された。この期間では、含水率分布に初期含水率の影響が残っておらず、表面含水率は平衡含水率（≒0）でほぼ一定であることから、乾き塗布層厚みで正規化した含水率分布が乾き厚みに依存せず重なる。RR 曲線を得るための RR プロットと、これを利用した Fick 型塗膜の判別法を以下に述べる。

　ポリマー溶液系の相互拡散係数の温度依存性は Arrhenius 型で与えられ、その活性化エネルギーE_{AP}は一般に含水率に依存するが、ポリマー溶液の場合は定数で近似されることが多い[12][13][14]。RR において平均含水率W_Mにおける塗膜乾燥速度の温度依存性は、相互拡散係数の温度依存性を用いて、近似的に式(4)で与えられることを Schoeber[11]は示した。相互拡散係数の温度依存性を示す活性化エネルギーE_{AP}は含水率Wの関数であるが、式(4)においてはWではなくW_Mを用いている。

$$R_A = R_{A0} \exp\left\{\frac{-E_{AP}(W_M)}{R}\left(\frac{1}{T_m} - \frac{1}{T_0}\right)\right\} \qquad (4)$$

ここでR_AはT_mにおける減率乾燥速度、R_{A0}は基準温度T_0における減率乾燥速度、$E_{AP}(W_M)$はW_Mにおける活性化エネルギー、Rは気体定数である。なお、以下ではE_{AP}を定数とした。したがって、減率乾燥期間においてT_mは乾燥進行とともに上昇するが、式(4)を適用すれば、この間の等熱風温度乾燥速度R_AをT_0における等塗膜温度乾燥速度R_{A0}に換算できる。

　一方、塗布層内部の物質移動が Fick 式で支配される Fick 型塗膜において、表面含水率が平衡含水率（≒0）で一定のとき、R_{A0}と乾き塗布層厚みL_Pの積に比例するフラックスパラメータF'を平均含水率W_Mに対してプロットした曲線は、L_Pが異なっても重なることが知られており、重なった部分の曲線を温度T_0における RR 曲線と呼び、このプロットを RR プロットと呼ぶ。F'を式(5)に示す。

$$F' = R_{A0}L_P d_P \qquad (5)$$

　結局、異なるL_Pに対する乾燥実験で得られたR_Aを、同時に得られたT_mを用いてR_{A0}に変換することで、異なるL_Pに対するF' vs. W_M曲線（RR プロット）が得られる。活性化エネルギーE_{AP}を

フィティングパラメータとして、異なるL_Pに対する RR プロットが重なったとき、対象塗膜は Fick 型塗膜であり、そのときのE_{AP}が相互拡散係数の活性化エネルギーと等しい。以上が Fick 型塗膜の判別法である[9]。

　変性 PVA 水溶液塗膜の等熱風温度乾燥実験から得た図 7 の塗膜温度(T_m)曲線と、塗膜温度変化法を用いて算出した図 6 の等熱風温度乾燥速度(R_A)曲線に式(4)を適用して等塗膜温度乾燥速度(R_{A0})曲線を求めた。その結果に式(5)を適用して得られたフラックスパラメータF'を平均含水率W_Mに対してプロットした結果（RR プロット）を図 8 に示す[15]。異なるL_Pにおけるプロットが重なり、RR 曲線が得られた。このときのフィティングパラメータが、相互拡散係数の温度依存性を示す活性化エネルギーE_{AP}=30000 J/mol である。

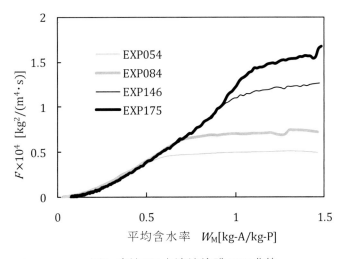

図8　変性PVA水溶液塗膜のRR曲線

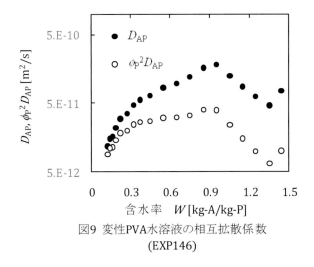

図9 変性PVA水溶液の相互拡散係数
(EXP146)

3-2　相互拡散係数の依存性（RR 曲線による含水率依存性の推定）

　Yamamoto[10]は、RR 曲線から基準温度T_0における相互拡散係数D_{AP}の含水率依存性を精度よ

く推定できる方法を提案している。この方法は、Schoeber[11]の提唱したRR曲線に基づいて、拡散係数が含水率のべき乗に比例すると仮定してCoumans[16]が提案した方法に、べき指数の含水率依存性を考慮して改良を加えた方法である。3.1の結果に対してYamamotoの推定法を利用すれば、異なるL_Pに対する塗膜温度変化データのみを用いて相互拡散係数の含水率依存性の簡便かつ高精度の推定が期待できる。Yamamotoの推定法は、含水率依存性の関数形をあらかじめ与える必要のない点で画期的だといえるが、相互拡散係数とポリマー体積分率の2乗の積$\phi_P^2 D_{AP}$が、絶乾状態から含水率の増加とともに単調増加する含水率範囲に限って有効である[10]。含水率の増加とともに一般に相互拡散係数は増大するが、ポリマー体積分率は低下するので、$\phi_P^2 D_{AP}$の値はある含水率で極大値を示す。さらに、RR曲線は1 kg-A・kg^{-1}-P程度以下の低含水率域において有効である[17]。Yamamotoの推定法を以下に述べる。

　まずRR曲線のデータを用いて式(6)から$D_{a,i}$と$D_{a,i+1}$を求め、その結果を式(7)に代入してa_iを求める。ここで、添え字iは低含水率側からの離散データである。さらにその結果を式(8)に代入してSh_iを求め、最後にすべての結果を式(9)に代入して$D_{AP,i}$を求める。この方法には高精度のRR曲線が必要である。

$$D_{a,i} = (4/\pi^2)\left(F'_i/W_{M,i}\right) \qquad (6)$$
$$a_i = \ln\left(D_{a,i}/D_{a,i+1}\right)/\ln\left(W_{M,i}/W_{M,i+1}\right) \qquad (7)$$
$$Sh_i = 4.935 + 2.456 a_i(a_i + 2) \qquad (8)$$
$$D_{AP,i} = (a_i + 1)\pi^2 D_{a,i}\left(1/d_P + W_{M,i}/d_A\right)^2/(2Sh_i) \qquad (9)$$

式(6)から(9)に従えば、$W_{M,i}$と$W_{M,i+1}$に対応するF'の値を使って、最終的に式(9)から$W_{M,i}$に対応する$D_{AP,i}$の値を得るが、このときの平均含水率W_Mを局所含水率Wに読みかえることでD_{AP} vs. Wのプロットを得る。このようにして得られたプロットの有効範囲は$\phi_P^2 D_{AP}$ vs. Wのプロットで絶乾状態から含水率の増加とともに$\phi_P^2 D_{AP}$が単調増加する範囲である。3.1で得たL_P=146 μmの乾燥実験におけるRR曲線（図8参照）に上述のYamamotoの手法を適用した。得られたD_{AP}と$\phi_P^2 D_{AP}$の値を図9に示す[15]。その結果、L_P=146 μmの結果に対するこの方法の有効範囲は、W＜約0.9であった。

3-3　相互拡散係数の定式化（IHプロット）

　相互拡散係数の含水率依存性を与える目的で式(10)の関数形を導入する。

$$D_{AP}(W, T_0) = \exp\left(-\frac{k_\alpha + k_\beta W}{1 + k_\gamma W}\right) \qquad (10)$$

ここでWは乾きポリマー質量基準の含水率である。この式は液状食品に対して得られた実験式であるが[18]、ポリマー溶液において、自由体積理論による拡散係数の含水率依存性を良好に表す関数形であるとの報告もある[19]。上述の関数中のパラメータ決定法を以下に述べる。この関数を変形した結果を式(11)に示す。

$$D_{\text{AP}}(W, T_0) = \exp\left(\frac{k_\beta W - \ln D_0}{k_\beta W - \ln D_1}\ln D_1\right) \qquad (11)$$

ここで、D_1は$W \to \infty$におけるD_{AP}であり$\ln D_1 = k_\beta/k_\gamma$で与えられ、$D_0$は$W \to 0$における$D_{\text{AP}}$であり$\ln D_0 = -k_\alpha$で与えられる。また$k_\beta$は$D_{\text{AP}}$曲線の上方への凸の程度を与えるパラメータであり、その値が大きいほど曲率も大きい。なお、式(11)は基準温度T_0での関係である。

T_0のポリマー溶液において、ある含水率Wにおける拡散係数D_{AP}の値が式(11)に従う場合を考える。式中のパラメータは$\ln D_0$、$\ln D_1$、k_βであり、これらを定める目的で式(11)を変形して式(12)を得る。

$$\ln D_{\text{AP}}(W, T_0) = k_\beta\left\{\frac{\ln D_{\text{AP}}(W, T_0)}{\ln D_1} - 1\right\}W + \ln D_0 \qquad (12)$$

このとき$[\{\ln D_{\text{AP}}(W, T_0)/\ln D_1\} - 1]W$に対して$\ln D_{\text{AP}}(W, T_0)$をプロットした結果は、傾きが$k_\beta$で切片が$\ln D_0$の直線となるべきである。したがって、このプロットが直線となる$\ln D_1$の値を試行法により決定すれば、そのとき得られた傾きと切片からk_βと$\ln D_0$の値が得られる。筆者らの開発したこのプロットが IH プロットである[9]。そこで、3.2 において Yamamoto の推定法で得た$\ln D_{\text{AP}}$の値を用いて IH プロットを実施した。結果を図 10 に示す[15]。

3.1 で推定した活性化エネルギーE_{AP}と得られた含水率パラメータ$\ln D_0$、$\ln D_1$、k_βを用いて全含水率範囲にわたる含水率依存性と温度依存性をもつ相互拡散係数D_{AP}の関数形として式(13)を得た。

$$D_{\text{AP}} = \exp\left(\frac{k_\beta W - \ln D_0}{k_\beta W - \ln D_1}\ln D_1\right)\exp\left\{\frac{-E_{\text{AP}}}{R}\left(\frac{1}{T_{\text{m}}} - \frac{1}{T_0}\right)\right\} \qquad (13)$$

ここで$W = u_{\text{A}} d_{\text{A}}/d_{\text{P}}$、$T_0 = 312$ K、$E_{\text{AP}} = 30000$ J·mol⁻¹、$k_\beta = 78.25$ kg-P·m²·kg⁻¹-A·s⁻¹、$\ln D_0 = -26.702$ m²·s⁻¹、$\ln D_1 = -21.437$ m²·s⁻¹である。

上述の手順で等熱風温度乾燥実験より得た塗膜温度変化データを用いて相互拡散係数の含水率・温度依存性を推定する方法が IH 法である[9]。IH 法を用いて変性 PVA 水溶液塗膜の温度292、302、312 K における相互拡散係数を推定した結果を図 11 に示す[15]。

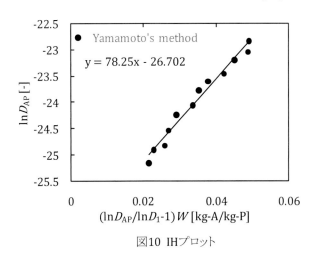

図10 IHプロット

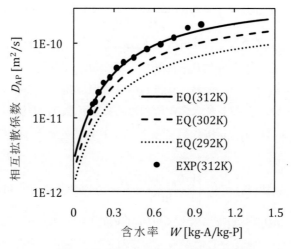

図11 変性PVA水溶液の相互拡散係数

4　Fick 型溶液塗膜

4-1　乾燥過程の概要

　Fick 型溶液塗膜の乾燥過程の概要を以下に述べる[20]。非反応性塗布層を非浸透性基材上に塗布したポリマー溶液塗膜を対象とする。塗布層は揮発 A 成分とポリマーP 成分で構成されている。乾燥の全過程を通して、湿り塗布層全体が Fick 域である Fick 域独占期間が継続する。また、乾燥進行とともに塗布層表面が低下する。物質移動式と乾燥モデルを構築するにあたって以下の仮定を導入する。

1)　物質移動は 1 次元である。
2)　塗膜温度は一様である。
3)　混合による体積変化を無視する。

4-2　物質移動の基礎

　揮発 A 成分とポリマーP 成分の 2 成分から成る溶液塗膜について考える。塗布層厚みz座標系において体積流束n_iは式(14)と(15)で与えられる。

$$-n_A = D_{AP}\frac{\partial\phi_A}{\partial z} \qquad (14)$$

$$-n_P = n_A \qquad (15)$$

z座標系では、乾燥進行とともに塗布層は収縮するので、塗布層底面を 0 と置けば、表面の位置Lが時間とともに移動する。そこで、ポリマー厚みX座標系を採用することで表面位置を固定化する。Δzの範囲内に含まれる P 成分の体積をポリマー厚みΔXとして定義したのがX座標系であり、$\phi_P\Delta z = \Delta X$の関係にある。ここで$\phi_P$は P 成分の体積分率である。この座標系では、A 成分の流束は P 成分の移動速度に対する A 成分の相対速度と A 成分の体積分率の積、すなわち$-n_A^P = -\phi_A\{(n_A/\phi_A) - (n_P/\phi_P)\}$で定義される。このとき P 成分の流束$-n_P^P$は 0 である。さらに、

ϕ_A に代えて A 成分の体積基準含有率として $u_A = \phi_A/\phi_P$ を定義する。また $\partial X/\partial z = \phi_P = 1/(1 + u_A)$ であり、この関係は式(16)と等しい。

$$X = \int_{z=0}^{z=z} \phi_P \, dz \qquad (16)$$

$\partial \phi_A / \partial z = u_A(\partial \phi_P / \partial z) + \phi_P(\partial u_A / \partial z)$ の関係より式(17)を得る。

$$\frac{\partial \phi_A}{\partial z} = \phi_P^2 \frac{\partial u_A}{\partial z} \qquad (17)$$

式(17)と $\partial X/\partial z = \phi_P$ と $-n_A - n_P = 0$ より式(18)を得る。

$$-n_A^P = \phi_A\left(\frac{n_A}{\phi_A} - \frac{n_P}{\phi_P}\right) = \phi_P^2 D_{AP} \frac{\partial u_A}{\partial X} \qquad (18)$$

4-3 乾燥モデル式

・物質収支

厚み L_b の非浸透性平面基材上に、ポリマー溶液塗布層が形成されている。ここで塗布層の乾き厚み L_p は、層の初期厚みとポリマー成分 P の初期体積分率をそれぞれ L_0 と ϕ_{P0} として $L_0\phi_{P0}$ で与えられる。基材と塗布層の複合体であるこの塗膜が、断熱平面上で温度 T_a の熱風に曝される場合を考える。揮発 A 成分の含有率変化式を式(19)に示す。乾燥が進行しても一定であるポリマー厚み X 座標系で求めた連続の式である。

$$\frac{\partial u_A}{\partial t} = \frac{\partial}{\partial X}\left(-n_A^P\right) = \frac{\partial}{\partial X}(\phi_P^2 D_{AP} \frac{\partial u_A}{\partial X}) \qquad (19)$$

境界条件を式(20)と(21)に示す。前式は塗布層表面での関係を表し、後式は塗布層底面での関係式である。

表面での境界条件　$(X = L_p)$

$$-n_A^P = \phi_P^2 D_{AP} \frac{\partial u_A}{\partial X} = -\left(\frac{R_A}{d_A}\right) \qquad (20)$$

底面での境界条件　$(X = 0)$

$$-n_A^P = \phi_P^2 D_{AP} \frac{\partial u_A}{\partial X} = 0 \qquad (21)$$

以上の式より得られるのは X vs. u_A の結果である。そこで式(22)を用いて X を z に再変換して、塗布層厚み z 座標系における u_A の変化を得る。

$$z = \int_{X=0}^{X=X} (1 + u_A) \, dX \qquad (22)$$

また、$\phi_A = u_A/(1 + u_A)$、$\phi_P = 1/(1 + u_A)$ である。

・乾燥速度

乾燥速度 R_A は式(23)で与えられる。

$$R_A = -k_g(\alpha P_{As} - P_{Aa}) \qquad (23)$$

ここで、k_gは境膜物質移動係数、αは塗布層表面での揮発 A 成分の活量、P_{As}は A 成分の飽和蒸気圧である。P_{Aa}は熱風中の A 成分の蒸気分圧であり一定値とする。また、境膜内での蒸気の一方拡散を考えて、k_gを与える近似式である式(24)を得る。

$$k_g = \frac{M_A P_T D_G h}{R T_m d_A (P_T - P_{Aa}) \gamma k_z} \qquad (24)$$

ここで、M_Aは揮発 A 成分の分子質量、P_Tは全圧（=101300 Pa）、D_Gは境膜内の A 成分の蒸気拡散係数、hは境膜伝熱係数、Rは気体定数、k_zは湿り空気の熱伝導度である。またγは、伝熱に対する物質移動の境膜厚み比であり 1.5 前後の値であるが、シミュレーションにおいて定率乾燥速度を精度よく再現するためのフィティングパラメータとして用いる。

・熱収支

塗布層に基材を含めた塗膜の熱収支式を式(25)に示す。ここで塗膜温度を一様と近似した。境膜厚みと塗膜厚みはともに同オーダーだが、境膜が気体であるのに対して、塗膜は液体と固体の複合体である。そこで伝熱抵抗が、前者で支配的であることから導入した近似である。

$$\frac{dT_m}{dt} = \frac{h(T_a - T_m) - \{\Delta h_A + (c_{GA}/2)(T_a + T_m)\}R_A}{(L - L_P)d_A c_A + L_P d_P c_P + L_b d_b c_b} \qquad (25)$$

ここでLは塗布層厚み、hは塗布層表面の境膜伝熱係数、T_mは塗膜温度、Δh_AはT_mでの揮発 A 成分の蒸発エンタルピー、c_{GA}は A 成分蒸気の定圧比熱、c_Aとc_Pとc_bはそれぞれ A と P 成分および基材の比熱容量、d_Aとd_Pとd_bは密度である。この式では Ackermann 効果、すなわち境膜内での蒸発の温度上昇に要する顕熱を考慮しており、熱風温度T_aを一定とした。

4-4 乾燥シミュレーション予測と水分活量曲線

揮発 A 成分を水、P 成分を変性 PVA として、初期含水率をW_0=1.47 kg-A·kg^{-1}-P で一様とし、乾きポリマー厚みL_P=54、94、146、175 μm に対してそれぞれシミュレーション予測を実施した。熱風温度T_a、熱風水蒸気圧P_{Aa}、境膜伝熱係数hなどはそれぞれ実験値（表 2 参照）を使用した。このとき、塗布層厚み方向の分割数=160、差分時間 1 - 4 ms とし、$\Delta h_A + (c_{GA}/2)(T_a + T_m)$=2.4×10^6 J·kg^{-1}-A で近似した。シミュレーションには、3 で得た相互拡散係数と後述する水分活量曲線を用いた。等熱風温度乾燥シミュレーション（SIM）と等熱風温度乾燥実験（EXP）により得られた乾燥速度曲線を図 12 に示す。その結果、すべての乾き厚みL_Pにおいて両乾燥速度曲線は良好に一致した。なお、$W = (d_A/d_P)u_A$の関係にあるので、質量基準平均含水率W_Mと体積基準局所含水率u_Aの関係は式(26)で与えられる。

$$W_M = \frac{d_A}{d_P L_P} \int_{X=0}^{X=L_P} u_A dX \qquad (26)$$

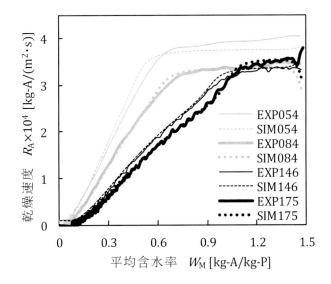

図12　変性PVA水溶液塗膜の乾燥速度曲線

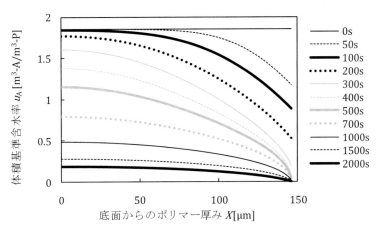

図13　変性PVA水溶液塗膜の含水率分布の経時変化（X座標系）

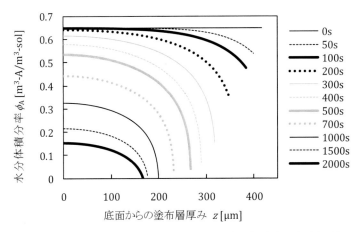

図14　変性PVA水溶液塗膜の水分分率分布の経時変化（z座標系）

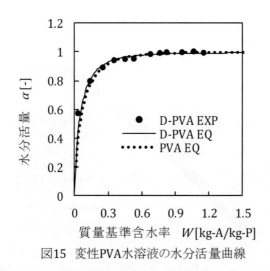

図15 変性PVA水溶液の水分活量曲線

　ポリマー厚みX座標系におけるu_A分布の経時変化を図13に、塗布層厚みz座標系におけるϕ_A分布の経時変化を図14に示す。ともにL_p=146μmの場合のシミュレーション結果である、乾燥過程を通して、ポリマー厚みL_pは一定だが塗布層厚みLは減少する。また、u_A、ϕ_Aともに乾燥前期において表面での値が平衡値付近まで低下した。

　水分活量の測定方法と結果の定式化について以下に述べる。水分活量の測定には、ポータブル水分活性計（Pawkit、Decagon Devices Inc.、　精度±0.02、分解能0.01）を用いた。初期含水率W_0=1.47 kg-A/kg-P の変性 PVA 水溶液を、質量を測定したサンプルケースに適量入れ、質量を測定してサンプルとした。乾燥器内でサンプルを適宜乾燥させ、室温にてサンプルを密封放置した後、その質量と水分活量を測定した。サンプル内の含水率分布が一様になるまでサンプルの密封放置とその後の質量と水分活量の測定を繰り返し、次の乾燥ステップに進んだ。以上の操作を繰り返すことで様々な含水率Wのサンプルに対する水分活量を得た。結果を図15に記号（D-PVA EXP）で示す[15]。Sandra *et al*[21]は PVA 水溶液における活量曲線を Flory 型の実験式で表した。そこで、変性 PVA-水系に対して得た実験結果よりχ_{A-P}中の数値をパラメータフィティングにより決定することで式(27)を得た。得られた活量曲線を図15に実線（D-PVA EQ）で示す[15]。

$$\ln\alpha = \ln(\frac{u_A}{1+u_A}) + \frac{1}{1+u_A} + \chi_{A-P}\left(\frac{1}{1+u_A}\right)^2 \qquad (27)$$

ここで$\chi_{A-P} = 5.96 - 5.54\{u_A/(1+u_A)\}^{0.083}$であり、$W = u_A d_A/d_P$の関係にある。参考のために、$\chi_{A-P} = 5.9340 - 5.4556\{u_A/(1+u_A)\}^{0.0725}$とした PVA に対する Sandra *et al.*の結果を図中に点線（PVA EQ）で示す。

5　ポリマー溶液塗布層の研究進捗状況

　最後に、ポリマー溶液塗布層（表1参照）に対する筆者らの研究進捗状況に関して簡単に述べる。Fick 型ポリマー溶液については、本章中で詳しく述べた。非 Fick 型ポリマー溶液の場合について、大石[22]は PVA 水溶液塗布層の高精度乾燥速度曲線を測定するとともに、乾燥モデルを提案した。さらに、乾燥応力に起因する物質移動促進係数を導入することでシミュレーション結果が測定結果と一致

すると報告した。可塑化ポリマー溶液の場合について、今駒ら[23]はPVAの可塑剤としてグリセリンを選び、その水溶液塗布層の高精度乾燥速度曲線を測定するとともに、PVAとグリセリンの全量が結合していると仮定して乾燥モデルを提案した。さらに、モデル式中に含まれるポリマーの分子質量を、ポリマーを構成するモノマー要素の分子質量と考えることで、シミュレーション結果が測定結果と一致すると報告した。別宮[24]はPVAの可塑剤としてキシリトールを選び、その水溶液塗布層の高精度乾燥速度曲線を測定した結果、キシリトールの一部がPVAとは結合せず水中に遊離している可能性を指摘した。揮発2成分系ポリマー溶液は、ポリマーに対して低揮発性の良溶剤と高揮発性の貧溶剤の組み合わせであることがしばしばである。PVA-キシリトール-水系の場合も、キシリトールを難揮発性の貧溶剤、水を高揮発性の良溶剤、キシリトールによる可塑化PVAをポリマー成分と考えれば、揮発2成分系としてのモデル化が可能だろう。揮発2成分系ポリマー溶液の乾燥モデルについては今駒ら[20]が詳しい。無孔スラリーよりも粒子量の少ない希薄スラリー塗膜の場合について、今駒ら[25]は粒子がポリマー分子とともに移動し始めるポリマー同伴含水率を導入して乾燥モデルを提案した。さらに、栗本[26]は乾き塗布層内の粒子分布を測定するとともに、ポリマー同伴含水率をフィティングパラメータとすることでシミュレーション結果が測定結果と一致すると報告した。また、無孔スラリー塗膜の場合について、吉川[27]は高精度乾燥速度曲線を実測した。多孔スラリーの場合について、山根[28]はPVA水溶液にPMMA粒子が分散した塗布層の高精度乾燥速度曲線を測定するとともに、乾燥モデルを提案したが、粒子沈降と多孔化期間の溶液移動と水蒸気拡散を考慮しなかった。そこで、祖開[29]は多孔化期間の水蒸気拡散を考慮した乾燥モデルを提案した。

　以上の研究成果を整理した結果を表3に示す。乾燥速度曲線については、高精度乾燥速度曲線が得られていない場合を×とした。乾燥モデルについては、研究途上の場合を△とした。物性については、研究途上の場合を△、研究課題として取りあげていない場合を×とした。乾燥シミュレーションについては、限定された条件下でのみ可能な場合を△とした。

　なお本文は、筆者が現在執筆中の「スラリー塗膜乾燥の理論と計算」からの抜粋であることを付記しておく。

表3　ポリマー溶液塗布層の研究進捗状況

塗布層	乾燥速度曲線	乾燥モデル	物性	シミュレーション
Fick型ポリマー溶液	○	○	○	○
非Fick型ポリマー溶液	○	○	△	○
可塑化ポリマー溶液	○	○	○	○
揮発2成分系ポリマー溶液	×	△	×	△
無孔スラリー	○	○	○	○
多孔スラリー	○	△	△	△

記号表

A ＝ 塗膜面積[m²]

c_i ＝ i成分の比熱容量[J・kg⁻¹・K⁻¹]

c_{GA} ＝ A 成分蒸気の比熱容量[J・kg⁻¹・K⁻¹]

D_0 ＝ $W{\to}0$ における相互拡散係数[m²・s⁻¹]

D_1 ＝ $W{\to}\infty$における相互拡散係数[m²・s⁻¹]

D_{AP} ＝ A と P 成分の相互拡散係数[m²・s⁻¹]

D_G ＝ 境膜内の A 成分の蒸気拡散係数[m²・s⁻¹]

d_i ＝ i成分の密度[kg・m⁻³]

E_{AP} ＝ 相互拡散係数D_{AP}の活性化エネルギー[J・mol⁻¹]

F' ＝ フラックスパラメータ[kg²・m⁻⁴・s⁻¹]

h ＝ 境膜伝熱係数[W・m⁻²・K⁻¹]

k_g ＝ 境膜物質移動係数[kg-A・m⁻²・s⁻¹・Pa⁻¹]

k_z ＝ 湿り空気の熱伝導度[W・m⁻¹・K⁻¹]

k_β ＝ 相互拡散係数中のフィッティングパラメータ[m²・s⁻¹]

L ＝ 塗布層厚み[m]

L_b ＝ 基材厚み[m]

L_P ＝ 塗布層内ポリマー厚み[m]

M_A ＝ A 成分の分子質量[kg・mol⁻¹]

n_i ＝ z座標系におけるi成分の体積流束[m³・m⁻²・s⁻¹]

n_i^P ＝ X座標系におけるi成分の体積流束[m³・m⁻²・s⁻¹]

P_{Aa} ＝ 熱風中の A 成分の蒸気分圧[Pa]

P_{As} ＝ A 成分の飽和蒸気圧[Pa]

P_T ＝ 全圧[Pa]

R ＝ 気体定数[J・mol⁻¹・K⁻¹]

R_A ＝ 塗膜温度T_mにおける乾燥速度[kg-A・m⁻²・s⁻¹]

R_{A0} ＝ 基準温度T_0における乾燥速度[kg-A・m⁻²・s⁻¹]

T_0 ＝ 基準温度[K]

T_a ＝ 熱風温度[K]

T_m ＝ 塗膜温度[K]

t ＝ 乾燥時間[s]

u_i ＝ i成分のポリマー体積基準含有率[m³・m⁻³-P]

W ＝ 質量基準含水率[kg-A・kg⁻¹-P]

W_M ＝ 質量基準平均含水率[kg-A・kg⁻¹-P]

w_i ＝ i成分の質量[kg・m⁻²]

X ＝ 塗布層中のポリマー厚み基準座標[m-P]

z ＝ 塗布層厚み基準座標[m-sol]

α ＝ 揮発 A 成分の活量[-]

γ ＝ 伝熱に対する物質移動の境膜厚み比[-]

Δh_A ＝ 塗膜温度T_mにおける A 成分の蒸発エンタルピー[J·kg^{-1}-A]

Δh_{A0} ＝ 基準温度T_0における A 成分の蒸発エンタルピー[J·kg^{-1}-A]

ϕ_i ＝ i成分の体積分率[m^3·m^{-3}-sol]

＜下添字＞

0 ＝ 初期

A ＝ 揮発成分（水）

b ＝ 基材

i ＝ i成分（i ＝ A、P、b）

P ＝ ポリマー成分（変性 PVA）

引用文献

[1] 西村伸也, 瀧川悌二, 伊與田浩志, 今駒博信, 化学工学論文集, 33, 101 – 106 (2007)

[2] 今駒博信, 長岡真吾, 瀧川悌二, 化学工学論文集, 33, 586 – 592 (2007)

[3] 今駒博信, 長岡真吾, 相澤栄次, 山本剛大, 大村直人, 塗装工学, 43, 410 – 416 (2008)

[4] 山本剛大, 相澤栄次, 今駒博信, 大村直人, 化学工学論文集, 35, 246 – 251 (2009)

[5] 今駒博信, 長岡真吾, 堀江孝史, 吉田正道, 化学工学論文集, 36, 64 – 69 (2010)

[6] 今駒博信, 竹中　啓, 河野和宏, 堀江孝史, 化学工学論文集, 40, 50 – 55 (2014)

[7] 今駒博信, 化学工学論文集, 38, 1 – 12 (2012)

[8] 大石伸治, 神戸大学工学部卒業論文 (2017)

[9] 今駒博信, 堀江孝史, 化学工学論文集, 44, 153 - 160 (2018)

[10] Yamamoto, S., *Drying Tech.*, 19, 1479 - 1490 (2001)

[11] Schoeber, W.J.A.H., Ph.D. Thesis, Technical University Eindhoven, the Netherlands (1976)

[12] Okazaki, M., K. Shioda, K. Masuda and R. Toei, *J. Chem. Eng. Jpn.*, 7, 99 - 105 (1974)

[13] Navarri P. and J. Andrieu, *Chem. Eng. Process.*, 32, 319 - 325 (1993)

[14] Allanic N., P. Salagnac, P. Glouannec and B. Guerrier, *AIChE J.*, 55, 2345 - 2355 (2009)

[15] 木本涼太, 神戸大学工学研究科修士論文 (2018)

[16] Coumans, W.J., Ph.D. Thesis, Technical University Eindhoven, the Netherlands (1987)

[17] Yamamoto, S., *Drying Tech.*, 17, 1681 - 1695 (1999)

[18] Luyben, K.Ch.A.M., J.K. Liou and S. Bruin, *Biotech. Bioeng.*, 24, 533 - 552 (1982)

[19] Jeck, S., P. Scharfer, W. Schabel and M. Kind, *Chem. Eng. Process.*, 50, 543 - 550 (2011)

[20] 今駒博信, 山村方人, 化学工学論文集, 39, 531 – 538 (2013)

[21] Sandra, J., P. Scharfer, W. Schabel and M. Kind, *Chem. Eng. Process.*, 50, 543 - 550 (2011)

[22] 大石伸治, 神戸大学工学研究科修士論文 (2019)

[23] 今駒博信, 中野剛志, 瀧　紘, 堀江孝史, 化学工学論文集, 42, 68 - 75 (2016)

[24] 別宮　涼, 神戸大学工学研究科修士論文 (2016)

[25] 今駒博信, 瀧　紘, 祖開美奈子, 堀江孝史, 化学工学論文集, **43**, 37 - 44 (2017)

[26] 栗本浩輔, 神戸大学工学研究科修士論文 (2019)

[27] 吉川洋輝, 神戸大学工学部卒業論文 (2019)

[28] 山根大志, 神戸大学工学研究科修士論文 (2015)

[29] 祖開美奈子, 神戸大学工学研究科修士論文 (2017)

第19章　塗布乾燥シミュレーション

湊　明彦

（元アドバンスソフト株式会社）

富塚　孝之

（アドバンスソフト株式会社）

1．はじめに

　塗布膜の数値シミュレーションで重要な要素の一つは、塗布液の粘性や表面張力に大きく依存する自由表面形状の取り扱いである。塗布液の粘性は水のようなニュートン流体とは異なることが多く、その粘性が塗布液の流速勾配によって複雑に変化することから、挙動が複雑になる。また高分子塗布膜の場合、塗布液は高分子の溶質と揮発性の溶媒との混合流体であり、初期状態は溶媒の量がはるかに多いが、乾燥プロセスでは加熱または減圧により、塗布膜表面の溶媒蒸気圧が雰囲気の蒸気圧より高い状態に設定し、溶媒蒸気が拡散や対流により雰囲気に輸送される。塗布膜内に溶媒濃度が生じるので拡散により内部の溶媒が表面に輸送され蒸発が継続し、塗布膜全体の溶媒量の減少にしたがって塗布膜厚さを減じつつゲル化し、最終的に固化した製品となる。また、せん断力や重力による塗布膜全体の流れが無視できないときは、対流効果も計算する必要がある。このように自由表面形状を追跡するだけでなく、物性も流動過程で複雑に変化するため、数値計算上は複雑で不安定になりやすい。複数種類の溶媒を用いるときはそれぞれの蒸発と拡散を取り扱わなければならない。塗布液に機能性微粒子を混入することがあり、乾燥後の微粒子の分布も評価の対象となることがある。このときは微粒子の重力沈降やブラウン運動の計算が必要である。溶媒濃度や粒子濃度や温度により粘性などの物性が依存するため定量的な評価は困難なことが多い。

　今日、計算機能力の飛躍的な向上と数値計算技術の進歩により、格子ボルツマン法や粒子法といったこれまでの Navier-Stokes 方程式に基づく界面追跡とは異なる手法が、実用レベルで適用されるようになってきた。また、スーパーコンピューターや大規模並列計算機を利用して、液相だけでなく気相の流動もより詳細に解析する 2 流体モデルも同様にして、産業分野に用いられるようになってきた。

2．塗布膜形成解析

　塗布膜形成過程における数値解析では、実績と計算負荷から自由表面計算に VOF（Volume Of Fluid）法を適用することが多い。

　塗布膜形成にはノズルによる基材への直接塗布とインクジェットによる塗布液滴の連続的な着弾による方法がある。ノズルによる直接塗布の FrontFlow/red コードを用いた VOF 法による解析例を図 1 に示す。一定速度(0.5m/s)で移動するウェブ(基材)にノズルのスリットから塗布液を供給してノズルとウェブの間の 0.25mm 間隙を塗布液で満たし、連続的な塗布膜をノズル前方(同図の右側)に形成する。ノズル後方の圧力の負圧が大きすぎると塗布液が後方にはみ出し、小さすぎると塗布膜が形成前にウェブに連行される。解析結果では 1750Pa の負圧が適切であった。

インクジェットも VOF 法を用いて解析することができる。径 30 ミクロン m のノズルから射出する液滴の解析結果を図 2 に示す。同図のように表面張力により液滴とノズルの間に残った液膜がサテライトと言われる微小液滴を形成することがある。

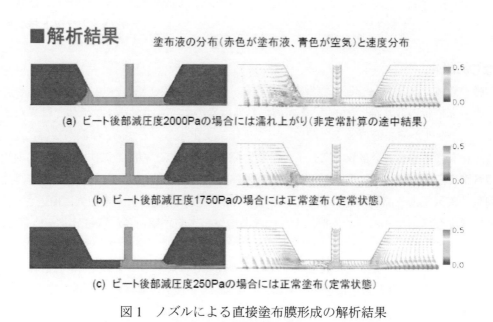

■解析結果　　塗布液の分布（赤色が塗布液、青色が空気）と速度分布

(a) ビート後部減圧度2000Paの場合には濡れ上がり（非定常計算の途中結果）

(b) ビート後部減圧度1750Paの場合には正常塗布（定常状態）

(c) ビート後部減圧度250Paの場合には正常塗布（定常状態）

図1　ノズルによる直接塗布膜形成の解析結果

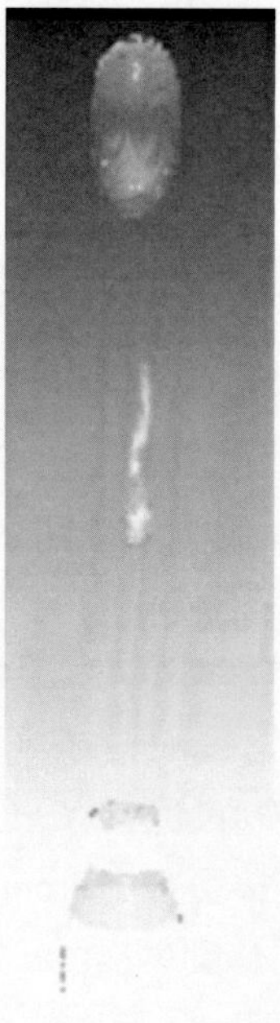

図2　インクジェットの解析結果

3．塗布膜乾燥解析

乾燥過程のシミュレーションは高品質な製品を製造し、かつ効率的な乾燥工程の設計に重要である。シミュレーションモデルは塗布膜表面の物質伝達、塗布膜内の溶媒と溶質の相互拡散、蒸発潜熱を考慮した熱伝導が重要となる。

塗布膜の基本的な乾燥解析は集中定数近似を用いて行うことができる。

$$\frac{dW_f}{dt} = w_s = -k_m(p_s - p_a) \tag{1}$$

ここで W_f は単位面積当たりの塗布膜質量、w_s は塗布膜の単位面積当たり溶媒蒸発量、t は時間、p_s と p_a は塗布膜表面と雰囲気の溶媒蒸気圧、k_m は物質伝達係数である。溶媒蒸気圧は溶媒濃度と塗布膜温度の関数である。膜内で蒸発消滅するのは溶媒だけであるので塗布膜質量の変化は溶媒の蒸発量に等しい。

$$W_f C_f \frac{dT_f}{dt} = h(T_a - T_f) + q - Lw_s \tag{2}$$

ここで C_f は塗布膜の熱容量、T_f と T_a は塗布膜温度と雰囲気温度、q は外部からの加熱、L は蒸発潜熱である。塗布膜は薄いので塗布膜のバルク温度と表面温度は同じであると近似した。

上記の式(1)、(2)では塗布膜内は一様としたが、乾燥現象を精度よく予測するにはモデルを拡張して塗布膜内の分布を取り扱う必要がある。当社の乾燥シミュレーションは山村ら[1]の膜厚方向分布の1次元解析モデルを参考にした。

塗布膜の溶媒濃度は次の拡散方程式に従う。

$$\frac{\partial c_s}{\partial t} = \frac{\partial}{\partial z}\left(D\frac{\partial c_s}{\partial z}\right) \tag{3}$$

ここで c_s は溶媒濃度、D は相互拡散係数、z は膜内の高さ方向距離である。山村らは温度計算は集中定数法を用いているが、温度についても次の熱伝導方程式を適用することができる。

$$\rho_f C_f \frac{\partial T}{\partial t} = \frac{\partial}{\partial z}\left(\alpha\frac{\partial T}{\partial z}\right) \tag{4}$$

ここで ρ_f は塗布膜の密度、T は温度、α は熱伝導度である。蒸発によって表面から溶媒質量と潜熱の消失があり同時に塗布膜厚さが減少するいわゆる Stefan 問題である。以下、必要な関係式について述べる。

(i)界面の蒸気圧
Flory-Huggins 理論に従い、次式で与えられるものとする。

$$P_i = P_1^o \phi_1 \exp\left[\phi_2 + \chi_{12}\phi_2^2\right] \tag{5}$$

ここで χ_{12} は高分子-溶媒相互作用パラメータ、ϕ は溶媒と溶質の体積比である。

(ii) 純溶媒の蒸気圧
よく知られた Antoin 式で評価することができる。

$$\log_{10} P^o = A - \frac{B}{T + C} \tag{6}$$

トルエンについては、圧力は mmHg, 温度は℃の単位を用いるとき、定数 A、B、C は、それぞれ A=6.96554, B=1351.272, C=220.191 が与えられている。

(iii)相互拡散係数

Vrentus-Duda の自由体積理論から評価することができる。

$$D_m = D_1 (1 - \phi_1)^2 (1 - 2\chi_{12}\phi_1) \tag{7}$$

自己拡散係数 D_1 は次式で与えられる。

$$D_1 = D_0 \exp\left(-\frac{E_a}{RT}\right) \exp\left(-\frac{\omega_1 \hat{V}_1^* + \omega_2 \xi_{12} \hat{V}_2^*}{\hat{V}_{FH}}\right) \tag{8}$$

ここで ω は質量比、E_a は活性化エネルギー、$\hat{V}^*$ は質量当たりの臨界空孔自由体積である。分母の $\hat{V}_{FH}^*$ は次式で与えられる。

$$\begin{aligned}
\hat{V}_{FH} &= \omega_1 \left(\frac{K_{11}}{\gamma}\right)(K_{21} - T_{g1} + T) + \\
&\quad \omega_2 \left(\frac{K_{12}}{\gamma}\right)(K_{22} - T_{g2} + T)
\end{aligned} \tag{9}$$

PVAc(ポリビニルアセトン)/トルエン系については山村らの論文[1]に与えられている。この相互拡散係数の計算値を図 3 に示す。これらの式における定数は溶媒と溶質の種類によって異なり、一般に正確な数値の設定は困難であるが、分子動力学による推定は可能である。

山村は Alsoy-Duda と Yapel の論文を引用し、同一問題の数値解析によるクロスチェック検証を報告している。対象は図 4 に示す PVAc(ポリビニルアセトン)/トルエン系の厚さ 254μ m の塗布膜の乾燥である。図 5 に示すように解析結果は約 100s で乾燥し厚さはほぼ 1/10 になり相互に一致した。Alsoy-Duda[4]による塗布膜温度計算結果には図 6 のように溶媒蒸発の潜熱による温度低下がみられる。

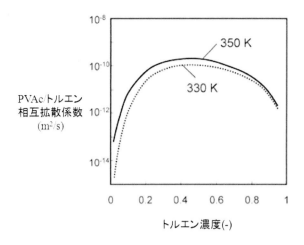

図3　相互拡散係数の計算結果[1]

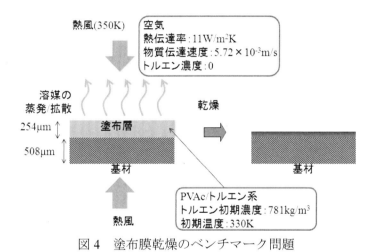

図4　塗布膜乾燥のベンチマーク問題

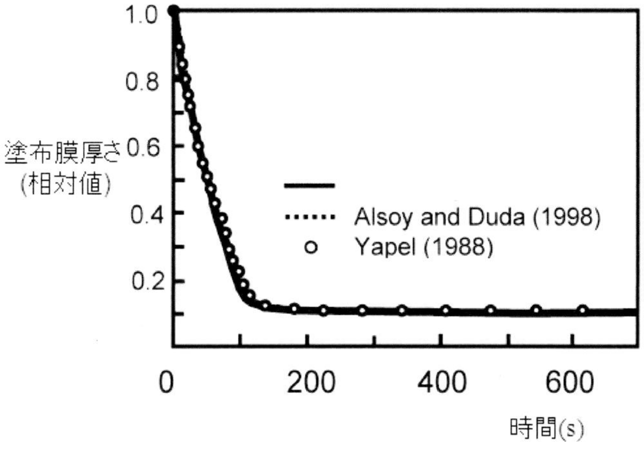

図5　塗布膜厚さ過渡変化の解析結果[1]

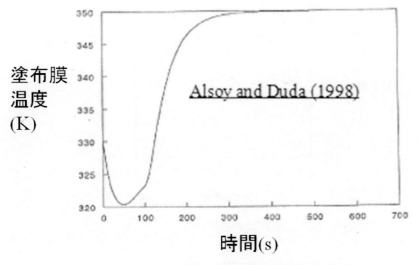

図6 塗布膜温度の解析結果[4]

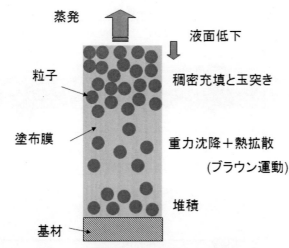

図7 塗布膜内機能性粒子の挙動モデル

4．機能性粒子分布解析

塗布膜に機能性微粒子が含まれているとき、乾燥後の微粒子の偏在を予測するため乾燥過程の微粒子挙動の追跡が必要になる。微粒子運動は図7に示すように、粒子間衝突と対流と沈降と熱拡散に影響を受ける。次の微粒子濃度の輸送方程式により微粒子濃度分布 ϕ の過渡変化を計算することができる。関係式は Routh ら[2]を参考にした。

$$\frac{\partial \phi}{\partial t} = \nabla \left\{ \phi \left(\boldsymbol{u}_{flow} + \boldsymbol{u}_{sed} \right) \right\} + \nabla \cdot \left(D \nabla \phi \right) \tag{10}$$

ここで u_{flow} は液膜内の流れ、u_{sed} は沈降速度、D は粒子濃度の拡散係数である。沈降速度は次式で表わされる。

$$u_{sed} = u_o K(\phi) \tag{11}$$

ここで u_o は Stokes の重力沈降速度である。

$$u_0 = \frac{2R^2 g \Delta\rho}{9\mu} \tag{12}$$

R は粒子半径、g は重力加速度、$\Delta\rho$ は塗布液と粒子の密度差、μ は粘性係数である。$K(\phi)$ は粒子濃度が高くなると実効粘性が大きくなり沈降速度が低下する効果を表す。経験的に次式が用いられている。

$$K(\phi) = (1-\phi)^{6.55} \tag{13}$$

拡散係数 D は次式で計算される。

$$D = D_0 K(\phi) \frac{d}{d\phi}[\phi Z(\phi)] \tag{14}$$

ここで D_o は Einstein の Brown 運動による拡散係数である。$K(\phi)$ は上述した粘性増加の効果を表す。

$$D_0 = \frac{kT}{6\pi\mu R} \tag{15}$$

T は温度、k は Boltzmann 定数である。$Z(\phi)$ は粒子濃度が密になった時の玉突きによる拡散増加効果である。

$$Z(\phi) = \frac{1}{\phi_{max} - \phi} \tag{16}$$

ここで ϕ_{max} は粒子が調密に詰まった濃度限界であり、$\phi_{max} = 0.64$ と近似されている。計算例を図8に示す。この計算例では蒸発が早く塗布膜上部に蒸発から取り残された粒子が蓄積し、密な分布が塗布膜表面から下方に進展する。蒸発が遅いときは沈降効果が卓越し、基材近傍に粒子濃度が密な領域が形成されることがある。

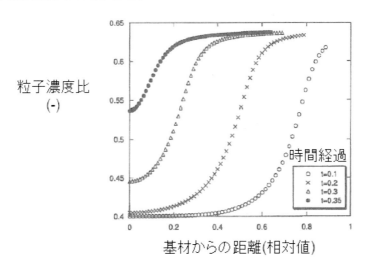

図8　粒子濃度分布の解析結果[2]

5．液滴乾燥解析

軸対称の液滴を図 9 のように半径方向に格子分割して乾燥計算を行う。Ozawa ら[3]に従うと局所的な液面高さ h の時間変化は下記の式で表わされる。

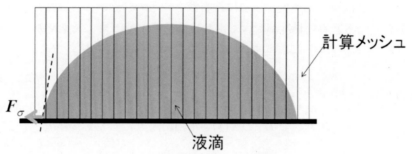

図 9　液滴乾燥解析の計算格子

$$\frac{\partial h}{\partial t} = -\frac{1}{r}\frac{\partial (rhv)}{\partial r} - J \tag{17}$$

ここで r は径方向距離、v は流速、J は蒸発速度である。流速は圧力勾配により駆動されるとし、局所的な Poiseuilli 流を仮定して次式で求められる。

$$v = -\frac{h^2}{3\mu}\frac{\partial p}{\partial r} \tag{18}$$

ここで μ は粘性係数である。圧力は表面曲率 H から毛管圧として計算できる。

$$p = 2\sigma H \tag{19}$$

重力によるヘッド圧は毛管圧と比べて微小なので無視する。σ は表面張力である。曲率は次式で近似できる。

$$H \approx \frac{1}{2r}\frac{\partial}{\partial r}\left(r\frac{\partial h}{\partial r}\right) \tag{20}$$

溶媒濃度 c_s の輸送方程式は次の通りである。

$$\frac{\partial (c_s h)}{\partial t} = -\frac{1}{r}\frac{\partial (rc_s hv)}{\partial r} \tag{21}$$

粘性と蒸発速度は溶媒濃度が増加しゲル化濃度 c_g に近づくにつれて次式のように変化するものとする。

$$\mu = \frac{\mu_o}{1-\left(\dfrac{c}{c_g}\right)^n} \tag{22}$$

Ozawa らは n=100 を与えている。

$$J = J_o\left(1-\frac{c}{c_g}\right) \tag{23}$$

蒸発速度が小さいと表面張力と粘性の効果が顕著になり、図 10 の右図のように中央が窪んだ

解が得られる。蒸発速度が大きいと左図のように原型に近い解となることが分かる。

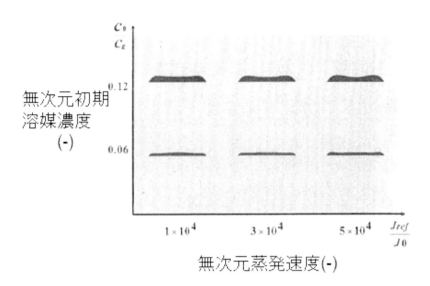

図10　液滴乾燥解析結果[3]

６．まとめ

　ディスプレイ、製紙、印刷、製鉄等の産業分野において重要な塗布乾燥問題の解析について、塗布膜乾燥、ノズルとインクジェットによる塗布形成、塗布膜内機能性粒子挙動および液滴乾燥の基本的な基礎式および解析結果を紹介した。

参考文献

[1]　山村方人、馬渡佳秀、鹿毛浩之 "部分湿潤工程を考慮した塗布膜乾燥過程の数値解析" 化学工学論文集、第35巻、第5号、pp.436-441、(2009

[2]　Alexander F. Rout, William B. Zimmerman, "Distribution of Particles during Solvent Evaporation from Film", Chemical Engng. Sci.., Vol. 99, pp.2961-2968, (2004)

[3]　Ken'ya Ozawa, Eisuke Nishitani, Masao Doi, "Modeling of the Drying Process of Liquid Droplet to Form Thin Film", Japanese J. App., Phys., Vol. 44, No. 6A, pp.4229-4234, (2005)

[4]　Sacide Alsoy, J. L. Duda, "Drying of Solvent Coated Polymer Films", Drying Technol., Vol. 16, No. 1&2, pp.15-44,(1998)

第 20 章　乾燥に伴う界面変形：液液および固液界面での物質移動

稲澤　晋

（東京農工大学）

界面活性剤安定化エマルション

　溶剤は産業で不可欠である。ポリマーや固体粒子を溶解(もしくは分散)させた溶剤は、固体薄膜を形成する原料として塗布乾燥プロセスで頻繁に用いられる。乾燥プロセスでは溶剤が揮発し、固形成分が残留する。インクを用いた印刷をはじめ、保護膜形成や電極作製など幅広い分野で塗布乾燥は用いられる。必要な性能を付与するために多種の固形成分を必要とすることがある。しかし、溶解・分散させる材料の種類に応じて「馴染み」のよい溶剤が異なるため塗布に用いる溶液調整自体に技術的な困難がある。解決策として、①お互いに混ざり合う(相溶性のある)複数の溶剤を適切な比率で混合し塗工に適した溶液を作製する場合と、②混ざり合わない溶剤を用いてエマルション溶液として用いる場合とに大別できる。前者①の場合、溶媒毎に蒸気圧が異なることが主原因で、蒸気組成は乾燥時間に応じて変化するのが一般的である。ただし、乾燥途中で混合溶媒が共沸組成となる場合は、以後の混合溶媒とその蒸気組成は一定で変わらない。これに固体成分と溶媒との相互作用の影響が加わる。複数の溶媒を混合した系での塗布乾燥プロセスとその後の固体膜形成を扱った研究例を以下複数紹介する。例えば、シリカコロイド粒子が分散した水溶液が乾燥すると、分散していた粒子は濃縮を経て、最後的には充填され粒子膜が形成する。この濃縮と充填の過程で、乾燥中の塗膜は液体から固体への物性変化を起こす。一種の相変化と捉えることができるが、この相変化の際に、塗布液の凹みなど固体物性(弾性)に由来する変形(buckling)が生じる。分散液内での粒子にはお互いに何らかの斥力が働くため安定して分散している。乾燥が進むと粒子が濃縮され粒子間の距離が近づく。すなわち、粒子同士を押しつける力が溶媒の乾燥によって働く。斥力に対して粒子同士を押しつける圧縮力が上回ると粒子充填が生じる(図 1)。以上は、大雑把な表現であるがこれが現在広く受け入れられている分散粒子が充填される物理的な描像である[1]。Tsapis らは、シリカコロイド粒子の水分散液にエタノールを加えると、加えたエタノール量に応じて buckling が起こるタイミングが変わることを報告した[2]。エタノールを加えたことで溶液の粘度や液組成、乾燥速度が時間と共に変わることが原因であると説明されており、これらを考慮した数理モデルで実験結果を良好に再現している。同様の系で、シリカ分散水溶液にエタノールを加えると、塗布液の端に固体粒子が自発的に堆積する coffee ring 効果が抑制されることも報告されている[3]。エタノールが優先的に蒸発することで、シリカコロイド粒子が凝集体を形成、凝集体同士がネットワーク構造をくみ上げる。このネットワークが固体的な弾性発現を引き起こし、個々の粒子が液滴の端に移動集積することを防ぐためであると説明されている。シリカ粒子が sol-gel 転移を起こすことが鍵であるとしているが、この研究では僅かなシリカ粒子添加（0.2 vol% から 0.5 vol%）が有効であるとしており[3]、実際のものづくりへの適用は限定的であろう。

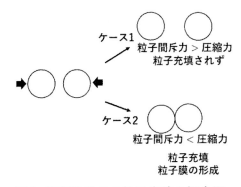

図1 塗布乾燥での粒子充填の概念図。
粒子間の反発力に対し、流体が粒子を押しつける力が勝るかどうかで決まる。

　また、固形分を含まない系でのモデル系として 2 溶剤が混合した溶液を対象とした乾燥シミュレーションも報告されている[4]。一般に塗布液の気液界面は一様ではなく、厚みのばらつきや、気相・基板・溶液の気固液三相の接触線付近での形状変化がある。これらを考慮すると単位面積あたりの乾燥速度(乾燥フラックス)は塗布液の場所に対して分布を持つ。この乾燥フラックスの違いが塗布液内部の流れを誘発し、さらには溶液組成の分布や、表面張力の分布ももたらす。Diddens らは相溶する 2 溶剤系を例にした計算結果を示している。複雑な溶液内部の自発的な流れ発生だけではなく、溶液中の成分組成比にも自発的に分布が生じることを示す結果である。これに関連して、2 溶剤を混合した塗布液の乾燥現象はここ数年で著しい進展がある。Li らは、水と 1,2-ヘキサンジオールを混合し、その液滴が乾燥する様子を観察した[5]。水に対して 1,2-ヘキサンジオールは沸点が高いため、水のみが蒸発をする系である。蒸発に伴い水の割合が少なくなると、ある時点で水と 1,2-ヘキサンジオールは溶解できなくなり、液液の相分離(phase separation)が生じる。重要な点は、水と 1,2-ヘキサンジオールは相溶性が高いにもかかわらず相分離が起こることである。水が蒸発すると表面張力差によるマランゴニ対流が誘起されるが、表面張力の差が小さく、液滴内部を十分に撹拌混合するだけの流れにならない。一方で、液滴の端にある気固液三相界面(接触線)付近では、水の蒸発が他の部分に比べて速い。マランゴニ対流による濃度均一化の寄与が不十分であるため、三相界面付近に 1,2-ヘキサンジオールが濃縮される。さらに乾燥が進むと、ある時点で接触線付近の濃縮した 1,2-ヘキサンジオールが相分離を起こす(図 2)。水と 1,2-ヘキサンジオールとは平衡状態では任意の比で混ざり合うが、乾燥速度が大きく、平衡から大きく外れた場では、平衡状態とは異なる溶解度が現れることを示唆する結果である。Edwards らは水-エタノールもしくは水-n-ブタノールの混合溶液を作製し、その液滴が乾燥する際の内部流れを観測した[6]。従来は、マイクロリッター程度の非常に少量の液滴では、表面張力が支配的で重力の影響は無視できるとされてきた。しかし、2 溶剤を混合した液では、重力が内部流れに極めて大きな寄与をしていることを明らかにした(図 3)。グリセロール-水や 1,2-プロパンジオール-水の混合系でも同様の結論が得られている[7]。混合溶液の場合は、一方の成分が優先的に蒸発すると溶液内部に密度の分布が生じる。これが薄い液膜であっても重力が液内部の流れに影響を与える大きな理由である。異なる溶剤を足す単純な操作であるが、一方の

溶剤が優先的に蒸発することによる溶液の組成変化、気液界面での表面張力の分布に由来するマランゴニ対流の発生など、非常に複雑な物理過程を引き起こす。理解すべき基本現象はまだまだ多い。

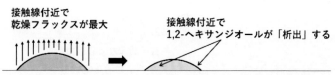

接触線付近で
乾燥フラックスが最大

接触線付近で
1,2-ヘキサンジオールが「析出」する

図2 1,2-ヘキサンジオールと水の混合水滴の乾燥。（文献[5]の結果を基に作図）

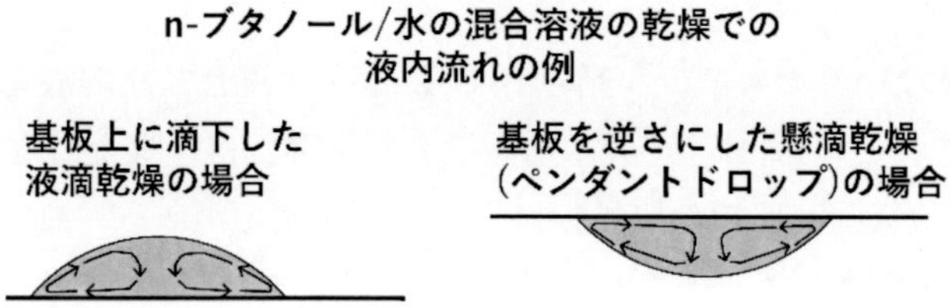

n-ブタノール/水の混合溶液の乾燥での
液内流れの例

基板上に滴下した
液滴乾燥の場合

基板を逆さにした懸滴乾燥
（ペンダントドロップ）の場合

図3 乾燥による組成変化と重力起因の液内流れの例。（文献[6]の結果を基に作図）

　混ざり合う溶剤の組み合わせだけではなく、混ざり合わない溶剤を用いる場合もある。これが後者②の場合で、一方の溶液に他方の溶液が多数の液滴として分散した状態である。液滴となっている溶剤を分散相、他方を連続相と呼ぶ。エマルションは化粧品やドレッシング、ボンドなど日用品に加えて、塗料や燃料を含めた広い分野で利用されている。元々溶け合わない溶剤(液体)同士であるため、両者の液液界面での界面エネルギーは概して大きい。小さな液滴として溶け合わない液体を分散相として連続相内部に含んでいるため、液液界面積が極めて大きく、エマルションは熱力学的には不安定である。小さい液滴で存在し続けるよりは、それらが合一して大きな滴を形成した方が、同じ体積の液体を内包している限りは、界面積が小さくなる。したがって、熱力学的なエネルギーで解釈するとエマルションは合一をして大きなひとかたまりの分散相となるのが最も安定である。(ドレッシングを振った後に静置すると、ほぼこの状態になることは、読者のご承知の通りである。) 一方、適切な界面活性剤を加えると、液液界面を活性剤分子が覆うため(図4)、液液界面のエネルギーが下がる。その結果、小さい滴であっても合一することなく小さい滴として存在しやすくなる(図4)。しかしこの場合であっても、熱力学的には合一を起こして大きな分散滴を形成した方が、界面エネルギーの観点からは有利であることに変わりはない。このように、エマルションは熱力学的には、そもそも不安定である。一方で、合一が起こる速度が小さいとエマルションとして安定に存在できる。小さい分散滴を多数含むエマルションが、合一を起こすことなく安定に存在し続けられる条件は何か、については膨大な研究がこれまでになされている。界面活性剤濃度や液滴のサイズ、分散相の体積分率、連続相の粘度などが影響を与える因子としてあげられる。分散滴の安定性、もしくは分散滴の合一に対する耐性の定量的な指標として臨界分離圧(critical disjoining pressure)が用いられる(図5)。臨界分離圧とは乳化破

壊圧ともよばれ、2個の液滴を押しつけて、合一させるために必要な最小の圧力に相当する。液滴が合一しないためには、液滴同士が連続相の液膜で仕切られている必要がある。液滴同士を押しつけて接触させた場合であっても、液滴の間に薄い連続相の液膜が存在していれば、液滴同士が接触することはなく、合一は起こらない(図5、図6)。液滴の界面を被覆する界面活性剤分子は、連続相に親和性の高い官能基を連続相側(液滴から見ると外側)に出していると考えられる。この親和性の高い官能基は、連続相との濡れが良いため、狭い液滴間であっても連続相を引き込む働きをする。一方で、液滴同士を押しつけると液滴間の連続相は押し出される。圧縮による連続相の押し出しに対して、官能基による連続相の引き込みが優勢であれば、液滴の間に連続相の薄い膜は存在できるため、合一が起こらない。つまり、押しつけた液滴の間から連続相を排除するためには、官能基による連続相の引き込み効果を上回る圧力で液滴間を押す必要がある。液滴の間から連続相を排除するのに必要な最小の圧力が臨界分離圧である。臨界分離圧が高ければ、液滴同士の合一は起こりにくい。逆に、不安定な液滴では臨界分離圧が低い。例えば、エマルションを構成する二種類の液体密度は通常異なる。このため、静置状態であっても液体の密度差が原因で分散相と連続相の分離(これをクリーミングと呼ぶ)が起こる。クリーミングにより液滴が密集した層が形成され、その内部では液体の密度差に起因して液滴同士が圧縮される。不安定なエマルションではこの密度差に起因する程度の弱い圧縮で、液滴の間から連続相が排斥され合一が生じる。前述のドレッシングでの合一はこれに該当する。エマルション溶液内での分散相の安定性に関する研究は、ほとんどはエマルション溶液の組成が変化しない状態でなされてきた。こうした研究では液滴の合一が起こる/起こらない、の判断がメインであり、合一がどのような速度過程で起こるのかについてはほとんど触れられていない。Feng らは、液滴(ヘキサデカン)のサイズが揃ったエマルションを作製し、遠心場でのエマルション溶液圧縮の様子を光学顕微鏡で直接観察した[8]。この測定では、遠心場にあるサンプルを撮影するため、高速で回転しているサンプルの回転周期と顕微鏡観察とのタイミングとを精緻に同期させている。界面活性剤濃度や遠心力を変更し、液滴合一の速度過程を解析した。液滴が圧縮でひずむ様子や、液滴が合一すると生成する油膜の成長速度など液滴合一に関係する現象を詳細に報告している。さらに同グループは研究を進展させ、温度応答性の界面活性剤を用いて、遠心場での合一の様子を観察した[9]。エマルションの温度に応じて、気液界面とエマルション溶液内部(バルク)とで合一の起こりやすさが異なることを示している。

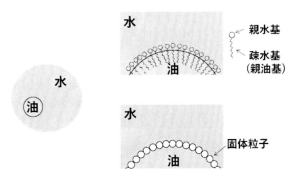

図4 界面活性剤安定化油滴の例(上)と粒子安定化液滴の例(下)

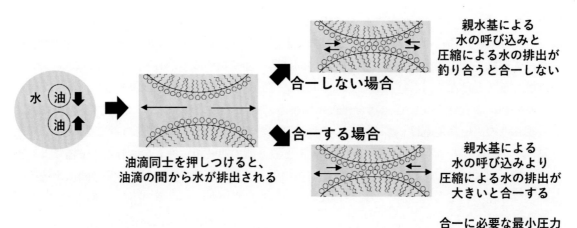

図5 界面活性剤で安定化された油滴の圧縮と合一の概念図。

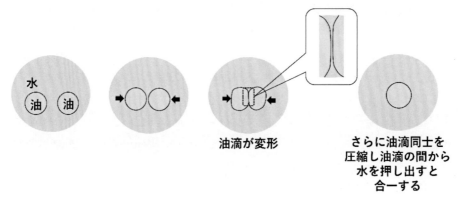

図6 油滴圧縮による変形と合一の概念図。
圧縮されている油滴間に水膜が存在するかどうかで合一が起こるかが決まる。

　一方で、化粧品や塗料などエマルション商品を用いる際には、溶液の乾燥が起こる。乾燥に伴ってエマルション溶液の組成が変化すると、分散液滴の安定性に大きな影響を与えること考えられる。こうした組成変化がエマルションの安定性にどう関与するのか。さらには、分散相は連続相に内包されて初めて存在できるため、仮に乾燥で連続相が全て蒸発したとすると液滴はどの時点まで液滴で存在できるのか、などの根本的な問いがこれまで研究されてこなかった。以下の章ではエマルションの乾燥研究について簡潔にまとめる。

　筆者が確認する限り、エマルション溶液の乾燥現象を定量的に研究した例は Aranberri らがはじめである[10]。彼らは、連続相に水を分散相に揮発性の油を用いた oil-in-water 型エマルションを気流にさらし、その重量変化を観測した。油には複数種類を用いて比較をしている。エマルション溶液中の連続相の水の蒸発速度は、純水の蒸発速度と一致すること、油滴の蒸発速度は油単体の場合に比べて減少すること、油の蒸発速度は水への溶解度が小さい油ほど減少すること、

などを見いだした。これらの結果から、油の分子が連続相の水に溶け込んだ後、水と空気の界面に油分子が移動して蒸発する物質移動ルートを提唱した(図 7)。化学的な親和性が乏しい水中に油の分子がなぜ速やかに溶解できるのか、根本的な疑問は残る。しかし、その後の研究でも、この物質移動経路に基づいた仮説で現象を合理的に説明できており、妥当性があると考えられる。また、同じ研究グループは、油滴がある程度圧縮された場合での水の乾燥現象も扱っており、塩を加えると油滴合一による油膜形成を主原因として乾燥速度の低下が起こると報告をしている[11]。これらの研究では、乾燥による変化を重量で測定しているため、分散液滴一個一個の様子は不明であった。これに対して Shen らは、不揮発性の油膜中に水滴を沈め、水滴サイズの変化から滴一個の乾燥速度を算出した[12]。拡散律速モデル(油膜中を水分子が拡散する過程が律速であると仮定した数理モデル)にスケーリングの概念を加え、実験結果と良好に一致するモデルを提唱している。水滴を浸す連続相の油がどの程度初期の状態で水を含んでいるかに応じて、水滴の蒸発速度(収縮速度)が変化することも突き止めている。エマルション乾燥の速度過程を考える上で重要なデータを提示している。Feng らは、均一な液滴サイズのエマルションを二枚のガラスで挟み、溶液が乾燥する様子を観察した[13]。二枚のガラスの間隔は液滴一個の直径程度の隙間となるよう、スペーサーを用いて調整した。乾燥界面近傍では、はじめ球形であった液滴(油)が連続相(水)の蒸発に伴って圧縮されて変形すること(図 8)、乾燥界面での液滴の合一が優先的に起こることを明らかにした。さらには、界面活性剤濃度が合一に与える影響も検討している。界面活性剤濃度が高く、安定なエマルションであれば、合一は乾燥が進む気液界面でしか生じない。一方、界面活性剤の濃度が低い不安定なエマルションでは、乾燥界面だけではなくエマルション溶液内部(バルク)でも合一が進むことを示した(図 9)。エマルションを乾燥させる際に、分散液滴の合一がどのように進むのかを示す研究例である。さらには、圧縮により変形した油滴の曲率半径を求め、合一に要する臨界分離圧を測定している点も注目すべきである。臨界分離圧は、界面活性剤濃度に応じて上昇するが、一定の濃度以上ではほぼ変化しなかった[13]。界面活性剤の添加量とエマルションの安定性に関する知見も得られている。Hasegawa らは、類似の系で不揮発性の油滴が分散する水の乾燥速度と油滴形状の変化の相関を調べた[14]。エマルションの安定性が低い場合は、僅かの液滴圧縮で合一が起こり、油膜が水面上に形成するため、著しい乾燥速度の低下が起こる。しかし、安定なエマルションでは圧縮で液滴が大きく変形しても合一が起こらない。注目すべきは、合一が起こらず油膜が形成しない場合であっても、連続相である水の乾燥速度が急激に低下することを示した点である。連続相の体積が減ると分散相の油滴が圧縮され変形する。このとき、油滴同士が押しつけられているため、油滴間は非常に狭い。水はこの狭い油滴の間を通って、気液界面に供給されなければならず、結果として乾燥が進むほど水が乾燥界面に移動しにくくなる。Hasegawa らはこの事実を定量的に示し、油滴圧縮による水の透過抵抗の上昇を考慮した数理モデルをたて、実験結果と良好に一致することを示している。また、乾燥速度の大小に応じて、同じエマルション溶液でも臨界分離圧が異なることも示した。遅い乾燥速度では臨界分離圧が大きくなる。圧縮で油滴が変形すると液液界面が大きくなる。この新たに形成した液液界面を界面活性剤が覆うまで一定の時間が必要であることを示唆する結果である。すなわち、分散滴の合一耐性の程度は、連続相の乾燥速度に依存する。Goavec らは不揮発

性の油滴をもちいた oil-in-water エマルションの乾燥を観察した[15]。特筆すべきは、核磁気共鳴画像(MRI)を用いて乾燥途中のエマルション溶液内部の水の体積分率分布を測定した点である。水の蒸発に伴い乾燥界面付近での水の体積分率が減少すること、油滴間に空気は入り込まないこと、界面活性剤の濃縮層が気液界面付近に生成し、水の乾燥速度を下げる働きがあること、を明らかにした。連続相、分散相だけではなく界面活性剤が乾燥速度に影響を与えることを示した初めての例である。界面活性剤や不揮発性の分散相の濃縮が起こると、エマルション溶液に弾性が現れる。乾燥速度だけではなく、こうした塗膜の物性が大きく変わることも考慮する必要がある。

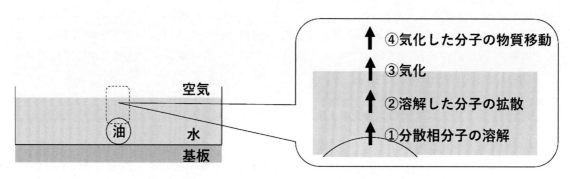

図7 水膜中の油滴乾燥における物質移動の概念図

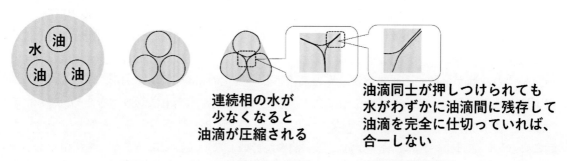

図8 エマルション乾燥での油滴合一メカニズムの概念図

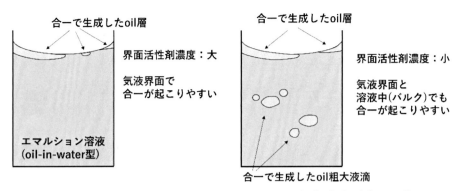

図9 エマルション溶液内での分散滴の合一箇所の例。界面活性剤濃度が高いと乾燥界面付近で合一が優先的に起こる。一方、濃度が低いと乾燥界面に加え、溶液中でも合一が起こる。（[13]の結果を基に作図）

　前章では、界面活性剤分子で液液界面を安定化させたエマルションの乾燥について述べた。分子だけではなく固体粒子を用いても液液界面を安定化することができる。こうしたエマルションは、粒子安定化エマルションあるいは研究者の名前を冠してピッカリング（Pickering）エマルションと呼ばれる。液液界面が固体粒子で被覆された場合の特徴は、乾燥が進んだ場合に分散相の液滴が球とは異なる形状に変形することである。液滴が収縮すると、液液界面積も小さくなる。界面を被覆していた分子が速やかに界面から脱離できれば、液液界面は球形を保ったまま縮小する。界面活性剤分子を用いたエマルションでは、これが起きていると考えられる。しかし、固体粒子が液液界面を安定化している場合では、界面から固体粒子は離脱しにくい。これは、液液界面に固体粒子が吸着した場合の安定化エネルギーが極めて大きいためである。したがって、液滴の収縮に伴って液液界面積は小さくなるが粒子は界面から離れられないため、粒子は界面で充填される。この結果、粒子膜が液液界面に形成する。粒子膜は固体膜である。固体膜が液滴を覆っている状態であっても乾燥は進むため、液滴はさらに収縮する。この際、固体膜は収縮ができないため、凹まざるを得ない（図10および図11）。膨らんでいるボムゴールの空気を抜くとボールが凹むのと同じ状況である。粒子安定化エマルションでは、液滴が球ではなくなる。固体粒子が液液界面で充填されるため、液滴が乾燥する際の物質移動抵抗になることが考えられる（図12）。さらには、液滴の形状が球ではなくなるため液液界面積が高いまま乾燥が進行することになる。これらの変化が乾燥に対してどの程度の影響を与えるのか、不明であった。Binksらは粒子安定化エマルションを用いて、分散相に含まれる物質が連続相に移動する速度を測定した[16]。その結果、固体粒子の存在は、物質移動の抵抗となり得るものの、移動する物質に依存するとしている。この研究では、水に溶けにくい油としてリモネンを、溶けやすい油としてベンジルアセテートをそれぞれ使用して比較を行った。水と油の液液界面をシリカナノ粒子で被覆した場合、水への溶解度が低い油を用いた際に、油の乾燥速度の低下がより顕著に表れるとしている。一方で、Miyazakiらは大小様々な球状シリカ粒子を用いて粒子安定化水滴を作製し、油相に浸漬した状態での水滴の乾燥速度を測定したが、粒子による明確な乾燥阻害が見られないことを報告してい

る[17]。水滴が乾燥で消失するまでに要する時間は界面活性剤分子を用いた場合と変わらないこと、この系においては油相中を水分子が拡散する拡散律速モデルで極めてよく実験データを説明できることを示している。板状のマイカ粒子を用いた実験も報告しており、板状粒子では液滴の変形の仕方が球状粒子の場合と異なることを見いだした。また、板状粒子を用いた場合は乾燥に要する時間に、液滴毎のばらつきが大きく、いくつかの水滴では著しい乾燥阻害が確認されたとしている。Miyazaki らはこの結果を板状粒子が十分に液液界面を被覆し、水分子が油相中に溶解することを妨げている可能性を指摘しているが、固体粒子の形状と液液界面を介した物質移動との関係を示す有効なデータであると思われる。粒子安定化エマルションを用いた紫外線カット膜の形成についての研究では、塗工後の乾燥で粒子安定化エマルションがいびつに変形していく様子が報告されている[18]。粒子の存在による乾燥速度の影響自体は研究対象とはなっていないが、粒子安定化エマルションを用いた場合の塗布乾燥過程を示す結果である。粒子安定化エマルション自体、製品としてほとんど利用されていないため、研究例自体が非常に少ない。また、粒子が液液界面で何層充填しているか、液液界面での粒子充填は粒子分散液の塗布乾燥での充填と同じと考えて良いか、充填膜はどのように溶液内に残されるのか、など基本的な重要な項目がまだ不明である。乾燥現象にとどまらず、液液界面を軸にした新たな研究の展開も期待される。

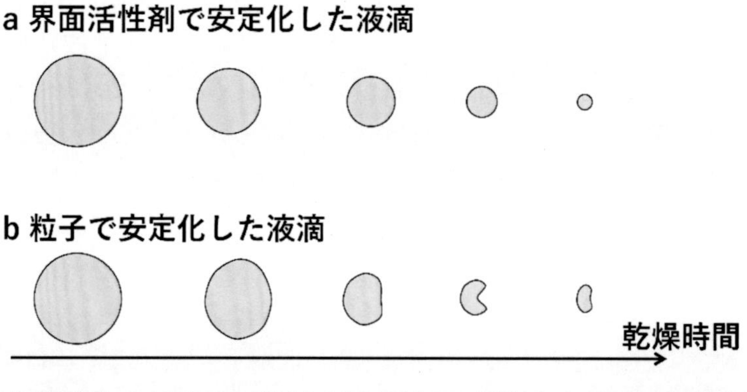

a 界面活性剤で安定化した液滴

b 粒子で安定化した液滴

乾燥時間

図 10 界面活性剤で覆われた液滴の収縮(a)と固体粒子で覆われた液滴の収縮(b)。(a)では球形を保ったまま収縮する。(b)では凹むなど歪な形状に変化しながら乾燥が進行する。

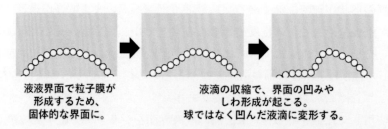

液液界面で粒子膜が
形成するため、
固体的な界面に。

液滴の収縮で、界面の凹みや
しわ形成が起こる。
球ではなく凹んだ液滴に変形する。

図 11 固体粒子で安定化された液液界面の概略。液滴が収縮すると、液液界面の粒子が圧縮されるため、粒子充填膜が形成する。界面が固体的な性質を示すため、さらなる液滴収縮に対して、界面が凹む。その結果、球から大きく外れた液滴変形を起こす。

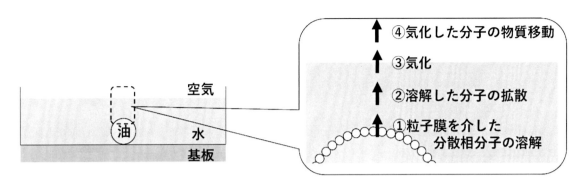

図 12 固体粒子で安定化された液滴における物質移動の概念図。液液界面にある粒子充填膜を介して液滴内部の物質移動が起こる。

1. N. Tsapis, E. R. Dufresce, S. S. Sinha, C. S. Riera, J. W. Hutchinson, L. Mahadevan and D. A. Weitz, Onset of buckling in drying droplets of colloidal suspensions, Phys. Rev. Lett. 2005, 94, 018302.

2. G. Marty and N. Tsapis, Monitoring the buckling threshold of drying colloidal droplets using water-ethanol mixtures, Eur. Phys. J. E 2008, 27, 213-219.

3. J. Shi, L. Yang, C. D. Bain, Drying of ethanol/water droplets containing silica nanoparticles, ACS Appl. Mater. Interfaces 2019, 11, 14275-14285

4. C. Diddens, J. G. M. Kuerten, C. W. M. van der Geld, H. M. A. Wijshoff, Modeling the evaporation of sessile multi-component droplets, J. Colloid Interface Sci., 2017, 487, 426-436.

5. Y. Li, P. Lv, C. Diddens, H. Tan, H. Wijshoff, M. Versluis and D. Lohse, Evaporataion-triggered segregation of sessile binalry droplets, Phys. Rev. Lett., 2018, 120, 224501.

6. A. M. J. Edward, P. S. Atkinson, C. S. Cheung, H. Liang, D. J. Fairhurst and F. F. Ouali, Density-driven flows in evaporating binary liquid droplets, Phys. Rev. Lett., 2018, 121, 184501.

7. Y. Li, C. Diddens, P. Lv, H. Wijshoff, M. Versluis and D. Lohse, Gravitational effect in evaporating binary microdroplets, Phys. Rev. Lett., 2019, 122, 114501.

8. T. Krebs, D. Ershov, C. G. P. H. Schroen and R. M. Boom, Coalescence and compression in centrifuged emulsions studied with in situ optical microscopy, Soft Matter, 2013, 9, 4026-4035.

9. H. Feng, D. Ershov, T. Krebs, K. Schroen, M. A. Cohen Stuart, J. van der Gucht and J. Sprakel, Manipulating and quantifying temperature-triggered coalescence with microcentrifugation, Lab on a Chip, 2015, 15, 188-194.

10. I. Aranberri, K. J. Beverley, B. P. Binks, J. H. Clint and P. D. I. Fletcher, How do emulsions evaporate?, Langmuir, 2002, 18, 3471-3475.

11. I. Aranberri, B. P. Binks, J. H. Clint and P. D. I. Fletcher, Evaporation rates of water from concentrated oil-in-water emulsions, Langmuir, 2004, 20, 2069-2074.

12. A. Q. Shen, D. Wang and P. T. Spicer, Kinetics of colloidal templating using emulsion drop consolidation, Langmuir, 2007, 23, 12821-12826.

13. H. Feng, J. Sprakle, D. Ershov, T. Krebs, M. A. C. Stuart and J. van der Gucht, Soft Matter, 2013, 9, 2810-2815.

14. K. Hasegawa and S. Inasawa, Kinetics in directional drying of water that contains deformable non-volatile oil droplets, Soft Matter, 2017, 13, 7026-7033.

15. M. Goavec, S. Rodts, V. Gaudefroy, M. Coquil, E. Keita, J. Goyon, X. Chateau and P. Coussot, Soft Matter, 2018, 14, 8612-8626.

16. B. P. Binks, P. D. I. Fletcher, B. L. Holt, P. Beaussoubre and K. Wong, Selective retardation of perfume oil evaporation from oil-in-water emulsions stabilized by either surfactant or nanoparticles, Langmuir, 2010, 26, 18024-18030.

17. H. Miyazaki and S. Inasawa, Drying kinetics of water droplets stabilized by surfactant molecules or solid particles in a thin non-volatile oil layer, Soft Matter, 2017, 13, 8990-8998.

18. B. P. Binks, P. D. I. Fletcher, A. J. Johnson, I. Marinopoulos, J. M. Crowther and M. A. Thompson, Evaporation of particle-stabilized emulsion sunscreen films, ACS Appl. Mater. Interface, 2016, 8, 21201.

最近の化学工学 68

塗布・乾燥技術の基礎とものづくり
－新素材の利用と次世代デバイスへの展開－

2020年1月31日　　初版発行

化学工学会　関東支部　編

化学工学会 材料・界面部会　著

定価（本体価格3,000円＋税）

発行所　　化学工学会関東支部
　　　　　〒112-0006　東京都文京区小日向4-6-19
　　　　　共立会館5階
　　　　　TEL 03(3943)3527
　　　　　FAX 03(3943)3530

発　売　　株式会社　三惠社
　　　　　〒462-0056　愛知県名古屋市北区中丸町2-24-1
　　　　　TEL 052(915)5211
　　　　　FAX 052(915)5019
　　　　　URL http://www.sankeisha.com

乱丁・落丁の場合はお取替えいたします。
ISBN978-4-86693-174-6 C3043 ¥3000E